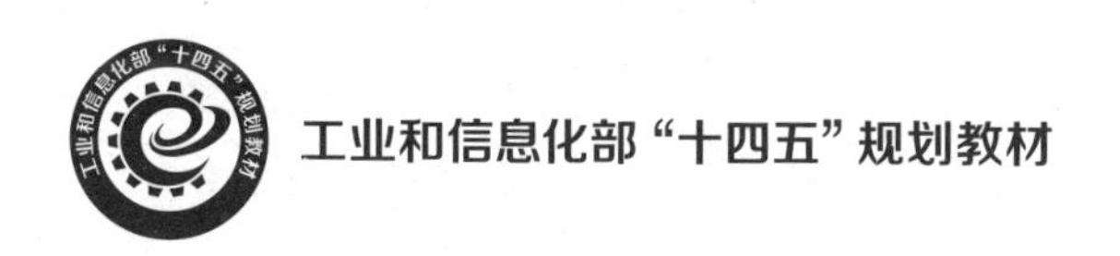

工业和信息化精品系列教材

移动应用设计与开发

项目式 | 微课版

陈煜 ◉ 主编
夏德旺 邹波 ◉ 副主编

MOBILE APPLICATION DESIGN AND DEVELOPMENT

人民邮电出版社
北京

图书在版编目（CIP）数据

移动应用设计与开发 : 项目式 : 微课版 / 陈煜主
编. -- 北京 : 人民邮电出版社, 2024.4
工业和信息化精品系列教材
ISBN 978-7-115-62648-6

Ⅰ. ①移… Ⅱ. ①陈… Ⅲ. ①移动终端—应用程序—
程序设计—高等职业教育—教材 Ⅳ. ①TN929.53

中国国家版本馆CIP数据核字(2023)第170071号

内容提要

本书以真实的脱敏企业项目案例贯穿全书，适配 Android 10.0 系统，引入当前主流的开发方式，采用项目化的方式讲解移动 App 从无到有的全过程。本书内容以移动 App 开发为主，兼顾开发前的产品设计环节。为了与时俱进，本书增加从 Android 到 HarmonyOS 迁移的知识，为学习 HarmonyOS 打下基础。本书共 10 个项目，包括移动 App 环境调研、移动 App 设计、移动 App 开发环境搭建、移动 App UI 交互开发基础、移动 App UI 交互开发能力提升、移动 App 服务端交互开发、移动 App 第三方 SDK 集成、移动 App 测试与打包发布、Android 开发进阶、HarmonyOS App 开发初探。本书各项目通过拆分任务的方式，循序渐进、深入浅出地讲解移动 App 开发的每个步骤，引起读者的兴趣，帮助读者轻松步入移动 App 开发之门。

本书是工业和信息化部“十四五”规划教材，可作为高职木科、高职专科院校的现代移动通信技术、智能互联网络技术、通信软件技术等通信类专业，以及物联网应用技术、移动互联网应用技术等电子信息类专业的移动 App 开发课程教材，也可作为想要成为移动 App 设计、开发、测试工程师的人员及其他对移动 App 设计与开发感兴趣的人员的学习用书。

◆ 主　　编　陈　煜
　副 主 编　夏德旺　邹　波
　责任编辑　鹿　征
　责任印制　王　郁　焦志炜
◆ 人民邮电出版社出版发行　　北京市丰台区成寿寺路 11 号
　邮编　100164　　电子邮件　315@ptpress.com.cn
　网址　https://www.ptpress.com.cn
　三河市君旺印务有限公司印刷
◆ 开本：787×1092　1/16
　印张：17.25　　2024 年 4 月第 1 版
　字数：441 千字　　2024 年 4 月河北第 1 次印刷

定价：69.80 元

读者服务热线：(010)81055256　印装质量热线：(010)81055316
反盗版热线：(010)81055315
广告经营许可证：京东市监广登字 20170147 号

前　言

随着云计算、物联网、大数据、人工智能技术的发展和 5G 网络的搭建，移动 App 不再是移动互联网独有的产品，越来越多的行业实现了智能化，而移动 App 作为智能化行业应用的体验或管理端口，其发展空间越来越广，因此移动 App 设计与开发不仅是软件工程专业的学生需要掌握的知识，也是越来越多的信息化专业（如移动通信技术、物联网技术等）的学生需要掌握的知识。

本书内容基于图书资源 App 案例，以企业真实脱敏项目为驱动，从移动 App 开发工程师的角度出发，介绍移动 App 设计与开发基础，阐述移动 App 设计、开发、测试、发布的全流程，实现移动 App 从无到有的全过程。本书内容按照功能与模块进行划分，采用项目化的方式进行讲解，融入行业企业在用的主流技术进行设计与开发，体现生产、服务的真实技术和流程，适合任务驱动式教学、案例式教学及项目化教学。读者通过对本书内容的系统学习，可以掌握移动 App 设计技能、Android App 开发技能，并为从事移动 App 设计、Android 开发等相关工作奠定扎实的理论与实践基础。

全书由 10 个项目组成，其中带星号的项目主要面向高职本科的学生，建议学时为 96~112 学时。高职专科的学生可以不学习或简单学习带星号的项目，建议学时为 84 学时。具体教学项目实施以 98 学时为例，如下表所示。

教学内容	授课时长/学时	
	讲　授	实　践
项目 1：移动 App 环境调研	4	0
项目 2：移动 App 设计	6	10
项目 3：移动 App 开发环境搭建	2	2
项目 4：移动 App UI 交互开发基础	6	10
项目 5：移动 App UI 交互开发能力提升	4	8
项目 6：移动 App 服务端交互开发*	6	6
项目 7：移动 App 第三方 SDK 集成*	2	4
项目 8：移动 App 测试与打包发布	2	4
项目 9：Android 开发进阶	8	8
项目 10：HarmonyOS App 开发初探	4	2
学时总计	44	54

本书作为工业和信息化部“十四五”规划教材，通过项目划分内容，内容通俗易懂，由浅入深、循序渐进地介绍移动 App 开发的常用技术、相关经验和技巧等，是一本移动 App 开发的入门图书。通过对这些知识的学习，读者能够独立、完整地开发一个移动 App。

本书由深圳信息职业技术学院与北京软通动力教育科技有限公司合作开发完成，深圳信息职业技术学院的陈煜博士担任主编，北京软通动力教育科技有限公司的高级工程师夏德旺、邹波为副主编，他们分别工作在不同领域中，取长补短。本书的立项、大纲编写、内容确定及全部编写过程，都得到了人民邮电出版社相关编辑的大力支持和帮助，在此表示衷心感谢。同时，也非常感谢北京软通动力教育科技有限公司其他人员的大力支持。

读者可登录人邮教育社区（www.ryjiaoyu.com），搜索关键字（作者+书名）免费下载本书教学资源及源码。

由于编者水平有限，书中难免有不妥之处，敬请读者提出宝贵意见，以便修订时改正。

编者

2023 年 4 月

目　录

项目 6

项目 7

项目 8

项目 9

Android 开发进阶 223

项目 10

HarmonyOS App 开发初探 244

项目1 移动App环境调研

【学习目标】

1. 知识目标

（1）学习移动互联网的概念、移动互联网产业链。

（2）学习移动 App 的设计与开发流程。

（3）学习市场分析与竞品分析的概念、市场分析的内容。

（4）学习行业背景分析方法。

（5）学习竞品分析步骤。

（6）学习常用的竞品总结归纳方法。

2. 技能目标

（1）具备数据检索能力。

（2）具备分析移动互联网现状与预测发展趋势的能力。

（3）掌握市场分析技能。

（4）具备对某一移动 App 进行完整竞品分析的能力。

3. 素养目标

（1）以事实和数据说话，培养实事求是的品质。

（2）培养检索信息的能力，培养文档撰写能力。

（3）持续学习新技术、新业态，培养终身学习精神，树立科技强国信念。

（4）通过调研，了解我国移动互联网产业现状，学习我国企业抵御外部风险的精神，培养爱国精神。

【项目概述】

本书围绕从零开始，设计与开发一款图书资源 App 进行讲解。开发该 App 的目的是为广大纸质图书读者提供与图书配套的优质在线学习资源，该 App 初期只收录合作方自主研发的图书资源。用户通过 App 获取所购买的图书的视频、音频、图文等数字化资源，以便更好、更充分地使用图书。该 App 的最终目标是成为一款独立的在线图书资源 App。

在从零开始设计与开发 App 时，App 的具体定位、功能、界面内容等都是空白的，所以在进行 App 开发之前，先要了解移动 App 设计与开发的流程是什么，并对该 App 的环境进行调研。本项目将简单介绍移动 App 设计与开发的流程，然后实施了 App 设计开发的第一步——调研，通过对移动互联网大背景、在线图书产业现状、本 App 的竞品进行调研，从宏观到微观了解本 App 的生存环境，把握移动 App 的定位与方向。

【思维导图】

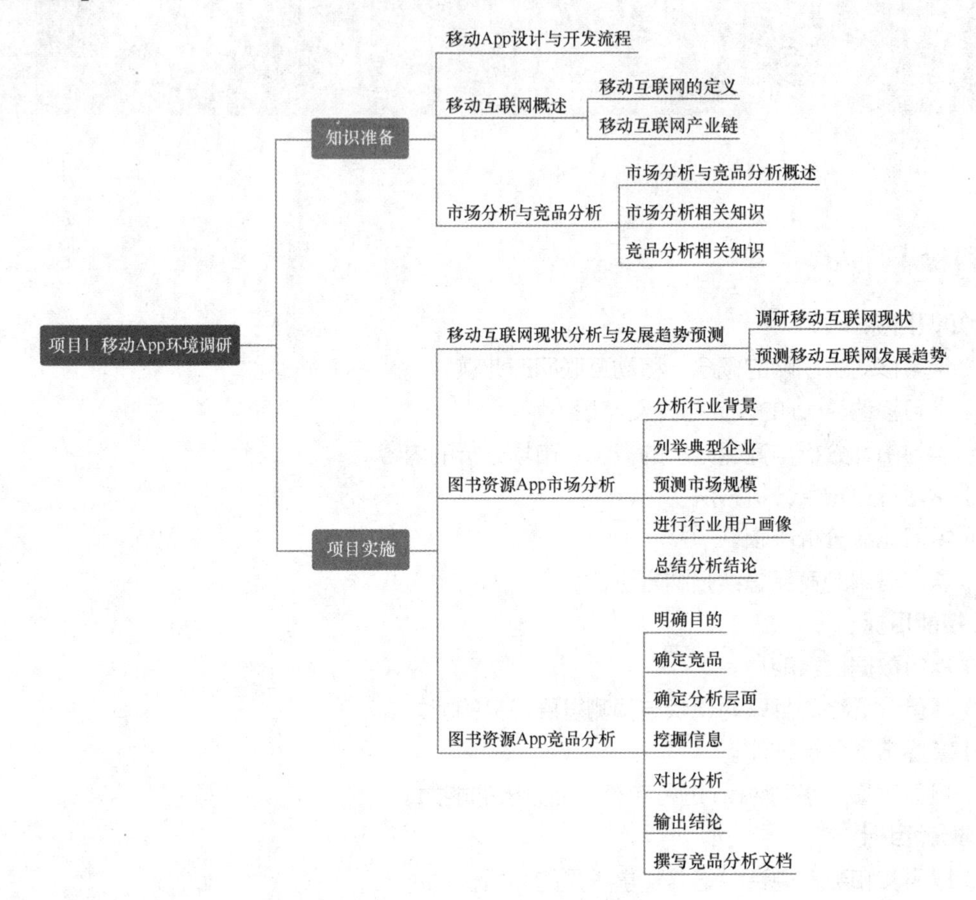

【知识准备】

在正式投入大量人力、物力、财力进行移动 App 设计与开发之前，需要先对要开发的移动 App 的背景进行了解，不仅要了解移动 App 的生存环境，还要了解移动 App 承载业务的生存环境。先要调研移动互联网的现状及发展趋势、调研图书资源 App 相关产业的市场环境以及竞品情况。在正式调研之前，需要先了解移动互联网的概念、移动互联网产业，以及市场分析与竞品分析的概念和方法。

1.1 移动 App 设计与开发流程

移动 App 的实现涉及多个岗位，如产品经理、需求分析师、UI 设计师、开发工程师、测试工程师等。移动 App 的设计与开发流程可以大致分为 5 个阶段：定义、设计、研发、发布、迭代。可将这 5 个阶段细化为调研、需求分析、交互设计、视觉设计、技术实现、测试、发布、数据分析这几个步骤，如图 1-1 所示。下面进行详细介绍。

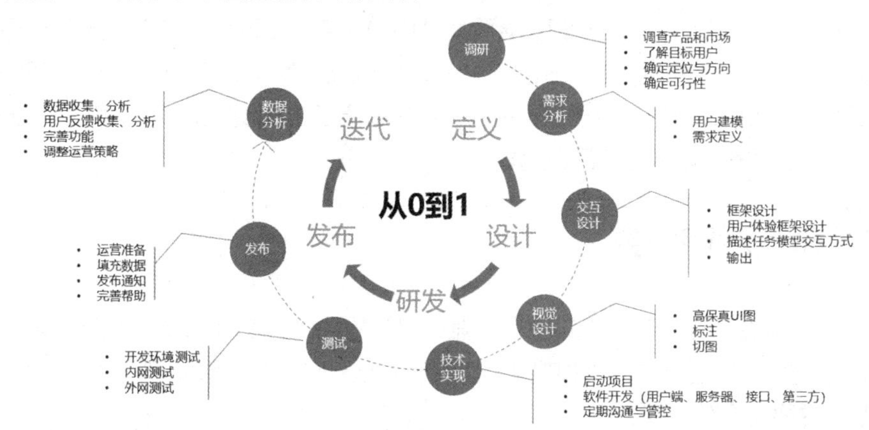

图 1-1 移动 App 设计与开发流程

第 1 步为调研。重点是调查现有产品和市场，分析研究商业和营销计划、品牌战略、市场、产品线计划、竞争对手、相关技术，从而了解产品前景规划和各种限制、风险；进一步了解用户的需求和行为，包含用户、潜在用户、行为、态度、能力、动机、环境等。这一步完成后，可以输出竞品分析报告、市场分析报告、用户初步分析报告，由此来确认应用的定位与方向，并判断应用开发可行性。

第 2 步为需求分析。主要分为两个部分：第一部分是用户建模，通过用户和客户的行为、态度、能力、使用目标、使用环境、使用工具、所遇挑战等创建人物模型，与用户和客户无关的因素通过其他模型来表示（如工作流模型、物理模型等）；第二部分是需求定义，需要设计场景剧本，根据场景得到需求，然后进行需求描述，如功能需求、数据需求、用户心理模型、设计需求、产品前景、商业需求、技术，最后输出用户用例、用户场景和需求列表，这些是后续设计的基础。

第 3 步为交互设计。主要分为四个部分：框架设计，包含定义信息和功能如何实现的元素，如信息、功能、机制、动作、领域对象模型；用户体验框架设计，如概念分组、导航序列、原则和模式、流程、草图等；描述任务模型交互方式；最后输出产品结构图、业务和界面流程图、低保真原型试样。

第 4 步为视觉设计。涉及的内容是确定符合企业品牌的移动 App 的主色调和材质、色彩设计、视觉规范、图标设计、整个 App 界面（功能界面、操作界面）设计、界面标注、切图，最后输出高保真 UI 图、标注和切图，此时可以输出完整的产品需求文档，指导后续的开发，因为视觉设计输出的高保真 UI 图，基本与开发出来的界面是一样的。

第 5 步为技术实现。从这一步开始进入开发阶段，首先是启动项目，根据产品需求文档评估测试、预发布与正式发布的时间，然后正式进行软件开发，其流程是用户端开发（现在主流的 App 用户端系统是 iOS 和 Android）、服务器开发、接口联调、第三方接入（支付宝等）。其间，会定期举行项目会议进行沟通和管控项目开发进度，程序完成后进行开发预算审计，然后输出代码和成品。

第 6 步为测试。测试内容包含 App 内容测试、App 性能测试、App 功能测试、App 视觉测试、调试和修复漏洞。先进行开发环境测试，通过后进行内网测试，内网测试通过后进行外网测试，全部测试完毕后输出测试报告。修复所有漏洞后进行验收，并确定是否达到上线标准及具体上线日期。

第 7 步为发布。即做好发布的准备工作，如运营推广前期准备、填充数据、发布通知、完善帮助、给业务人员进行相关培训、技术方面的准备。移动 App 的发布方式包含 App Store 发布、主流 Android 市场发布、App 下载页发布、下载二维码发布。App 手册（即使用说明书）用于给客服进行顾客指导、给运营进行宣传和用户活动等。

第 8 步为数据分析。产品上线成功后，会收集到用户使用产品过程中产生的行为数据以及用户对产品正面和负面的反馈（即产品舆情），根据产品策划阶段设定的关键绩效指标（Key Performance Indicator，KPI），对数据进行统计分析，看是否达到或超出了当初设定的 KPI，然后根据分析结果进行功能完善，调整运营策略，进行产品迭代。

1.2 移动互联网概述

移动 App 可以说是移动互联网实现业务、服务用户的载体，移动互联网产业的现状与发展趋势都会对移动 App 的生存产生影响，例如影响移动 App 的定位、功能设计等。那么什么是移动互联网呢？其产业链主要包含什么呢？

1.2.1 移动互联网的定义

关于移动互联网的定义，Information Technology 论坛、百度百科、WAP 论坛、中国信息通信研究院的《移动互联网白皮书》、中兴的《移动互联网技术发展白皮书》都有其各自的定义。根据百度百科的定义，移动互联网是计算机互联网发展的必然产物，是移动通信和互联网二者的结合，是互联网的技术、平台、商业模式和应用与移动通信技术结合并实践的活动的总称。

但总的来说，移动互联网包含两方面含义：一方面，用户通过移动终端接入无线移动通信网络的方式访问互联网；另一方面，移动互联网促使了大量新型 App 的产生，这些 App 与终端的可移动、可定位和可随身携带等特性相结合，为用户提供个性化的服务。

1.2.2 移动互联网产业链

移动互联网产业链

为了明确移动 App 的定位，需要对整个移动互联网产业链进行深入的了解。移动互联网本质是移动通信和互联网的融合，移动互联网产业链包括终端厂商、运营商、服务提供商和系统开发商等多个成员，因此其商业模式复杂多样，在此将其粗略划分为 4 部分，即终端厂商、平台厂商、应用厂商、渠道厂商。

1. 终端厂商

终端厂商主要包括整机厂商和零部件厂商，产品覆盖便携终端、智能终端、物联网终端、车载终端等。根据市场分析调研机构 Canalys 发布的数据，2022 年全球手机的出货量的前五名分别是三星、苹果、小米、OPPO、vivo，可以看出在全球手机市场的占有率方面，中国的三家手机厂商取得了不错的成绩。终端厂商除这些设备制造商之外，还包括上游的材料、模组类、元器件类等零部件公司，如领益智造。领益智造的业务包括精密功能件及结构件，苹果公司是其主要客户之一，其业务向上游材料领域和下游模组及组装产品延伸，具体包括模切材料、磁材、电源适配器等。

2. 平台厂商

平台厂商包括操作系统厂商、移动安全软件厂商、移动中间件厂商等。目前全球智能手机的操作系统市场大部分被 iOS 与 Android 占据。为了打破这一局面，避免核心技术受制于国外公司，2019 年，华为发布了 HarmonyOS（鸿蒙系统），目前 HarmonyOS 已经应用到华为智慧屏、华为手表上。

移动安全软件用于保障移动网络安全运行，随着互联网业务向移动互联网转移和移动支付业务的兴起，移动互联网的安全问题变得尤为重要。移动安全软件大部分是互联网安全软件向移动终端转移的成果，如腾讯手机管家、360 手机卫士等。移动中间件是连接不同的移动 App 和系统的一种软件。第一代移动中间件有 MKey（数字天堂）、ExMobi（南京烽火）、Access 等，这一代中间件适配机型多，重服务整合、轻应用开发，私有标准，不支持用户自定义插件。第二代移动中间件有 AppMobi、AppCan、PhoneGap、Titanium 等，这一代中间件不使用私有封闭内核、支持用户自定义插件、使用标准语言开发（HTML5）、提供开发网站。第三代移动中间件有 iMAG 等，iMAG 可以提供原生的用户体验，具有强大的手机本地调用能力，同时支持在线和离线两种应用模式。

3. 应用厂商

应用厂商主要是指进行移动 App 开发的公司，包括互联网内容提供商、服务提供商等。随着移动通信技术与信息技术的发展，移动 App 的类型也日渐丰富，主要可以分为语音增值类、效率工具类、应用分发类、休闲娱乐类、位置服务类和商务财经类等。以百度、阿里巴巴、腾讯为例，百度以搜索与 LBS（位置服务）为业务核心；阿里巴巴以电子商务为业务起点，逐渐向其他领域扩展；腾讯以即时通信为基础，在游戏产业也占有很高的市场份额。另外，由于移动 App 市场的可开拓性，移动 App 开发的门槛逐渐降低，越来越多的其他类别的厂商也纷纷加入应用厂商的行列。例如，以渠道为主的运营商推出了多个不同领域的移动 App：中国移动不仅依托于其通信运营商角色，打造了各个省份的运营商软件服务应用 App，还通过子公司咪咕公司，在娱乐休闲领域发力，推出了咪咕阅读 App、咪咕音乐 App、咪咕视频 App、咪咕快游 App 等多项娱乐性应用；中国联通也在运营商服务、金融、移动阅读等多个领域推出了中国联通 App、联通智家 App、沃钱包 App、沃阅读 App 等；华为、小米等终端厂商推出了应用商店、浏览器等与自身设备关联的移动 App。

4. 渠道厂商

渠道厂商主要为移动互联网的运行提供通道基础，其核心的、最大的厂商便是运营商及其上游的设备厂商。随着移动 App 数据业务的推广，运营商增值业务市场占比降低，运营商变成一次性的管道搭建厂商，于是纷纷开始寻找新的出路。例如，利用 5G 网络以行业为依托的特点，为企业提供网络定制服务，大力发展行业应用，让网络为运营商自身的应用提供更多优势，找到新的收入与利润增长点。另外，随着物联网时代的到来，小型物联网的搭建使越来越多的厂商进入了渠道厂商的行业，因此渠道厂商的产业格局也越来越多元。

知识拓展　2019 年，华为推出自主研发的 HarmonyOS。第一款搭载 HarmonyOS 操作系统的手机于 2020 年 8 月上市。截至 2022 年 11 月 4 日，运行 HarmonyOS 的华为设备数量达到 3.2 亿部。在华为 2023 开发者大会上，华为宣布 HarmonyOS 操作系统已安装在 7 亿多部设备上。

根据数据调研机构 Omdia 发布的 2023 年第一季度全球手机销量排名，以及市场研究与咨询机构 TechInsights 发布的 2023 年第二季度全球手机厂商出货量排名，除三星和苹果外，其余全球前十大智能手机厂商均为中国厂商。在这场数字化竞赛中，充分体现出了中国品牌的不屈与坚持，从华为的高端路线到小米、OPPO 等品牌的全线突破，他们以实力打动市场，以品质赢得用户。

1.3 市场分析与竞品分析

在了解移动互联网环境后，在正式进行在线图书资源 App 设计之前，需要思考以下几个方面的问题。

- 行业方面：在线图书资源 App 的市场前景怎么样？成本多少？营利方式有哪些？
- 竞争对手方面：在线图书资源 App 的直接竞品和间接竞品有哪些？它们的产品特色、优势、不足分别是什么？
- 用户方面：在线图书资源 App 的目标用户是谁？用户画像是怎样的？用户消费能力如何？

这一系列的问题都需要通过调研，进行市场分析与竞品分析，才能得出结论，从而确定应用的定位。那么什么是市场分析和竞品分析？如何进行市场分析与竞品分析？

市场分析与竞品分析概述

1.3.1 市场分析与竞品分析概述

市场分析是对引起市场供需变化的各种因素及其动态、趋势所进行的分析。通过搜集有关资料和数据，采用适当的方法，分析、研究、探索市场变化规律，从而了解用户对产品类型、功能、性能、价格的意见和要求，了解市场中产品的需求量、下载量、留存量等方面的发展趋势，了解产品的市场占有率和竞争产品的市场占有率，了解用户的购买力和产品功能支撑的变化，并分析用户的不同情况，为产品经营提供决策。市场分析要具有客观性、系统性，并向决策者提供有用信息，为决策服务。

竞品就是竞争产品，即竞争对手的产品。竞品分析顾名思义就是对竞争对手的产品进行比较分析。竞品分析有两个方向：客观和主观。客观表示从竞争对手或市场相关产品中圈定一些需要考察的角度，得出真实的情况。此时，不需要加入任何个人的判断，应该用事实说话。主观表示模拟用户流程，然后得出结论，例如，可以根据事实（或者个人情感）列出竞品或者自己产品的优势与不足。分析竞品相当于走了一遍用户流程。

市场分析是对产品所在的市场进行竞争态势、市场规模等方面的分析，而竞品分析是在同一个市场中，对与自己的产品功能相似的竞争产品进行分析，本质上是对产品的异同进行比较。竞品存在于市场这个大环境中，了解市场是做竞品分析的前提。所以在竞品分析的第一步——明确分析目的的时候，就要进行市场分析。

市场分析相关知识

1.3.2 市场分析相关知识

1. PEST 分析法

PEST（Politics-Economy-Society-Technology）分析法用于对宏观环境的分析，从政治、经济、社会、技术 4 个方面来分析一个企业所处的环境。

- 政治：指的是政治环境分析，主要从政策导向、管理措施规范等方面分析政治环境对目标市场的影响。
- 经济：指的是经济环境分析，主要从市场机制、需求规模、投资、商业模式等方面分析经济环境对目标市场的影响。

- 社会：指的是社会环境分析，这一部分的范围很广，可主要从人口环境、文化背景等方面分析社会环境对目标市场的影响。
- 技术：指的是技术环境分析，主要从核心基础技术方面分析技术环境对目标市场的影响。

2. 行业用户画像

行业用户画像，即对目标市场中的典型用户进行画像。用户画像是真实用户的虚拟代表，是建立在一系列真实数据之上的目标用户模型。用户画像分为两类，一类是用于产品设计和用户研究的，叫作用户角色（User Persona），用于抽象地描绘一个自然人的属性；另一类是用于数据分析和研发的，叫作用户档案（User Profile），是和数据挖掘、大数据息息相关的应用，通过数据建立描绘用户的标签。User Profile 与 User Persona 之间没有一条绝对的界线，其实，在做 User Persona 时需要从 User Profile 中抽取一些用户特征进行总结；在做 User Persona 的过程中，经常需要访谈用户，该访谈什么类型的用户，怎么去选择访谈的用户等问题的答案往往基于现有的 User Profile 中搜集到的数据标签。所以 User Profile 和 User Persona 之间既有差异，又存在联系。

在市场分析中，常常采用 User Profile 对用户进行标记，如用户的基本属性（年龄、地域等）、行为属性（偏好、消费特征等）等。图 1-2 所示为运动健身行业的用户画像。

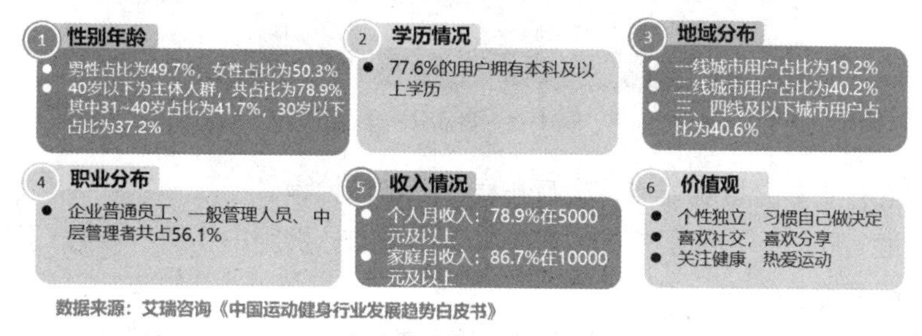

图 1-2　运动健身行业的用户画像

1.3.3　竞品分析相关知识

1. 竞品类型

竞品分析的第一步很重要，即选择合适的竞品进行分析，分析方向正确了才能事半功倍。可选择的竞品可以分为以下 3 类。

（1）直接竞品。其与自身产品的市场目标方向一致、目标用户大致相同、功能及用户需求相似，简而言之就是解决相同需求的同类产品。例如，携程旅行 App 的直接竞品是去哪儿旅行 App，它们都是出行类软件，目标用户、功能、用户需求基本一致。

（2）间接竞品。其与自身产品的目标方向并不一致，功能也不尽相同，但解决的需求相似，即解决同类需求的不同产品。例如，携程旅行 App 的间接竞品是铁路 12306 App，它们都能解决出行问题，但二者的目标用户、功能的差异还是较大的。

（3）转移性竞品。其与自身产品的目标用户、功能和需求都不一致，但是类型是一样的。例如，早期的携程旅行 App 的转移性竞品可以是早期的大众点评 App，虽然它们的目标用户、功能和需求不同，但是都属于第三方平台，都与生活有关。早期的携程旅行 App 专注于提供旅游相关的攻略、旅游服务、酒店预订功能、机票预订功能等，而早期的大众点评 App 的定位是 O2O 餐饮平台，不过随着业务的扩大，两者功能出现重叠，从转移性竞品向间接竞品，甚至直接竞品转化，例如，携程旅行 App 中有专门的美食模块，大众点评 App 中有专门的景点/周边游模块。

竞品分析一般采用直接竞品进行分析；但是在一些特殊阶段，例如产品发展后期，需要扩大业务范围与市场，可以考虑分析转移性竞品；当产品发展遇见瓶颈时，需增加相应功能，可考虑分析间接竞品。

2. 竞品分析层面

在产品不同的周期，其竞品分析的侧重点也不同，所以要根据目的确定竞品分析层面，也就是竞品分析的深度。竞品分析主要有以下 3 个层面，不同层面分析的内容也不相同，如图 1-3 所示。

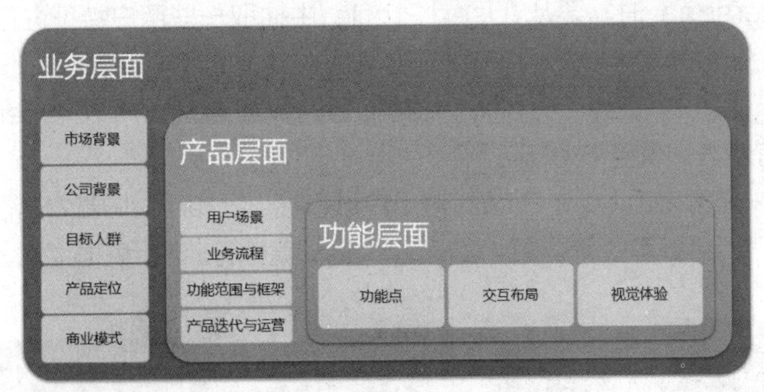

图 1-3　竞品分析层面

（1）功能层面：主要分析功能点、交互布局、视觉体验等。

（2）产品层面：除分析功能层面的内容外，还要重点分析用户场景、业务流程、功能范围与框架、产品迭代与运营等。

（3）业务层面：进行全面分析，除分析产品层面的内容外，还要重点分析市场背景、公司背景、目标人群、产品定位、商业模式等。

3. SWOT 分析法

竞品分析完成后，对将要开发的产品进行归纳总结，常用的竞品分析总结归纳的方法是 SWOT（Strength-Weakness-Opportunity-Thread）分析法，SWOT 分析法在 20 世纪 80 年代初由美国旧金山大学的管理学教授韦里克提出，常用于企业战略制定、竞争对手分析。SWOT 分析主要包含以下两个部分。

一个是机会与威胁（OT）分析，也是外部环境分析。机会是对企业富有吸引力的领域，在这一领域中，该企业拥有竞争优势。威胁指环境中一种不利于企业发展的趋势所形成的挑战，如果不采取果断的战略行为，这种不利趋势就会导致企业的竞争地位受到威胁。

另一个是优势与劣势（SW）分析，也是内部环境分析。优势指企业超越竞争对手的能力，这种能力有助于企业营利；劣势指企业的弱点或不足。在做优势与劣势分析时，必须在整个价值链的每个环节中，将企业与竞争对手做详细的对比。而产品的竞争优势并不一定完全体现在较多的盈利上，有时候也体现在产品所占市场份额或其他方面，例如产品线的宽度、产品的适用性与风格、用户体验、线上线下服务等。

根据这两步分析，可以得出相应结论，从而进行相应的设计。

【项目实施】

任务 1　移动互联网现状分析与发展趋势预测

1.4 任务 1：移动互联网现状分析与发展趋势预测

移动互联网每年都在发生变化，那么移动互联网的现状究竟是怎么样的呢？移动互联网分析需要从具体的数据和报告入手，分析现在的移动互联网市场和用户数据，以便更清晰地了解移动互联网的现状。在这个过程中，可以慢慢培养对数据的认知能力，毕竟在进行移动 App 设计与开发时需要对数据相当敏感，需要能够从数据中发现问题和看到机会。

1. 调研移动互联网现状

可以通过各种平台查找相应的报告来实现数据采集。例如，中国互联网络信息中心（China Internet Network Information Center，CNNIC）每年发布的中国互联网相关报告，主要分析互联网基础建设状况、网民规模及结构状况、互联网应用发展状况、产业与技术发展状况、互联网安全状况等。另外，人民网研究院每年组织专家发布的中国移动互联网发展报告，总结了每年中国移动互联网发展状况，分析了移动互联网年度发展特点，对未来发展趋势进行了预测。

这一步主要从 5G 网络与产业、移动互联网用户、移动终端、移动 App、移动互联网新业态几个方向进行调研，并进行总结。

2. 预测移动互联网发展趋势

根据移动互联网现状对移动互联网的发展趋势进行预测，预测内容包含移动互联网支撑技术、移动业务、产业变化等。通过查找相关资料，对移动互联网发展趋势进行归纳总结。

任务 2　图书资源 App 市场分析

1.5 任务 2：图书资源 App 市场分析

一个完整的市场分析过程主要应包含分析行业背景、列举典型企业、预测市场规模、进行行业用户画像、总结分析结论这 5 个步骤。

1. 分析行业背景

分析行业背景是对行业历史、运转状况、竞争格局、行业政策等宏观要素进行深入分析，从而发现行业运行的内在规律，进而预测未来行业的发展趋势。先了解行业的变化历史，就像物种的演进一样，要研究某一个物种，就要研究物种演变的历史，行业变化主要是为了适应环境。行业的变化离不开宏观环境的影响。通过研究行业历史，了解行业诞生的背景、存在的意义、目前发展的情况（如产业布局、竞争格局等），进而推测未来行业的发展趋势。而 App 存在于某行业中，必然需要顺应行业的变化。通过行业背景分析可以了解行业的历史、行业解决的问题等内容。所以市场分析的第一步便是进行行业背景分析。那么该如何进行分析呢？主要通过查找历史数据、权威的行业报告进行分析总结。在分析行业背景时常用的方法是 PEST 分析法。

在创业或从零开始设计产品时，使用 PEST 分析法可帮助企业分析在外界条件下该件事是否可行，PEST 分析法提供了思考分析的维度。由于本项目是配套线下图书开发的 App，其初期的市场主要是线下图书市场，所以需要基于 PEST 分析法，通过查找国家数据平台提供的数据、权威的行业分析报告提炼出有效信息，对在线图书资源行业进行 PEST 分析。

（1）政治方面：从国家政策对图书文化行业的支持、政府对知识产权的保护等方面进行分析。

（2）经济方面：从 GDP 水平、人均消费水平、图书市场规模等方面进行分析。

（3）社会方面：从人们的阅读行为现状等方面进行分析。

（4）技术方面：从在线阅读与学习、移动阅读与学习所需技术等方面进行分析。

注意　本书要制作的 App 不属于典型的在线图书资源行业，在线图书资源行业主要提供的是电子图书，与本 App 的业务不一致。

2. 列举典型企业

下面按照从内容制作到用户阅读的上下游产业流程，对在线图书资源行业图谱进行绘制，如图 1-4 所示。

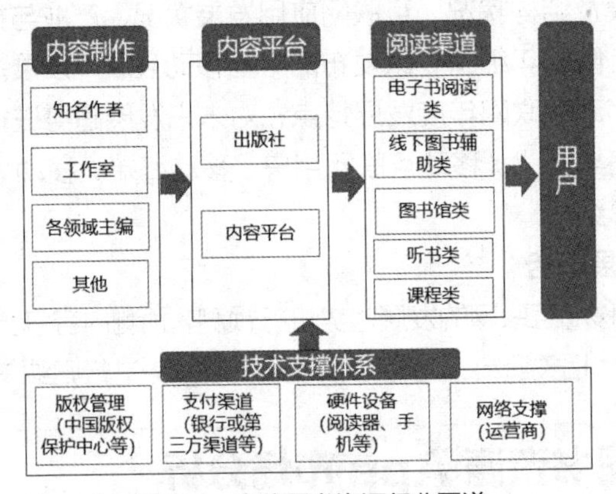

图 1-4　在线图书资源行业图谱

注意　由于版权问题，所以图 1-4 中只写了子模块，没有放入典型企业或产品，最终的行业图谱应该在每个模块中填入典型的企业或产品，如在支付渠道模块中填入具体产品。

3. 预测市场规模

市场规模即市场容量，指在不考虑产品价格或供应商的前提下，市场在一定时期内能够吸纳某种产品或劳务的单位数目。市场规模一般是根据人口数量、用户需求、年龄分布、地区的经济实力所得的结果，其意义是展示了一个行业的“天花板”，因为市场规模的大小与竞争性可能会直接决定对新产品设计开发的投资规模。一般来说，在进行市场规模分析时，会根据当前市场规模走势对未来的市场规模进行预测。通过查找相关数据，预测未来几年内线下图书以及在线图书资源的市场规模。

4. 进行行业用户画像

在图书资源 App 建设初期，其功能是为广大纸质图书读者提供与图书配套的优质在线学习资源，此时只收录合作方自主研发的图书资源。用户通过 App 获取所购买的图书的视频、音频、图文等数字化资源，以便更好、更充分地使用图书。所以此 App 建设初期的用户是有需要进行图书配套数字资源扩充阅读学习的读者或图书购买者。未来，随着资源的丰富，App 将独立于纸质图书，成为一款在线图书资源分享平台，这时面向的用户是各类有在线查找资源、在线阅读、在线学习需求的读者。

5. 总结分析结论

完成前面的行业背景分析、典型企业列举、市场规模预测、行业用户画像之后，就能得到相应的分析结论，该结论主要是对行业的发展趋势的预测，预测结论主要以 PEST 分析为基础，观察宏观环境中的变化趋势，并辅以数据进行推导，也可以引入业界专家的一些观点，学习业界专家的分析思维。

任务3　图书资源 App 竞品分析 1

任务3　图书资源 App 竞品分析 2

1.6 任务 3：图书资源 App 竞品分析

完成市场分析后，对宏观的市场环境就有了一定的了解，接下来要进行竞品分析。这时需要通过竞品分析了解竞品的定位、功能、优势等，做到知己知彼。竞品分析并没有一个统一的模板，且竞品分析将会贯穿移动 App 的整个周期，竞品分析步骤如下。

1. 明确目的

虽然竞品分析没有统一的模板，但在行业内有一个共识，就是在做竞品分析时应该带着目的，先想清楚做竞品分析想要得到一个什么样的结论。例如，移动 App 应该选择什么样的内容推荐方式？是否应该引入编程类内容？应该推送什么样的内容？

在移动 App 的生命周期中，对于不同环节，竞品分析的目的不同，侧重点也不同。由于本书开发的图书资源 App 是一个全新的 App，本次竞品分析应在设计 App 之前进行，所以会基于业务层面进行分析，全面了解市场与对手的情况，看是否有可学习之处。

2. 确定竞品

本书要开发的图书资源 App 是企业脱敏案例，是一款与图书配套的在线资源分享平台，其用户主要是图书的购买者，其早期目标是作为纸质图书的线上辅助工具，未来目标是独立于纸质图书成为一款综合性的图书资源分享平台，可以在平台上线相关电子书、视频、音频等内容。所以，在产品的不同阶段应选择的竞品也不同。由于此 App 的最初目标是辅助线下图书，所以该阶段的竞品主要锁定在已上线的比较成熟的辅助线下图书的 App。目前与线下图书配套的图书资源 App 较少，大部分图书的在线配套资源都放在小程序或公众号上。本书以“图书资源”为关键词在七麦数据平台上查找，通过对产品内容、产品目标等数据进行对比后，可以将教育汇 App 作为直接竞品进行分析，待本书开发的图书资源 App 成熟后，想成为独立产品，则可选择市面上做得比较好的图书资源 App 进行比较，那时可通过下载量、活跃用户数、内容与目标进行对比，选择合适的竞品。

知识拓展　初学者在做竞品分析时能获取到的数据有限，可利用应用商店中各 App 的下载量来评估不同 App 的用户数。应用商店中各 App 的下载量只能评估累计用户数，但评估一款产品用户规模需要用活跃用户数，例如日活跃用户数、周活跃用户数、月活跃用户数。活跃用户数取决于用户留存率，所以累计用户数与活跃用户数并不一定成正比关系。

3. 确定分析层面

本项目主要从业务层面到功能层面进行全面分析，通过分析直接竞品，找出这些竞品的定位，分析竞品服务的目标用户，以便后续从这些用户入手，分析用户痛点，寻找机会点，并确定核心功能点。

4. 挖掘信息

若自身 App 是已上线的 App，则可将其与竞品进行对比，分析两者的不同之处。若自身 App 还在开发中，则主要查看竞品的情况。由于本 App 未上线，所以需要搜索教育汇 App 的相关信息进行学习，常用的挖掘信息的渠道主要有以下几种。

（1）应用商店：在 App Store、应用宝等 App 中搜索竞品，找到竞品的图标、评价、下载次数、大小、类别、排名等信息。

（2）数据平台：可利用比较专业的数据平台，搜索竞品的应用信息、版本记录、评分、评价、排名、关键词等信息，如七麦数据、艾瑞咨询、易观千帆、百度指数等。

5. 对比分析

在获得大量信息之后，就需要对自身 App 与竞品的相关信息进行对比分析，分析内容与前面确定的维度保持一致。若是进行全面分析，则分析内容应具体包含以下几个部分。

（1）竞品概况：主要包含竞品名称、竞品介绍、竞品定位等。

（2）目标用户分析：主要分析目标人群、人群特征等，提炼出用户角色，得到用户的需求。

知识拓展

目标人群分析就是前面提到的 User Profile，通过搜集数据对人群类别进行分析。

提炼用户角色时需要进行用户建模。用户建模就是对产品目标人群真实特征的勾画。对产品目标人群的目标、行为、观点等进行聚类分析之后，得到的一组对具有代表性的使用者全方位的描述，这就是一个人物原型，即用户角色。用户角色包含个人信息、行业信息、计算机/互联网和移动终端/移动互联网使用情况、场景、附加属性、语录、商业目标、用户角色优先级等。根据用户角色可以分析目标人群，找出其痛点与需求。

用户角色可为产品需求的决策、设计、研发、运营和推广提供用户基准，让团队成员能够在产品设计的过程中抛开个人喜好，将焦点放在目标用户的动机和行为上。

（3）市场策略：市场策略是指企业在复杂的市场环境中，为实现一定的营销目标，对市场上可能发生或已经发生的情况与问题所做的全局性策划。

（4）商业模式：商业模式主要指产品的营利方式，移动 App 常用的营利方式主要有广告收入、会员收入、付费下载、电商等。

（5）产品分析：这部分主要基于产品层面进行分析，并对产品的每一部分进行优缺点分析，得出结论，具体分析产品结构、产品流程、核心界面的功能点、交互与视觉设计等。

（6）运营与推广：运营一般来讲包含 4 类，分别为内容运营、活动运营、产品运营、用户运营，最常见的是内容运营、活动运营、用户运营这 3 类，在真正的运营实践中，这 3 类也是最核心的部分，始终围绕着产品运作，产品运营融合在这 3 类运营之中；而竞品的推广策略，主要指竞品进行市场推广的渠道。

6. 输出结论

（1）SWOT 分析。

本次以教育汇 App 为竞品，采用 SWOT 分析法简单分析本图书资源 App 的竞争环境，如表 1-1 和表 1-2 所示，得出相应的战略。

表 1-1　SWOT 分析表

S（优势）	（1）资金方面：前期作为纸质图书的辅助工具，营利主要依靠线下图书的销量，只需开发成本。 （2）用户基础：纸质图书积累了大量的原始用户。 （3）内容方面：有大量的线下资源支撑，线上内容都是原创内容
W（劣势）	（1）内容方面：前期主要辅助纸质图书，线上内容形式受限。 （2）变现方面：线上商业化还处于探索时期，具体方式待定
O（机会）	（1）宏观环境：在数字化时代，越来越多的图书都开发了配套线上资源，使读者随时随地都能阅读图书。 （2）市场规模：国民经济水平提升，人们的阅读时间与购买的图书增多。 （3）技术支持：移动互联网、信息技术快速发展，给阅读图书提供了多元化的方式
T（威胁）	直接竞品：在产品早期，线上市场相对封闭，主要竞品是线下图书市场。而对于最终目标来说，竞品是市面上各种教育类的、图书类的资源 App

表 1-2　SWOT 战略分析表

SO 战略（利用机会发挥优势）	（1）根据纸质图书，提供配套的线上资源。 （2）根据纸质图书，增加多种类型的在线资源，引导用户使用线上资源
ST 战略（利用优势消除威胁）	（1）利用自身大量原创资源，开辟独有多媒体资源。 （2）利用线下纸质图书，开辟在线图文阅读、视频阅读系列内容
WO 战略（利用机会弥补劣势）	（1）利用信息化手段，给纸质图书添加相应的音频与视频资源、图文资源等内容。 （2）增加线上增值服务，拓展线上业务
WT 战略（弥补劣势避免风险）	时刻面临着同行与跨行转型企业的双重激烈竞争，积极探索更丰富的内容和业务

（2）最终策略总结。

基于上述对竞品的详细分析，结合自身 App 的优劣势和机会，本次竞品分析的最终目的是为自身 App 设计一个可行的策略，通过在线上配套线下图书的资源进行开发，将线下用户转移到线上，同时利用线上拓展业务市场，实现线上线下全方位的产品优化。建议本图书资源 App 的设计开发策略如下。

- 配套丰富的音频、视频资源，增强图书的可读性：参考竞品的相关设计，丰富线上配套音频、视频资源。
- 打造交流社区，便于用户交流图书阅读心得：结合线下图书，打造线上交流平台，便于用户分享读书心得与体会，从而起到推广图书的作用。
- 设计活动策划模块，拓宽产品业务：设计活动策划模块，如“阅读月”“年中图书促销”等，通过线上活动吸引流量，丰富线上线下活动内容，拓宽产品业务。

7. 撰写竞品分析文档

前面的所有内容都准备好之后，就可以输出完整的竞品分析文档了。竞品分析的目的不同，竞品分析文档内容也不同，业界也没有唯一的标准。由于本次竞品分析是基于新产品进行全面分析，所以竞品分析文档一般包含以下几个部分。

（1）市场趋势与现状分析。

（2）竞品的选择。

（3）竞品的概况。

（4）竞品的目标用户、用户画像。

（5）竞品的市场策略、商业模式。

（6）竞品分析（核心流程、功能、交互、视觉等）。

（7）竞品的运营及推广策略。

（8）输出结论。

【项目小结】

本项目介绍了正式设计与开发移动App之前的整个移动App生态，内容包括移动App设计与开发流程、移动互联网的定义与产业链、市场分析与竞品分析的概念与方法等。

掌握了以上基础知识后，从宏观上可以完成移动互联网现状的调研，能够预测移动互联网未来的发展趋势，从而对移动App的生存现状有一定的预判，然后基于图书资源App分析图书资源产业，并以教育汇App为例进行竞品分析，总结出图书资源App的最终策略，为此App未来的设计与发展提供了思路。

【知识拓展】

关于“移动应用相关技术简介”的内容请扫描二维码查看。

移动应用相关技术简介

【知识巩固】

1. 单选题

（1）以下对移动互联网产业链划分的说法中正确的是（　　）。

A. 终端厂商、平台厂商、应用厂商、渠道厂商

B. 终端厂商、硬件厂商、应用厂商、渠道厂商

C. 终端厂商、平台厂商、服务厂商、渠道厂商

D. 终端厂商、平台厂商、应用厂商、推广厂商

（2）2022年，全球手机的出货率不在前五的公司是（　　）。

A. 小米　　B. vivo　　C. 华为　　D. OPPO

（3）（　　）用于产品设计和用户研究，可以抽象地描绘一个自然人的属性。

A. User Profile　　B. User Persona

C. User Property　　D. User Interface

（4）下列不属于竞品分析中产品层面的分析的是（　　）。

A. 用户场景　　B. 业务流程　　C. 功能规范　　D. 产品定位

（5）（　　）展示了一个行业的“天花板”。

A. 市场规模　　B. 行业背景分析　C. 产业需求　　D. 产业现状

（6）从竞争对手或市场相关产品中圈定一些需要考察的角度，得出真实的情况。这个是（　　）进行竞品分析。

A. 主观　　B. 客观　　C. 直接　　D. 间接

2. 填空题

（1）移动互联网本质是________和________的融合。

（2）移动互联网产业链中的________主要为移动互联网的运行提供通道基础。

（3）竞品分析中进行总结分析常用的方法是________。

（4）行业分析常用的方法是________。

（5）与自身产品的目标用户、功能和需求都不一致，但是类型是一样的竞品是________竞品。

3. 简答题

（1）请说出移动 App 设计与开发流程，并简述每个步骤的内容。

（2）什么是市场分析？一个完整的市场分析过程应包含哪些内容？

（3）什么是竞品分析？竞品分析的流程是什么？一份完整的竞品分析文档一般包括哪些内容？

4. 任务题

根据项目实施步骤，为本书中的图书资源 App 撰写完整的竞品分析文档。

【项目实训】

（1）查找资料，结合移动互联网近 10 年的发展，预测未来 10 年移动互联网将如何影响人们的生活。

（2）选取市面上一款移动 App，站在该移动 App 迭代的角度，以优化该移动 App 为目的，进行产品调研，完成竞品分析，并撰写竞品分析文档。

项目2 移动App设计

02

【学习目标】

1. 知识目标

（1）学习用户需求、产品需求、需求分析的概念。
（2）学习需求的来源及用户需求采集方法。
（3）学习需求池的组成及优先级排序方法。
（4）学习产品规划方法及产品结构。
（5）学习绘制产品功能结构图，学习交互设计、原型图的绘制方法。

2. 技能目标

（1）具备用户研究能力，能通过用户反馈、用户访谈、问卷调查等方式采集用户需求。
（2）具备筛选需求的能力，并能对需求进行排序，构建完整的需求池。
（3）具备根据需求进行产品规划、业务流程图绘制、产品功能设计的能力。
（4）具备绘制原型图、撰写产品需求文档的能力。

3. 素养目标

（1）通过创新产品设计，培养勇于创新的精神。
（2）培养互联网思维。
（3）基于项目团队进行设计与开发，培养团队协作能力。
（4）培养撰写文档的能力。
（5）培养精益求精的工匠精神。
（6）以用户为中心进行产品设计，培养用户意识。

【项目概述】

项目 1 中介绍了移动 App 设计与开发总流程，分析了当前移动 App 的宏观环境与微观环境，以及整个移动互联网现状、图书资源市场、竞品情况，大致确定了移动 App 未来的开发方向，本项目将正式进入移动 App 的设计过程。

虽然现在对移动 App 的实现方向有了一定的定位，但是现在移动 App 还处于概念阶段，其具体要实现的功能、展现的界面及界面的形式等还没有确定，因此在用代码进行开发之前需要进行 App 设计。

本项目从零开始一步步进行 App 设计，从用户需求出发，逐步转换成产品的功能、结构、界面、交互，最终完成产品需求文档的撰写。而产品需求文档便是开发工程师编写项目代码的依据。

【思维导图】

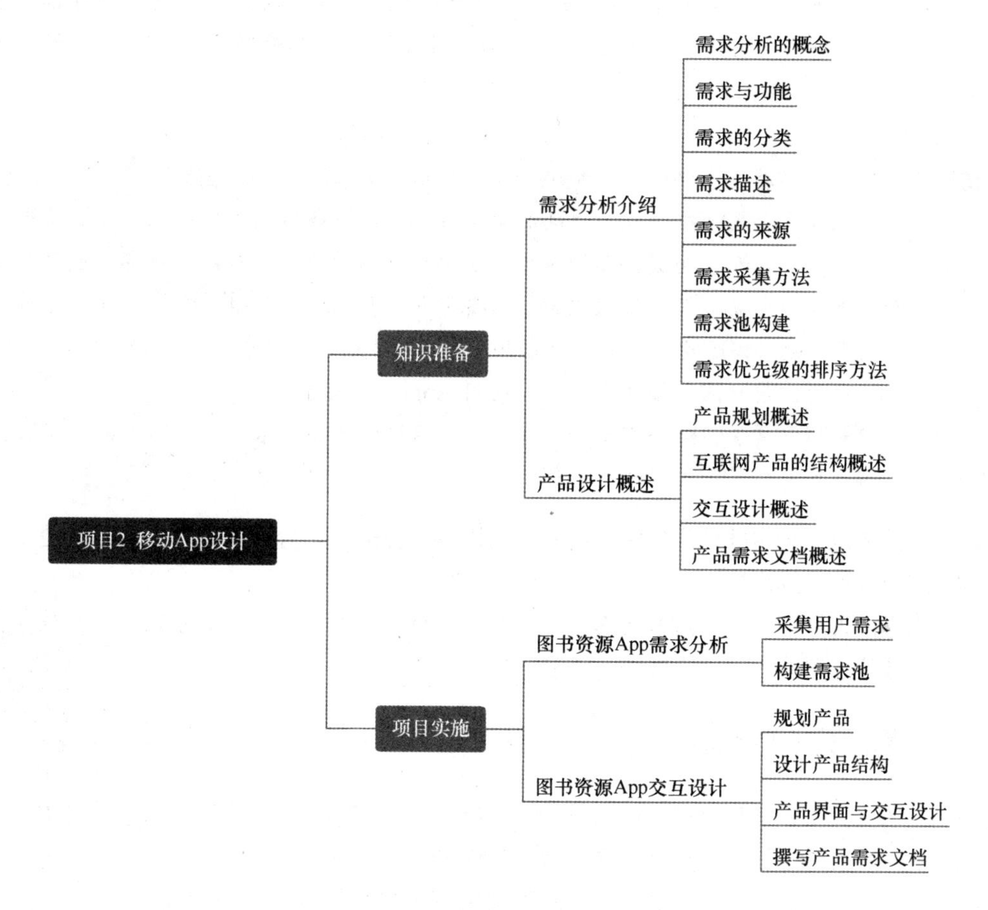

【知识准备】

对市场与竞品进行调研后，对移动 App 的环境有了了解，对 App 的定位有了初步的构想，若要把这些构想落地，则要进行具体的设计。由于图书资源 App 是服务于用户的，所以需要以用户体验为核心，进行需求分析、产品交互设计，在开始设计之前，需要了解什么是需求，以及需求是如何转化成功能的。

2.1 需求分析介绍

因为移动 App 的使用者是用户，所以设计开发一款移动 App 的时候需要以用户为中心，以需求为导向。这里的需求都关联了用户，即与“人”相关，所以更多的是在讲用户需求。获取的用户需求往往是用户表达出来的东西，是从用户角度出发得到的解决方案。

但是用户需求并不能代表用户内在的心理预期，无法直接反映用户的诉求，而这是用户内在的、原始的需求。因此要去分析用户需求，挖掘用户需求，了解用户原始的需求，为满足用户的内在需要，提出有效的解决方案，这便得到了产品功能。介绍一个亨利 · 福特的“更快的马”的故事，大致内容是这样的：在汽车发明之前，福特问人们需要什么样的交通工具，得到的答案大多是一匹更快的马。在这个故事中，用户需求（想要的）是一匹更快的马，其实通过需求分析挖掘，用户需求实质上是尽可能地节省在路上的时间，由此转换成最终解决方案——汽车，它比马还要快。

知识拓展 一个移动 App 不仅要面向用户，满足用户需求，还要面向业务，满足业务需求。

业务需求表示组织或客户的高层次目标，即业务建设方的需求。业务需求通常来自项目投资人、购买产品的客户、实际用户的管理者、市场营销部门或产品策划部门等。业务需求描述了组织为什么要开发一个 App，即组织希望达到的目的。

用户需求描述的是使用 App 的用户的目标，或用户要求 App 必须能完成的任务。也就是说，用户需求描述了用户能使用 App 来做些什么。

对用户需求、业务需求进行需求分析后得到产品需求，从而转化为产品功能。

本项目中的需求分析主要从用户需求出发进行讲解。业务需求分析比用户需求分析更简单，其功能常常具有常规性、固定性。

所以在做产品设计时，要分清楚什么是用户需求，什么是产品需求，以及如何将它们转化成产品功能。这就需要进行需求分析。

需求分析的概念

2.1.1 需求分析的概念

这里引入《人人都是产品经理》中提出的一个经典“Y”理论，如图 2-1 所示。需求分析的过程就是图中的“1→2→3”，把用户需求转化为产品功能。

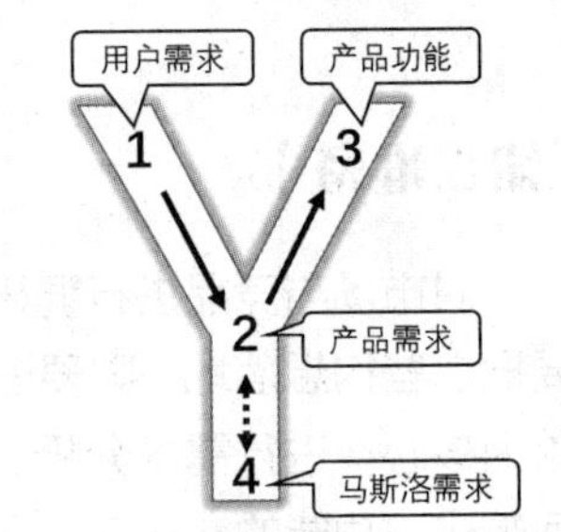

图 2-1　需求分析的“Y”理论

在“Y”理论中，靠顶端是解决方案，靠下面是解决方案背后的目的，越往下是更深层的动机，可以说是原始需求。“1-用户需求”一般指用户提出的需求，大多用户提出的解决方案，一般解决的是表层需求，不能解决用户的原始需求，所以往往不是最佳方案，但较好的“3-产品功能”一定是从用户需求转化而来的，而不是凭空想出来的。所以要从用户需求挖掘出产品需求，从而得到产品功能。一切功能都来自用户需求，但所谓的创造需求，创造的只能是满足用户需求的解决方案——产品功能，而不是用户需求。

从“1-用户需求”到“2-产品需求”，需要通过不断问“Why”，层层挖掘用户的内在需求，逐步归纳；而从“2-产品需求”到“3-产品功能”，则要通过不断问“How”，逐步演绎。在整个“1→2→3”的过程中要用到各种辅助信息，例如产品数据、竞品信息、行业信息等。

如果不断深挖用户需求，每个产品需求最终总能对应上马斯洛需求层次，因为这是人的根本需求。但用户需求到底应该挖到哪个层次作为产品需求，取决于设计者的能力、公司和产品的定位等。所以“2–产品需求”是否要追溯到“4–马斯洛需求”的过程是可选的，画为虚线。

知识拓展 马斯洛的需求层次理论是心理学中的激励理论，包括人类需求的五级模型，通常被描绘成金字塔形状的等级。从底部向上，需求分别为：生理、安全、社交、尊重和自我实现。

1970 年，该五级模型经过扩展得到八阶马斯洛需求层次理论，即马斯洛需求层次扩展结构，增加了认知需求、审美需求和超越需求。从底部向上，需求依次如下。

生理需求（Physiological needs）：食物、水分、空气、睡眠、性的需要等。

安全需求（Safety needs）：人们需要稳定、安全、受到保护、有秩序，才能免除恐惧和焦虑等。

社交需求（Social needs）：一个人要求与其他人建立感情的联系或关系。

尊重需求（Esteem needs）：尊重自己（尊严、成就、掌握、独立）和对他人的名誉或尊重（例如地位、威望）。

认知需求（Cognitive needs）：知识和理解、好奇心、探索、意义和可预测性需求。

审美需求（Aesthetic needs）：欣赏和寻找美、平衡、形式等。

自我实现需求（Self-actualization needs）：人们追求实现自己的能力或者潜能，并使之完善化。

超越需求（Transcendence needs）：一个人的动机是超越个人自我的价值观。

综上，需求分析就是从用户需求出发，挖掘出用户的真正目标，并将其转化为产品需求，得出产品功能的过程。需求分析流程为：首先明确需求分析的目的是应用创新还是 App 产品迭代，以及在哪方面进行改进，然后通过多种渠道获取需求，对获取的需求进行评估、去伪存真、筛选，由此构建出需求池，接着对需求池中的需求进行优先级排序，最后输出产品需求文档。

2.1.2 需求与功能

需求的本质是提出问题，而产品功能的本质是解决问题。例如，想表达情感、想在线交流、想娱乐休闲、想交友，这些都是提出的问题，那么如何解决这些问题呢？对于想表达情感的需求，设计微博、朋友圈；对于想在线交流的需求，设计即时通信工具、YY 语音；对于想娱乐休闲的需求，设计各种游戏、音乐分享工具；对于想交友的需求，设计摇一摇、漂流瓶等。这些设计解决问题的方案就是产品功能。

不难发现，一个需求可以用多种产品功能来解决，而且需求的场景不同，产品功能也不同。前面所说的“更快的马”的故事，在不同的场景下，例如场景是赛马比赛，此时用户想要更快的马，那么提供一辆汽车就不合适了。

2.1.3 需求的分类

需求的分类

将需求分类很有必要，可以用马斯洛需求层次理论有效地对个人需求进行金字塔式分类；也可以用 KANO 模型，从对人的影响角度出发，对需求进行分类。

在初步进行功能设计时，多采用 KANO 模型对需求进行分类。KANO 模型以分析产品功能对用户满意度的影响为基础，体现了产品性能和用户满意度之间的非线性关系。该模型不仅可以分析产品的功能特征，也可以用于日常的生活或实践中，其将需求分为以下 5 类。

（1）基本型需求：基本型需求也是必备型需求，也是用户认为产品必须要有的功能。当这些功能不充足时，用户会很不满意；当这些功能充足时，用户也可能不会因此表现出满意。

（2）期望型需求：期望型需求也是意愿型需求，若此类需求满足用户或表现良好的话，用户满意度会显著上升，若此类需求不能实现，用户也不会不满。

（3）兴奋型需求：兴奋型需求也是魅力型需求，指用户不会过分期望的需求。随着满足用户期望程度的增加，用户满意度也会随之上升，一旦此类需求得到满足，即使表现得并不完善，用户的满意度也是非常高的。反之，即使此类需求没有得到满足，用户也不会因此表现出明显的不满意。

（4）无差异型需求：无差异型需求即功能不论提供与否，对用户体验都没有影响。

（5）反向型需求：反向型需求也是逆向型需求，指引起用户强烈不满的需求和导致用户满意度低的需求。许多用户根本都没有此类需求，提供后，用户满意度反而会下降，而且提供的程度与用户满意度成反比。

基本型需求解决的是用户的痛点，痛点是需要及时解决，而且是必须解决的问题；期望型需求解决的是用户的痒点，痒点是用户的潜在需求，是用户深层次的欲望；兴奋型需求解决的是用户的兴奋点，是超出期望的需求。例如，天热用户口渴，用户需求就是解渴，可以从解决用户的痛点到兴奋点进行产品迭代：解决痛点，满足用户的基本型需求，即提供一杯白开水；解决痒点，满足用户的期望型需求，即提供一杯冰镇汽水；解决兴奋点，满足用户的兴奋型需求，即提供具有多类型果汁的果汁机。再举一个例子，分析百度 App 首页的功能点，对于一些用户来说，其解决痛点的功能是搜索，解决痒点的功能是新闻，解决兴奋点的功能是语音输入、拍照。当然也有一些用户觉得语音输入、拍照是痒点，所以需求的点位是因人而异的，因为人的欲望会变，从而使需求的点位不断改变，痛点、兴奋点可能会变成痒点。

2.1.4 需求描述

需求描述

前面介绍了需求在不同的场景下，其解决方案是不同的，所以需要提升需求的有效性，尽可能让需求描述唯一化，使其提出的功能具有不二性。那么一个完整的需求描述应包含哪些内容呢？一般来说，一个完整的需求描述主要包含用户、场景、问题、路径这 4 个要素，即谁在什么场景下通过什么方式解决什么问题（或达到什么目的）。

下面将以图书资源 App 的一个简单用户需求为例进行分析，其简单需求是“小明在线听故事”，这个需求中具体的要素是什么呢？

1. 用户

这里的用户即目标用户，先根据一定的标准将用户分类，分离出用户的属性。在这些用户属性中找出一些共性，然后定位到具备这些共性的用户，挖掘他们的需求。通过这些基础分析去进行用户画像。用户属性包含角色、特点、规模等。

知识拓展 用户角色不同，其特点、规模也不同。所以在进行用户画像时，要注意用户角色的选择。例如，要设计图书资源 App，其用户是线下图书读者，这些读者想在线上了解更多相关内容或其他内容，其年龄层次不同，需求也不同，所以不同的用户角色，其用户画像是不同的。

在本例中，小明是一个 3 岁的男孩，这一类孩子的特点大概如下。

- 对视频、动画兴趣较大。
- 认识的汉字不多，无法自己阅读故事。
- 经常会要求父母给他讲故事。
- 比较好动，注意力集中的时间只有几分钟。

2．场景

目标用户分别在什么情况下会使用产品？大概情景是怎样的？在分析场景时，要考虑什么导致用户来到这样的场景下，用户的心理和情绪如何等内容。

本例的主要场景是：小明父母已经购买了故事书，但是还有其他工作要忙，需要小明自己听故事。

3．问题

用户在场景中活动的时候，可能会遇到什么样的问题？不同问题会体现出用户各种各样的需求。但是并不是所有的问题都值得探讨，所以要分析遇到该问题的用户群大不大、用户是否必须解决该问题、用户是否急切想解决该问题、用户是否经常会遇到该问题、该问题能否被解决。

本例的主要问题是：3 岁的小明在没有父母陪同的情况下如何自己听故事。

4．路径

路径即解决问题的过程。明确要做什么、有哪些方案、最佳方案是什么。

本例要做的是：小明独立完成听故事。方案：小明自己看书中的插画、看配套视频，找其他人给他读故事等。最佳方案：小明自己使用平板电脑或手机看与故事配套的短视频、听故事。

综合以上 4 个要素，本例的需求可以描述为：喜欢看视频、识字不多、注意力不太集中的 3 岁小朋友需要独自使用平板电脑或手机看短视频、听故事。

2.1.5 需求的来源

对产品经理而言，需求的来源主要可分为内部和外部两种。

（1）来自内部的需求：来自上级的战略需求，来自团队成员的需求（例如运营支持、技术发起等），来自数据分析、产品经理自身的灵感与判断、团队的头脑风暴的需求等，这些都属于业务需求。

（2）来自外部的需求：来自用户（用户反馈、用户访谈等）的需求，来自竞品、行业变化、相关政策法规的需求等。

本项目中的需求采集，主要介绍用户需求的采集方法，这是用户研究中重要的一步。

2.1.6　需求采集方法

用户研究

以用户为中心进行移动 App 设计，第一步就是进行用户研究，而用户研究过程中很重要的一步就是需求采集。

1. 用户研究

用户研究是一种理解用户，将他们的目标、需求与商业宗旨匹配的理想方法，能够帮助企业定位产品的目标用户。用户研究的首要目的是帮助企业定位产品的目标用户、明确和细化产品概念，并通过对用户的任务操作特性、知觉特征、认知心理特征的研究，使用户的实际需求成为产品设计的导向，使设计的产品更符合用户的习惯、经验和期待。

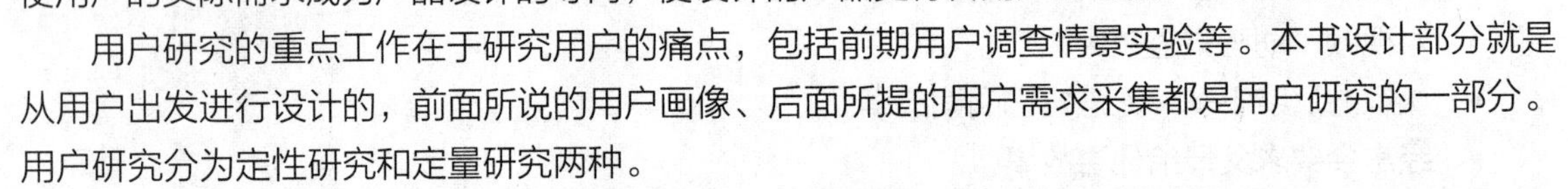

用户研究的重点工作在于研究用户的痛点，包括前期用户调查情景实验等。本书设计部分就是从用户出发进行设计的，前面所说的用户画像、后面所提的用户需求采集都是用户研究的一部分。用户研究分为定性研究和定量研究两种。

（1）定性研究：定性研究是探索性的研究，致力于定性地确定用户需求，有助于设计师在设计初期构建想法，然后再用定量方法完善和测试想法。从广义上讲，定性方法是非结构化的、主观的、科学性较差的研究方法。定性研究往往样本量较小，直接收集用户的某些行为和使用习惯，主要有用户访谈、情境访谈和卡片分类法等。

（2）定量研究：主要是为了测试和验证假设。从广义上讲，定量方法往往是结构化的、客观的、可衡量的、科学的研究方法。定量研究往往需要较大的样本量，间接地收集用户的行为和态度，主要有问卷调查、数据分析、A/B 测试等。

2. 用户需求采集的方法

用户反馈

下面介绍常用的 3 种用户需求采集的方法，可通过这 3 种方法进行用户需求采集。

（1）用户反馈。

用户反馈的信息类型会有很多，可能是简单的评论，可能是对某些交互的不满意的评论，可能是恶意刷量的评论等。在众多用户反馈的信息里面，应关注产品自身的问题，了解用户对产品已有功能的评价；关注竞品的问题，通过对手产品的问题发现自己产品的问题；关注可能出现的机会，发现产品目前不能满足的需求。获取用户反馈的渠道有很多，按照获取用户反馈的难易程度，渠道主要可分为以下 3 种。

① 公开渠道：所有人均可通过这种方式获取用户反馈，此方式没有权限的限制，如应用市场、App Store、百度手机助手、PP 助手、应用宝等。在这些手机应用市场里面，每个 App 都有用户评分和评价，通过应用市场就可以收集到自己产品和竞品的用户反馈信息。一般来说，需重点监控移动应用的用户评价，主要查看其一星、二星评价。另外，也可以通过微博、贴吧等社交平台获取用户反馈，许多用户在使用某个 App 后，会在社交网络上评价其功能。

② 半公开渠道：要通过一定的努力，使用一定的方法才能拿到半公开渠道中的用户反馈信息。例如，竞品的核心用户微信群与 QQ 群、朋友圈、移动 App 中的用户评价，非产品团队成员想要进入这些群，需要花费一些精力。

③ 内部渠道：无论对手花费多少精力也无法拿到内部渠道中的用户反馈信息。例如许多产品都会提供让用户填写意见或建议的入口，用户可以在这里面进行反馈。

（2）问卷调查。

问卷调查是通过制订详细周密的问卷，让被调查者回答问卷上的问题以收集资料的方法，适用于调查用户的使用目的、态度和观点，不适用于探索用户新的、模糊的需求。问卷调查过程主要为“明确任务→确定对象→设计问卷→投放问卷→撰写报告”。首先根据前期的竞品分析文档和用户画像等内容，明确问卷调查的目的，例如想了解哪方面，要解决什么问题等；其次确定投放人群，根据不同访谈目标选择不同用户，例如，想发现产品机会，需访谈行业资深用户和核心用户，想寻找用户增长方法，可访谈流失用户、非用户等；然后设计问卷，问卷问题必须围绕目的，问卷内容主要包含问卷名称、全局说明（目的、时间、匿名报名、奖品）和问卷问题（甄别性问题、变量性问题、建议性问题等）3 部分；接下来投放问卷，确定投放时间、投放渠道、投放数量，常用的投放渠道有短信、邮件、自媒体、App、社群和朋友圈等；最后汇总，撰写调查报告，内容主要包含调研目的、调研对象、总结分析 3 部分。

（3）用户访谈。

用户访谈是指围绕特定目的，与受访者进行交谈的过程。在用户访谈过程中，可以与用户进行更深入、更专注、更有质量的交流，通过面对面沟通、电话、视频、问卷等方式都可以与用户直接或间接进行交流，从而有效理解用户需求、分析用户动机、锁定目标场景。用户访谈的方式主要有以下 3 种。

① 结构式：访谈员抛出事先准备好的问题让受访者回答。为了达到最好的效果，访谈员必须有一个很清晰的目标，整个过程需要引导受访者不偏离主线任务，提出的问题也需要经过仔细推敲和打磨。

② 开放式：访谈员和受访者就某个主题进行深入讨论。由于回答的内容不是固定的，所以受访者可以根据自己的想法进行大致描述或简短描述。但需要注意的是，访谈员心中要有计划和目标，尽量让话题围绕主题进行。

③ 半结构式：结构式访谈和开放式访谈的结合，涵盖了固定式和开放式的问题。为了保持研究的一致性，访谈员需要有一个基本的提纲（访谈剧本）作为指导，以便让每一场访谈都可以围绕主线任务进行。

需求池构建

2.1.7 需求池构建

1. 需求筛选概述

前面介绍过用户需求是用户自己认为的解决方案，并不是真正的产品需求，因此需要对用户需求进行分析挖掘，判断需求的真伪。真的需求应符合用户的习惯、契合产品定位且能实现。

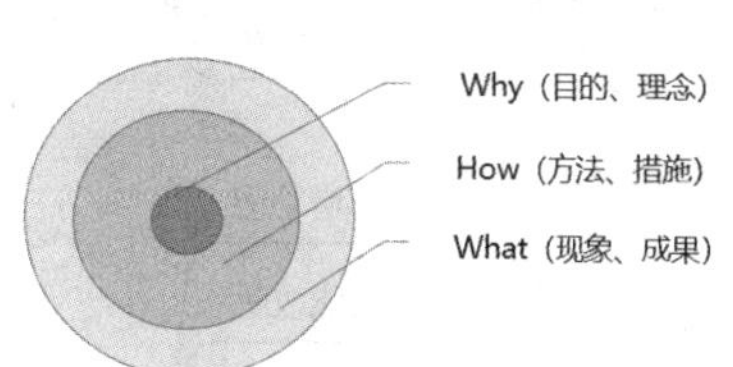

图 2-2 黄金圈法则

要判断需求的真伪，就需要了解需求产生的过程，这与人的思维方式有关。这里引入西蒙 · 斯涅克在《从“为什么”开始》中提出的“黄金圈法则”来介绍人的思维方式，如图 2-2 所示。“黄金圈法则”用 3 个同心圆来描述人的思维方式，黄金圈从外到内依次是：What（现象、成果），即“做什么”；How（方法、措施），即“怎么做”；Why（目的、理念），即“为什么”。

需求最初是人们对于某种东西感到缺失时产生的一种心理状态（初始需求，Why），当这种心理状态达到一定程度时，人们自然而然地想要获得某个东西以满足这种心理状态（用户认为的需求，How），这个时候的需求有明确的指向性和选择性，当在现有环境中无法满足这种有明确的指向性的需求时，用户就会向产品提出这种需求（用户表达的需求，What）。从中可以看出需求的产生有3 个步骤：用户原有的需求（初始需求）→用户认为的需求（经过自我加工后的需求）→用户表达的需求。所以需要从最外圈的 What，一层层挖掘出用户最真实的需求，这便是产品需求的雏形。

2. 需求池概述

收集外部、内部的各种需求，再筛选需求就可汇聚成需求池。需求池用来收集和管理来自各方的各类需求，是各个版本需求的出口。需求池不仅要记录需求是什么，还需要记录与这个需求相关的一些关键元素，明确需求基本属性，每个需求池不尽相同，但是都有一些关键元素，如图 2-3 所示。管理需求池的原则主要是有进有出、宽进严出。这说明需求池需要不断进行更新，在不断开发功能满足需求的同时，不断丰富新需求。

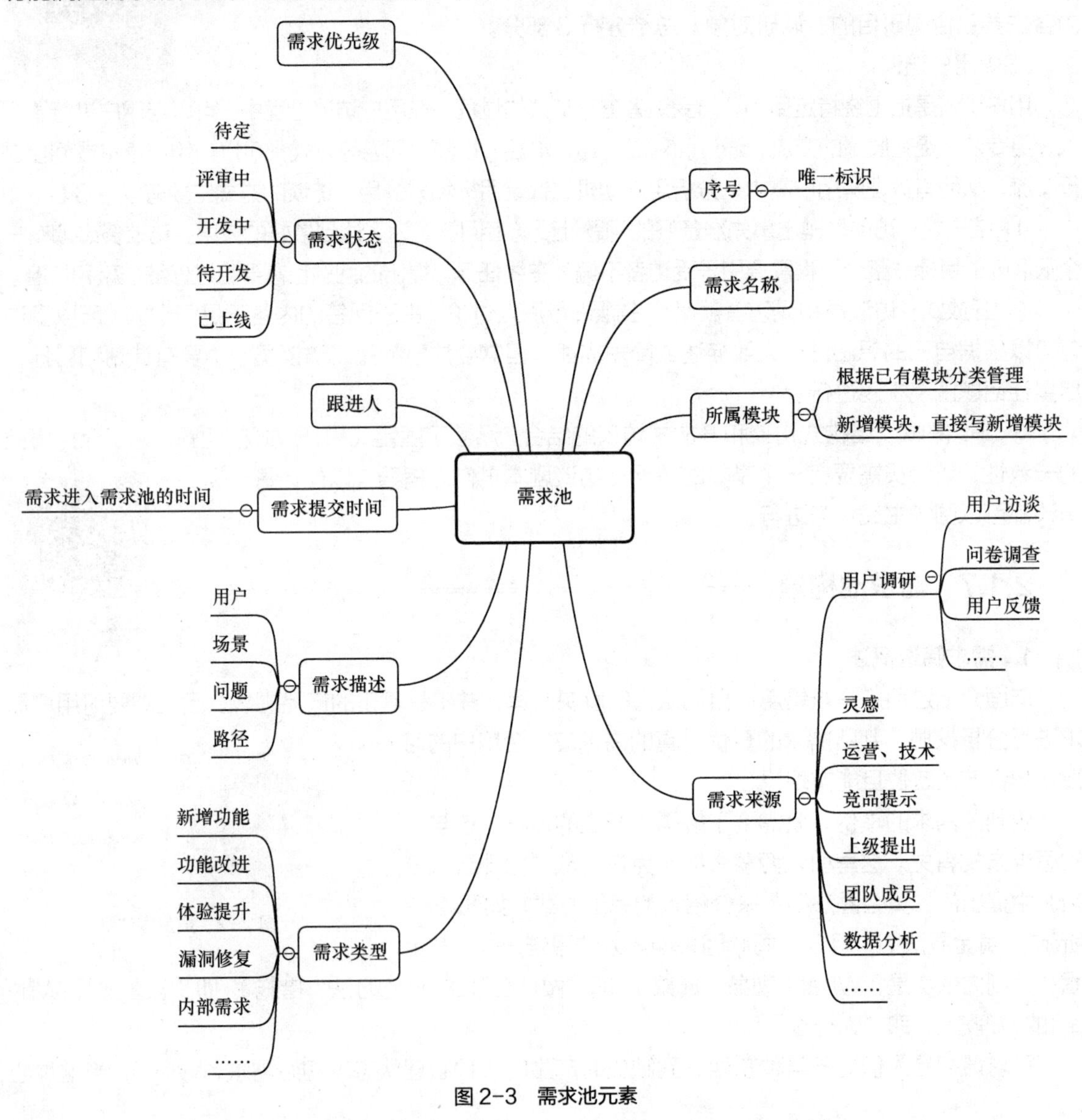

图 2-3　需求池元素

2.1.8 需求优先级的排序方法

需求优先级的排序方法

需求池中很重要的一个元素就是需求优先级。由于采集了很多的需求，不可能一口气全部满足，这些需求要分批次进行开发，所以需要排序，确定哪些需求优先开发，哪些需求不着急开发。那么应如何给需求进行优先级排序？主要分为以下 3 步。

1. 看产品

研究产品的生命周期。在产品的不同生命周期，用户需求不同，其产品策略不同，优先级的策略也不同。一个移动 App 的整个生命周期可以分为以下 4 个阶段。

（1）导入期：该阶段用户数量缓慢增加，产品策略是培养市场，只需满足用户的初级需求，所以优先选择基本功能需求和能突出产品特色的需求。

（2）成长期：该阶段用户数量增长速度加快，产品策略是扩展市场，需提供选择性的需求，增加产品品类和功能。

（3）饱和期/成熟期：该阶段用户数量迅速增长并到达顶峰，产品策略是保持市场，用户使用的都是重复性需求，主要增强用户体验，所以该阶段要优先满足运营或市场需求。

（4）衰退期：该阶段用户规模减小，必须开辟新的市场，否则将面临被淘汰的危险，所以要解决产品短板，拓展产品方向，创新产品功能，满足用户的新需求。

2. 看用户

研究产品需求对用户的影响。在这一步可以从多个角度进行优先级排序，从用户规模、用户类型、用户需求、功能易用程度、需求对用户的重要和紧急程度等进行排序。下面介绍几个常用方法。

（1）用户法。

最简单的方法就是从需求对用户的广度、强度、频率上来评价。广度主要指目标用户的规模，太过小众或单一的用户规模无法支持产品的生存，尤其是新上线的产品；强度主要指用户对于需求的迫切程度；频率则是指用户出现该需求的频率和持续性。

所以应该首先选择用户规模大、用户迫切、用户使用频率高且持续需要的需求。

（2）四象限法。

四象限法用于评判需求对用户的重要和紧急程度，如图 2-4 所示。

① 第一象限是重要且紧急的需求，其优先级为高等，必须立即去做。例如 App 出现漏洞，会影响到用户主流程使用的功能，须立即解决。

② 第二象限是紧急但不重要的需求，其优先级为中等，主要根据问题的影响面来决定如何做，只有在优先考虑了重要的事情后，才来考虑这类需求，所以对这一类需求不要投入太多。

③ 第三象限是不重要也不紧急的需求，其优先级最低，有时间就做或放在最后做，甚至可以不做。

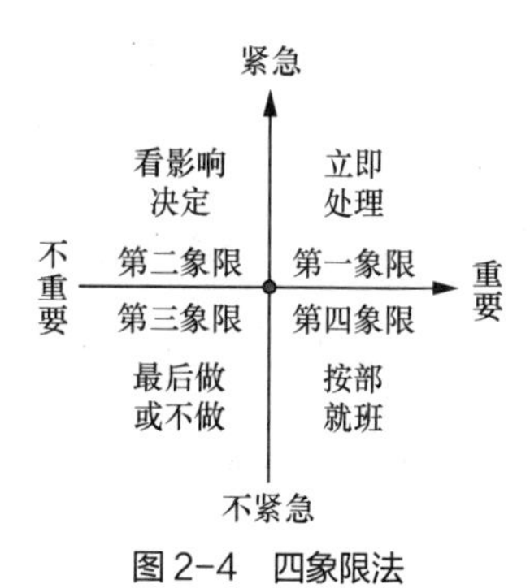

图 2-4 四象限法

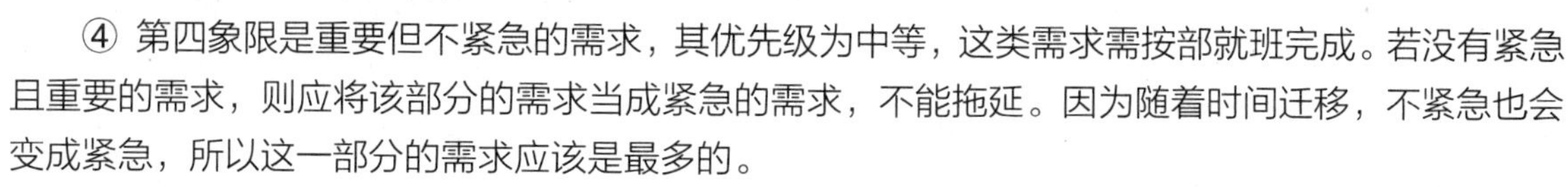

④ 第四象限是重要但不紧急的需求，其优先级为中等，这类需求需按部就班完成。若没有紧急且重要的需求，则应将该部分的需求当成紧急的需求，不能拖延。因为随着时间迁移，不紧急也会变成紧急，所以这一部分的需求应该是最多的。

（3）KANO 模型。

前面简单介绍了用 KANO 模型可以将用户需求分为基本型需求、期望型需求、兴奋型需求、无差异型需求、反向型需求，按优先级从高到低排序应该是：基本型需求>期望型需求>兴奋型需求，而无差异型需求、反向型需求在进行需求筛选时就应被剔除。

（4）马斯洛需求层次法。

前面介绍了对用户需求进行深挖都能对应上马斯洛需求层次，而层次越低的需求，其优先级越高，层次越高的需求，其优先级越低，如图 2-5 所示。

（5）用户体验法。

按照需求实现后用户对功能的体验进行优先级排序，从高到低依次是：能用>易用>爱用>传播。

- 能用：指用户能流畅地使用产品，产品功能完整、没有异常、逻辑闭环，没有缺失流程。
- 易用：指在满足能用的前提下，需求能优化流程和交互，帮助用户获得更好的体验。
- 爱用：指需求能让用户形成习惯和依赖，用户会主动使用产品，增强用户黏性，提高用户留存率。
- 传播：指需求能让用户主动推广产品，进一步扩展产品的用户市场，增加更多的活跃用户。

3. 看投资回报率

分析完产品和用户后，就要从经济上进行排序，用投资回报率（Return On Investment，ROI）进行优先级划分。影响 ROI 的主要是投入与收益。移动 App 的投入主要是开发、其他采购、人员等的成本；而收益不仅指的是直接的经济收益，用户规模的扩大、用户使用频次的增多也都属于移动 App 的收益，尤其是在 App 上线初期，主要收益就来自用户规模，这个是其他收益的基础，只有这个收益稳定了，才能带动其他收益。根据投入与预估收益，可以将需求划分为 4 类，如图 2-6 所示，将这 4 类需求按优先级从高到低排序：低投入高收益>高投入高收益>低投入低收益>高投入低收益。

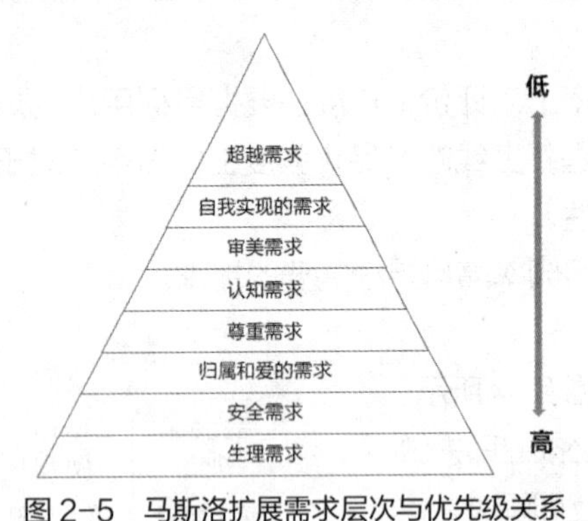

图 2-5　马斯洛扩展需求层次与优先级关系

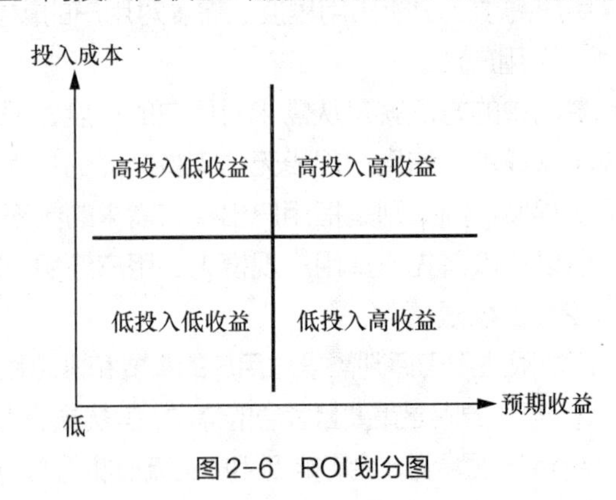

图 2-6　ROI 划分图

完成优先级排序便可以得到完整的需求池。

2.2 产品设计概述

杰西·詹姆斯·加勒特所著的《用户体验要素：以用户为中心的产品设计（原书第 2 版）》一书中指出基于用户体验的移动 App 设计从概念到落地需要经历 5 个层次，如图 2-7 所示。产品设计主要完成从范围到结构，再到框架的设计，完成产品结构，绘制产品原型。在正式开始产品设计之前，要对产品进行定位，并进行规划，通过规划确定产品主线、目标和开发节奏。由于本书设计的移动 App 较为简单，侧重于产品从无到有的过程，所以产品视觉设计内容不是本书的重点。

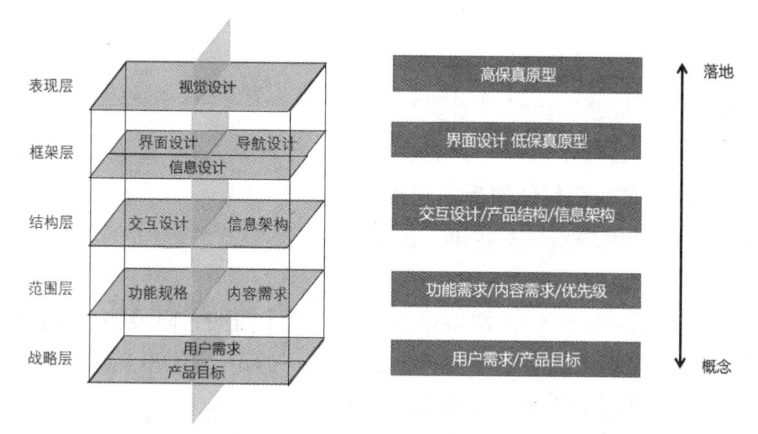

图 2-7 基于用户体验的移动 App 设计的 5 个层次

2.2.1 产品规划概述

产品规划在产品的不同阶段有不同的工作内容。在产品未启动时，需要通过市场分析找到机会，调研用户得到用户画像和用户需求，通过用户需求判断的方法判断出最优先的用户需求，这个时候进行产品规划就是从无到有打造一款产品解决用户痛点，抢占市场。了解需求后，再进行规划就是指如何将需求落地的过程。产品规划也可以说是一个工作计划，为整个产品打造目标、主线，并确定开发节奏，按照这个计划去开发产品、升级产品。产品规划一般包含定位、主线、目标、节奏 4 个部分。

1. 定位

在进行产品规划时，先要明确产品的定位，为产品找到基准。定位是产品的基准，必须贯穿产品的发展和迭代，需要在第一时间确定。后续的产品结构、功能都要以这个定位为基准，定位可以调整和扩展，但主基调不能变，一旦偏离主基调就有可能会失败。

那怎么描述产品的定位呢？用一句话简单来概括就是“为什么样的人解决什么样的问题，核心竞争力是什么”。

2. 主线

前面介绍了产品是有生命周期（即主线）的，产品在不同生命周期具有不同的产品策略，核心也将放在不同的功能上。产品的生命周期分为以下四个阶段。

（1）导入期：该阶段的产品策略是培养市场，开发基本功能，增加用户数量。

（2）成长期：该阶段的产品策略是扩展市场，优化用户体验，提升用户的活跃度、留存率。

（3）饱和期/成熟期：该阶段的产品策略是保持市场，需增加营销功能，提高产品变现率、转发率。

（4）衰退期：该阶段的产品策略是开辟新的市场，创新功能。

本书新开发一款 App，属于产品的导入期，所以应规划具有基本功能的最小化可行产品（Minimum Viable Product，MVP），并上线运营。

3. 目标

产品规划的终点就是目标，即完成规划的工作后需要达到的目标。目标可以是开发指标、运营指标、经营指标、建设指标等。目标的制订不能太简单，应该满足 SMART 原则，该原则内容如下。

（1）Specific：目标必须是具体的。

（2）Measurable：目标必须是可以衡量的。

（3）Attainable：目标必须是可以达到的。

（4）Relevant：目标必须和其他目标具有相关性。

（5）Time bound：目标必须具有明确的期限。

4. 节奏

为了达到制订的一个或多个目标，要将目标确定分几个阶段，以及每个阶段的行动点有哪些。这便是在规划产品的执行节奏，那么节奏如何制订呢？一般可以用路线图（Roadmap）来表示，一个完整的 Roadmap 主要包含以下 3 个要素。

（1）时间周期：产品规划的时间区间。

（2）项目事件：完成总体计划必须完成的工作项。

（3）路标：关键工作项的完成时间节点，也称为里程碑。

2.2.2 互联网产品的结构概述

互联网产品的结构概述

《用户体验要素：以用户为中心的产品设计（原书第 2 版）》一书指出现在互联网产品的结构主要有线性结构、层级结构、矩阵结构、自然结构 4 种。

1. 线性结构

所谓线性结构，就是以讲述故事的方式给用户介绍产品，多见于图 2-8 所示的新手注册引导等。

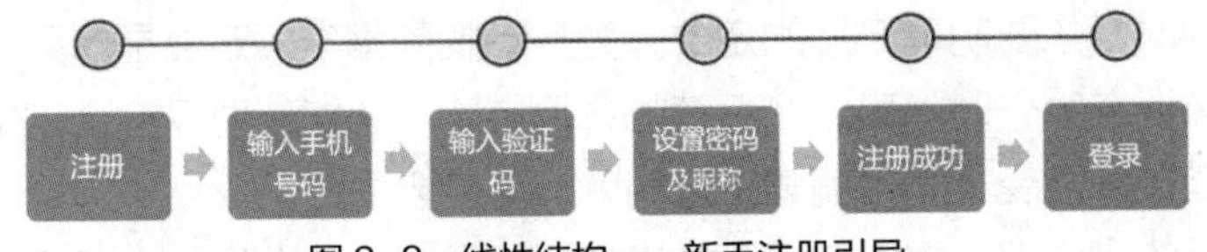

图 2-8 线性结构——新手注册引导

线性结构的优势是引导性很强，路径清晰，目的性较强；其劣势是流程固定，可扩展性差，不够灵活，效率较低，不适用于复杂场景，所以很少用于产品的主结构。

2. 层级结构

在层级结构中，节点与其他相关节点之间存在父子的关系，如图 2-9 所示。子节点代表着狭义的概念，从属于代表着广义概念的父节点。不是每个节点都有子节点，但是除根节点外，每个节点都有一个父节点，一直往上直到整个结构的根节点。层级关系的概念对于用户来说是非常容易理解的，同时移动 App 也倾向于层级的工作方式，因此这种类型的结构是最常见的。层级结构常用于产品的主结构。

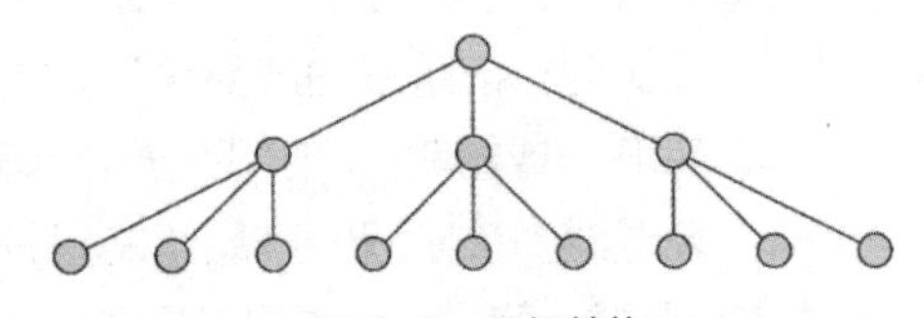

图 2-9 层级结构

这种结构是当今大部分移动 App 所采用的结构，这种结构清晰易懂，有较高的操作效率，可扩展性强，但学习成本较高，尽量做成图 2-9 所示的 3 层结构，不要做成 4 层及以上的结构。

3. 矩阵结构

矩阵结构允许用户在节点与节点之间沿着两个或更多的维度移动，由于每一个用户的需求都可以和矩阵中的一个轴联系在一起，因此矩阵结构通常能帮助那些有不同需求的用户在相同的内容中找到各自想要的东西，如图 2-10 所示。

电商平台 App 的商品界面就是一种矩阵结构，一般来说这种界面有两个维度：第一维度包含产品主屏、产品次屏、产品三屏，第二维度包含推荐、商品展示、购买。产品主屏、产品次屏、产品三屏都包含第二维度的部分信息，只是侧重点不同，这种结构可以同时满足不同用户的需求，能展示更多的信息，效率也更高。

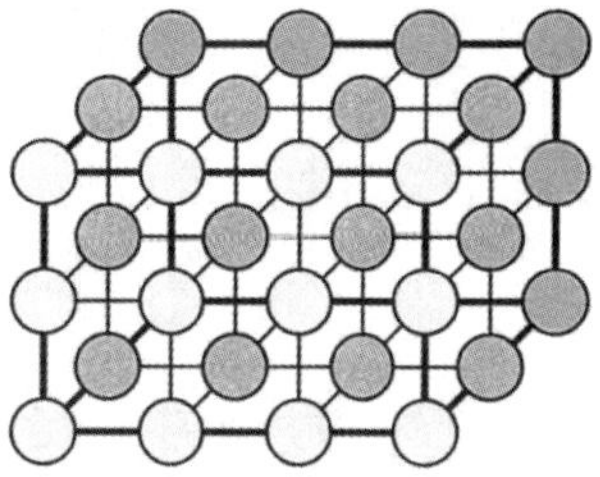

图 2-10 矩阵结构

4. 自然结构

自然结构不遵循任何一致的模式，其节点是逐一连接起来的，同时这种结构没有太强烈的分类概念。自然结构对于探索一系列关系不明确或一直在变化的主题是很合适的。但是自然结构没有给用户提供清晰的指示，所以用户不知道自己在结构中的哪个部分。这种结构鼓励用户进行探索，同时提升产品趣味性，适用于娱乐、资讯类产品，如抖音 App 首页就是典型的自然结构，用户可从视频 A 到视频 B，再到视频 C，然后到视频 D 进行浏览，看到喜欢的视频再评论、点赞。

2.2.3 交互设计概述

构建好完整的产品结构后，就进入交互设计阶段，绘制原型图。交互设计（Interaction Design，IXD）是指设计人与产品或服务互动的一种机制。在以用户体验为基础进行人机交互设计时，要考虑用户的背景、使用经验以及操作过程中的感受，从而设计出适合用户的产品，使用户在使用产品时愉悦、能理解其中逻辑，并且效率高。交互设计可以从可用性和用户体验两个层面进行，以人为本分析用户需求。

交互设计需要通过原型图来展现，而产品的原型设计就是将产品的概念细化成可见的产品具体形态。按质量分，原型图有两种：一种是低保真线框图，主要是简单交互设计时输出的原型图，采用黑白的线框图，将流程图中的过程、产品的结构用界面展现；另一种是高保真线框图，包含产品的样式、产品功能的交互等内容，细化、完善了所有的功能，精细度高。用户界面（User Interface，UI）设计之后的原型图就是高保真原型图，此时的高保真产品原型与研发工程师开发上线后的成品无大的差别。

交互设计的原型图侧重表达一种诉求，目的是反映交互的结果，是根据原型的诉求和用户的体验思考重新进行构架。交互设计不仅要设计界面功能，还要设计界面的跳转方式、手势等。

2.2.4 产品需求文档概述

完成了产品的结构设计、交互设计，就可以输出产品需求文档（Product Requirements Document，PRD），该文档需要对用户需求进行评估、提炼，然后对需求进行优先级定义，对优先级高的需求进行细化和技术化，该文档的质量好坏将直接影响研发部门是否能够准确确定产品的功能和性能。

产品需求文档主要包含图 2-7 中战略层、范围层、结构层、框架层的内容，其结构没有统一的模板，大致结构如图 2-11 所示。

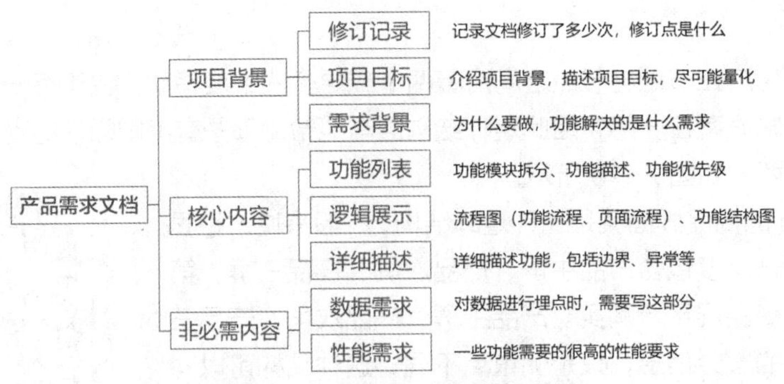

图 2-11　产品需求文档结构示例

知识拓展　要明确产品需求文档的读者是谁。在小而快的创业公司，甚至都不一定需要撰写产品需求文档。但在流程规范的大公司，撰写高质量的产品需求文档是一项必要技能，需要花费大量的时间在产品需求文档的撰写甚至是原型图的描绘上。

一般来说，产品需求文档的意义主要在于以下两点。

（1）书面阐述清楚需求方案，让开发人员可以看懂并实现。

（2）记录存档，将产品经理的脑力成果记录下来，让后续接手的人员可以清楚了解需求的背景、目的、实现方案等。

【项目实施】

任务 4　图书资源 App 需求分析

2.3　任务 4：图书资源 App 需求分析

1. 采集用户需求

采用【知识准备】中的方法采集用户需求，下面基于图书资源 App 进行简单举例。

（1）采集用户反馈。

由于本书的图书资源 App 还没有开发，所以无法从此 App 的评价中发现问题，只能从竞品的用户反馈中发现竞品问题，在开发 App 时避免这些问题，并且发现可能出现的机会。可以从七麦数据平台或手机应用商店获取教育汇 App 的用户反馈。很多 App 有专门的反馈界面，是获得用户反馈的内部渠道。

（2）设计问卷，进行问卷调查。

图 2-12 所示为针对本书的图书资源 App 设计的调查问卷。

知识拓展　调查问卷的内容要简洁、明确，让用户容易理解；整个问卷的态度要中立无诱导；问卷题目的选项要互斥；变量的类型尽量用连续变量；问题要有优先级，题量控制在 25 道之内，答题需要的时间尽量不超过 5min；要避免反应心向（指回答问卷的人有时有意识地讨好出题者或给别人留下好印象），所以建议采用匿名方式。

图书资源 App 研发问卷调查

亲爱的读者:

感谢您使用我们的《XXX》图书，为了让您能更方便地学习，我们将开发与图书配套的资源 App。为了确保线上资源能够满足读者需求，我们设计了一份调查问卷，您宝贵的意见和建议将帮助我们打造图书资源 App。

每个 ID 只有一次填写机会，为表示感谢，我们将在线送出 30 份问卷调查礼物。本调查问卷将采用匿名方式填写，且您所填的信息将会保密。

（用户基本信息）

1．您的性别：○男　○女

2．您的年龄：○6～18 岁　○19～29 岁　○30～39 岁　○40～49 岁　○50～59 岁　○60～69 岁　○70 岁及以上

3．您的学历：○高中以下　○高中　○专科　○本科　○硕士研究生　○博士研究生

4．您的职业：○学生　○教师　○专业技术人员　○其他________

（用户典型场景）

5．您一般在什么时间看书（可多选）？

□早上　□上午　□中午　□下午　□晚上　□睡前

6．您每次能专心看书多长时间？

○30min 以下　○30～59min　○1～2h　○2h 以上

7．您每次看书的目的是什么（可多选）？

□工作与学习需要　□扩展知识　□爱好　□打发时间　□其他

8．您常在什么场所看书（可多选）？

□卧室或书房等安静的环境　□客厅或餐厅　□交通工具上　□户外　□其他

9．您是否用过其他图书资源 App?

○用过　App 名字：________　○没有用过

（用户需求与痛点）

10．您觉得哪些内容需要开发线上资源（可多选）？

□文学类　□外语语言类　□新闻科普知识类　□专业类　□生活类　□其他________

11．您每个月能够接受的内容付费的金额是多少?

○5 元以下　○5～10 元　○11～20 元　○20 元以上

12．除电子图书外，您还希望看到什么形式的内容（可多选）？

□视频　□有声绘本　□音频　□其他

13．您如何获得读书心得或技巧（可多选）？

□看专业图书　□看网络用户发帖　□百度查找　□通过专门的 App　□其他

14．为了给图书配套相关在线资源，您有什么意见或建议?

____

图 2-12　图书资源 App 调查问卷

（3）进行用户访谈。

用户访谈的过程一般为“明确访谈任务→招募访谈对象→撰写访谈剧本→发起访谈→整理访谈结果”。首先明确访谈的任务；然后招募访谈对象，针对不同访谈目标选择不同用户群体；接下来将目标进行拆分，

撰写访谈剧本，访谈剧本的内容一般包含用户基本情况、企业历史、行业经验和知识、目标和行为、观点和动机、机会等；准备好访谈剧本后进行访谈；最后整理访谈结果，主要记录以下几个方面。

① 访谈背景：做本次访谈的原因。

② 访谈目标：未来可能获得的信息，或探究多个问题。

③ 样本介绍：访谈的用户基本情况。

④ 访谈记录：访谈的主要内容。

⑤ 访谈结论：围绕访谈目标输出结论、对用户问题进行归纳总结。

2. 构建需求池

完成上一步的用户反馈采集、问卷调查、用户访谈后，会得到大量的需求，整理归纳需求，进行需求描述，列出需求清单。这些需求并不都是用户真正的需求，需要进行需求筛选。

（1）筛选需求。

下面简单介绍判断需求真伪的技巧与步骤。

① 分析用户的目标，分析用户最根本的需求要解决的是什么问题，围绕这个问题进行分析。

② 分析该需求的目标用户，分清核心用户、次级用户、边缘用户，优先考虑核心用户的需求，分析核心用户规模及特点。

③ 根据用户特点，分析该需求的使用场景，判断该场景的触发条件，判断该场景是否存在，判断该场景的使用频次。若需求的场景不存在，或使用频次太少，则该需求应该放弃。

④ 使用 KANO 模型判断该需求对用户满意度的影响，划分需求类型，若是反向型需求或无差异型需求，则需要考虑删除该需求。

⑤ 考虑该需求是否可能会衍生出新的场景或需求，再次判断新需求。

（2）初步构建需求池。

按照需求池的元素将筛选出来的需求根据需求描述的要求初步列举，构建需求池，需求池表头示例如表 2-1 所示。

表 2-1　需求池表头示例

序号	产品	所属模块	需求描述	需求来源	需求状态	需求类型	优先级

（3）将需求按优先级排序。

按照【知识准备】中介绍的方法进行优先级排序，需求等级用 P0、P1、P2 等表示，数字越小，优先级越高，经过优先级排序便可以得到完整的需求池，本书的图书资源 App 的最终需求池如表 2-2 所示。

表 2-2　图书资源 App 的最终需求池

序号	产品	所属模块	需求描述	需求来源	需求状态	需求类型	优先级
1	图书资源 App	用户	用户在使用手机进行登录时，经常会忘记密码，为了方便用户登录，可以提供第三方登录方式，登录后可以修改密码	用户调查	评审中	新增功能	P0
2	图书资源 App	图书	低龄儿童购买纸质图书后，可以扫二维码观看配套的在线内容，独立学习	运营	评审中	新增功能	P0
3	图书资源 App	资源	图书出版方制作了一些图书外的视频资源，想分享给用户	运营	评审中	新增功能	P0

续表

序号	产品	所属模块	需 求 描 述	需求来源	需求状态	需求类型	优先级
4	图书资源App	图书	用户可以通过查看图书封面、目录，选择自己想学习的内容	用户调查	评审中	新增功能	P0
5	图书资源App	图书	用户想学习某本书的配套资源，通过搜索找到课程，进入课程进行学习，遇到喜欢的课程进行收藏	用户调查	评审中	新增功能	P0
6	图书资源App	用户	用户看到喜欢或有用的内容，进行收藏并集中管理，方便以后查阅	用户访谈	评审中	新增功能	P0
7	图书资源App	资源	用户在阅读图书的过程中有一些感悟想分享，或有一些问题想咨询，或想推荐图书	用户访谈	评审中	新增功能	P0
8	图书资源App	资源	出版方推出新书后，为了在第一时间让用户知道，需在首页设置推荐位	运营	评审中	新增功能	P1
9	图书资源	用户	为了保护孩子的眼睛，家长需要控制孩子观看视频或电子绘本的时间	用户调查	待定	新增功能	P2
10	图书资源App	活动	出版方定期向用户推出线下或线上相关优惠活动	运营	待定	新增功能	P2
11	图书资源App	用户	用户想了解该 App 的背景信息，如版本、介绍等	用户访谈	评审中	新增功能	P0
……	……	……	……	……	……	……	……

2.4 任务 5：图书资源 App 交互设计

任务 5　图书资源 App 交互设计之规划产品

1. 规划产品

根据【知识准备】中介绍的产品规划内容，对图书资源 App 设计与开发过程进行规划，制订工作计划。

（1）确定定位。

本书的图书资源 App 的定位是：为读者提供合适的电子图书内容，方便读者阅读，核心竞争力是与线下纸质资源配套。

（2）确定主线。

本书项目是新开发一款 App，属于产品的导入期，所以应规划具有基本功能的最小化可行产品并上线运营。

（3）确定目标。

由于目前处于开发阶段，所以第一个目标就是开发一款 MVP 版本的图书资源 App，这款 App 应具有哪些模块呢？先对前面的需求池进行归类，得到最初产品的框架，如表 2-3 所示。

表 2-3　需求池归类

编号	产品	所属模块	需求描述 （用户、场景、目标、任务）	需求来源	需求状态	需求类型	优先级
1	图书资源App	用户	用户在使用手机进行登录时，经常会忘记密码，为了方便用户登录，可以提供第三方登录方式，登录后可以修改密码	用户调查	评审中	新增功能	P0

续表

编号	产品	所属模块	需求描述（用户、场景、目标、任务）	需求来源	需求状态	需求类型	优先级
6	图书资源App	用户	用户看到喜欢或有用的内容，进行收藏并集中管理，方便以后查阅	用户访谈	评审中	新增功能	P0
9	图书资源		为了保护孩子的眼睛，家长需要控制孩子观看视频或电子绘本的时间	用户调查	待定	新增功能	P2
11	图书资源App		用户想了解该 App 的背景信息，如版本、介绍等	用户访谈	评审中	新增功能	P0
3	图书资源App	资源	图书出版方制作了一些图书外的视频资源，想分享给用户	运营	评审中	新增功能	P0
7	图书资源App		用户在阅读图书的过程中有一些感悟想分享，或有一些问题想咨询，或想推荐图书	用户访谈	评审中	新增功能	P0
8	图书资源App		出版方推出新书后，为了第一时间让用户知道，需在首页设置推荐位	运营	评审中	新增功能	P1
2	图书资源App	图书	低龄儿童购买纸质图书后，可以扫码观看配套的在线内容，独立学习	运营	评审中	新增功能	P0
4	图书资源App		用户可以通过查看图书封面、目录，选择自己想学习的内容	用户调查	评审中	新增功能	P0
5	图书资源App		用户想学习某本书的配套资源，通过搜索找到课程，进入课程进行学习，遇到喜欢的课程进行收藏	用户调查	评审中	新增功能	P0
10	图书资源App	活动	出版方定期向用户推出线下或线上相关优惠活动	运营	待定	新增功能	P2
……	……	……	……	……	……	……	……

从表 2-3 可以看出，产品的结构可以分为资源、图书、用户、活动 4 个模块，接下来制订一个 SMART 目标。

- S：目标必须是具体的，完成具有资源、图书、活动、用户 4 个模块的 MVP 版本框架。
- M：目标必须是可以衡量的。衡量标准如下：资源模块包含视频资源、图书介绍、图书配套、交流分享、资源下载框架；图书模块上线已有的 15 门图书课程；活动模块不填充内容；用户模块包含修改密码、收藏管理、版本信息、App 介绍、登录等功能。
- A：目标必须是可以达到的，在 6 个月内完成 MVP 框架搭建是可以实现的。
- R：目标必须和其他目标具有相关性，完成 MVP 版本并上线测试。
- T：目标必须具有明确的期限，6 个月。

综上，符合 SMART 原则的目标是：6 个月内，完成资源、图书、活动、用户 4 个模块的 MVP 版本框架，其中，资源模块包含视频资源、图书介绍、图书配套、交流分享、资源下载框架，图书模块上线已有的 15 本图书配套资源，活动模块不填充内容，用户模块包含修改密码、收藏管理、版本信息、App 介绍、登录等功能，初步完成 MVP 版本并上线测试。

未来产品正式上线后，根据产品的定位，图书资源 App 是一款内容产品，可以抽象成内容供给和内容分发两大模块。而因为图书内容时效性没有那么强，也就是图书内容生命周期可能会持续数年，那么在后续规划产品时，早期的重点应该放在内容供给上，构建优质内容生态。所以构建优质内容生态就是 App 上线后的目标，例如以下目标。

- 截至 XX 年 XX 月 XX 日，配套视频内容入库量为 XX 条，增加阅读量，使点击率达到 XX。
- 截至 XX 年 XX 月 XX 日，新增图书的入库量为 XX 条，增加阅读量，使点击率达到 XX。
- 截至 XX 年 XX 月 XX 日，交流提供用户图书心得内容为 XX 条，增加阅读量，使点击率达到 XX。

当然也可以制订第二类目标，例如内容消费。图书资源 App 作为一个内容产品，需要同样关注内容消费情况，所以打造优质内容推荐、提升内容消费也可以是产品的目标。对此可以制订以下的目标。

- 截至 XX 年 XX 月 XX 日，人均点击量为 XX 条。
- 截至 XX 年 XX 月 XX 日，人均曝光量为 XX 条。
- 截至 XX 年 XX 月 XX 日，整体点击通过率达到 XX。

从内容消费指标的角度制订目标，从数据角度调整产品策略、内容策略，帮助更好地完成目标。

注意 在产品功能层面，此 App 作为内容产品，需要一个稳定的产品框架来支撑内容层面不断地进行内容尝试，找到最合适的内容。本书的图书资源 App 仅作演示之用，还没有达到 MVP 标准，或者说它是较低标准的 MVP，即产品可用，但是并不满足 MVP 标准。

（4）确定开发节奏。

图 2-13 所示是对图书资源 App 设计的一个简单路线图。该路线图规划了第一个 MVP 版本的开发过程，其阶段主要分为调研（竞品分析、需求分析）、产品设计、产品研发与测试 3 个阶段。

第一版本MVP开发路线图

ID	任务名称	开始	完成	持续时间
1	**移动App设计**	**2021/1/3**	**2021/1/30**	**4周**
2	功能与流程设计	2021/1/3	2021/1/9	1周
3	交互与UI设计	2021/1/10	2021/1/23	2周
4	设计评审与修订	2021/1/24	2021/1/30	1周
5	**移动App开发**	**2021/1/31**	**2021/3/6**	**5周**
6	客户端开发	2021/1/31	2021/2/13	2周
7	服务端开发	2021/2/14	2021/2/27	2周
8	第三方接口开发	2021/2/28	2021/3/6	1周
9	**测试移动App**	**2021/2/14**	**2021/3/20**	**5周**
10	**评审与修订移动App**	**2021/2/28**	**2021/3/27**	**4周**

图 2-13 图书资源 App MVP 版本开发路线图

2. 设计产品结构

前面了解了市场、需求，对需求进行了归类，整合出了大模块，并由此规划了后续工作，接下来就要开始正式的产品设计了。先根据前期调查的需求，设计产品结构。那么如何进行产品结构设计呢？下面以图书资源 App 为例，介绍设计产品结构的方法。

任务 5 图书资源 App 交互设计之设计产品结构

（1）梳理流程。

要绘制功能结构图，必须知道有哪些功能。因为功能是业务的承载方式，所以必须详细地了解业务。而业务流程图是最直观的一种理解业务的方式。

业务流程图是一种描述系统内各单位、人员之间的业务关系、作业顺序和管理信息流向的图表，是物理模型。业务流程图主要描述业务走向，以业务处理过程为中心，一般没有数据的概念。而这些业务流程与需求描述是相关的，其将需求的实现具象化了。图 2-14 所示为图书资源 App 的主流程。

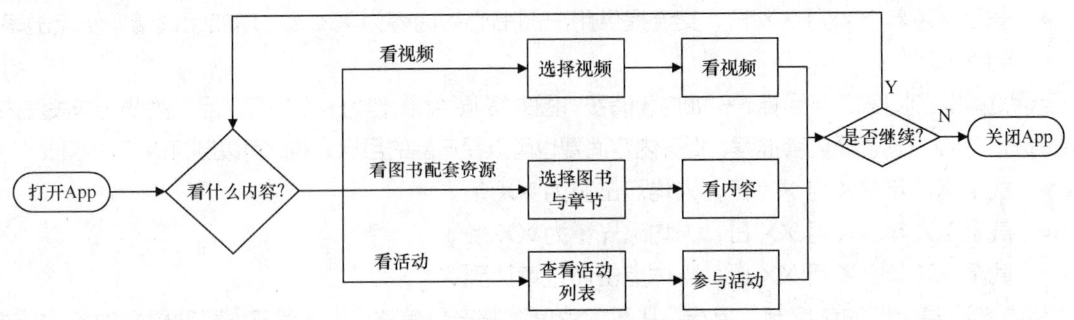

图 2-14　图书资源 App 的主流程

进一步细化业务流程，可推导出功能流程，功能流程图的视角倾向于描述产品功能之间的关系，而组成流程的元素一般是产品的功能节点。例如用户查看图书配套资源的步骤，根据表 2-2 中第 4 个需求：用户可以通过查看图书封面、目录，选择自己想学习的内容，遇到喜欢的内容可进行收藏。其流程涉及的功能点如图 2-15 所示。

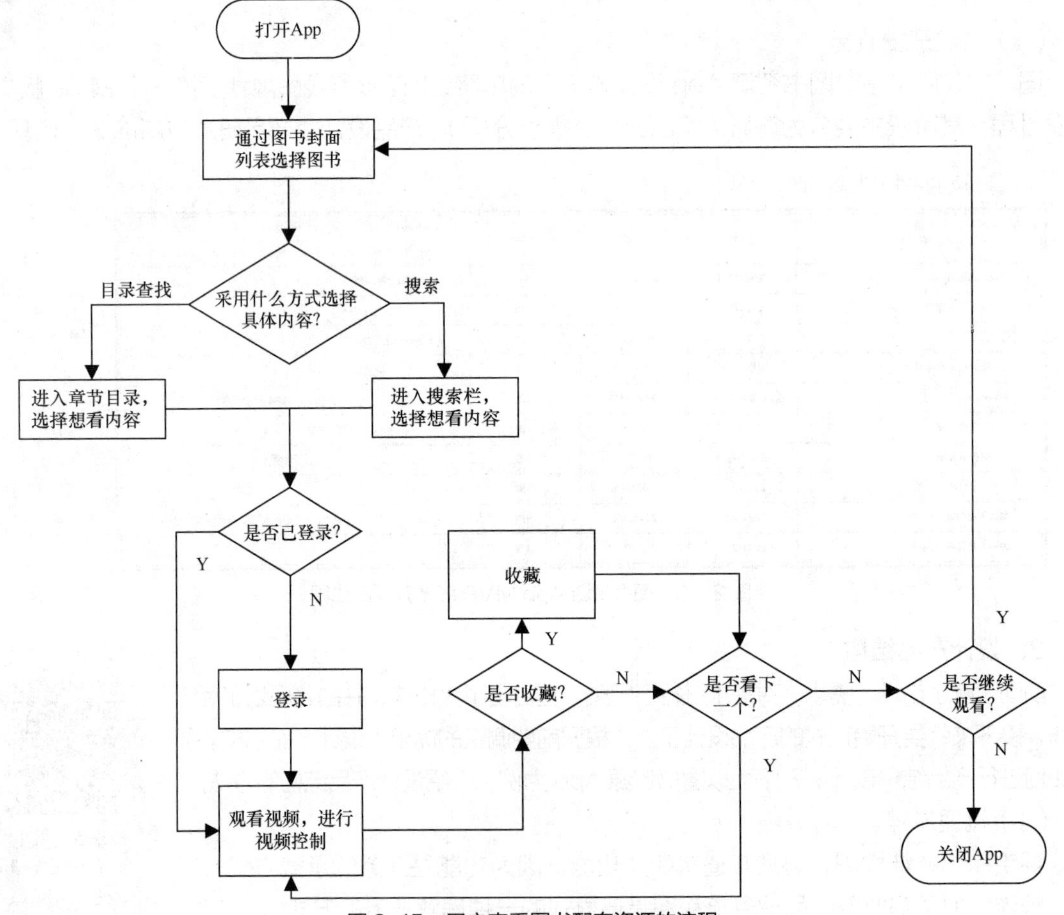

图 2-15　用户查看图书配套资源的流程

（2）对主要功能进行逻辑划分。

根据功能流程就能通过抽象关键功能节点或操作来划分功能模块，然后将功能模块拆分为多个功能点。根据图 2-15 所示的流程，结合前面需求池的第 2、第 4、第 5、第 6 个需求，可列出对应的功能列表（Feature List），如表 2-4 所示。

表 2-4　Feature List 示例

模块	主要功能	功能拆分	功能点描述	优先级
图书	选择图书	查看图书封面	以列表形式展示已上线图书的名称与图片，并显示观看人数供用户参考	P0
		搜索图书	支持手动输入关键词进行搜索	P0
		扫描识别	支持扫描二维码，显示相应图书	P0
	选择观看内容	通过目录选择观看内容	以列表的形式展示图书章节名称供用户选择	P0
		搜索内容	支持手动输入关键词进行搜索	P0
	观看图书相关内容	进度控制	显示播放进度，支持拖动进度，支持播放与暂停支持跳转到上一章或下一章	P0
		全屏播放	支持全屏播放和退出全屏播放	P0
	收藏内容	收藏资源	在观看课程内容时支持收藏内容	P0
		收藏图书	在章节目录界面支持收藏本书	P0

注意　功能需要拆分成最小的功能点，C 端应用（面向用户、消费者的应用）可能根据界面切分，B 端应用（面向企业、运营的应用）根据菜单进行拆分或按照逻辑层的逻辑功能进行拆分。注意最小功能点之间应互相独立。

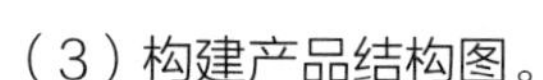

（3）构建产品结构图。

① 梳理功能点，绘制功能结构图。

构建功能列表，既能梳理功能模块、拆分功能点，又能便于后面构建功能结构图，也方便参与者理解需求、评估工作量。本书的图书资源 App 采用的是层级结构，先通过构建功能列表构建主要功能结构，然后将主要功能模块拆分，由粗到细构建完整的功能结构图，如图 2-16 所示。

② 信息设计，绘制信息结构图。

由于每一个界面中需要多个功能，这些功能需要信息来支撑，因此需要梳理信息，绘制信息结构图。信息结构图与界面和交互是没有关联的。信息结构图是用来描述对象本身的，不是用来记录描述这个对象的信息在哪些界面、哪些交互中被使用的。在进行交互设计时会出现多个界面或多个地方显示同一个信息的情况，所以信息结构图是脱离于功能、界面、交互的。

在设计具体的界面、交互、功能时，只需要对照功能结构图和信息结构图，通过对用户使用场景的分析，从信息结构图中选择每个界面和交互需要使用的信息，并完成详细的原型设计，即可高效、逻辑清晰、无遗漏地完成产品方案设计。

如何构建信息结构图？主要是要找到功能点对应的信息主体，一个功能中，可能只有一个信息主体，也可能有多个信息主体，这些信息主体支持功能实现。本书设计的图书资源 App 是一个初步 MVP，其信息相对简单，主要涉及图书和用户，图 2-17 所示为图书资源 App 信息结构图。

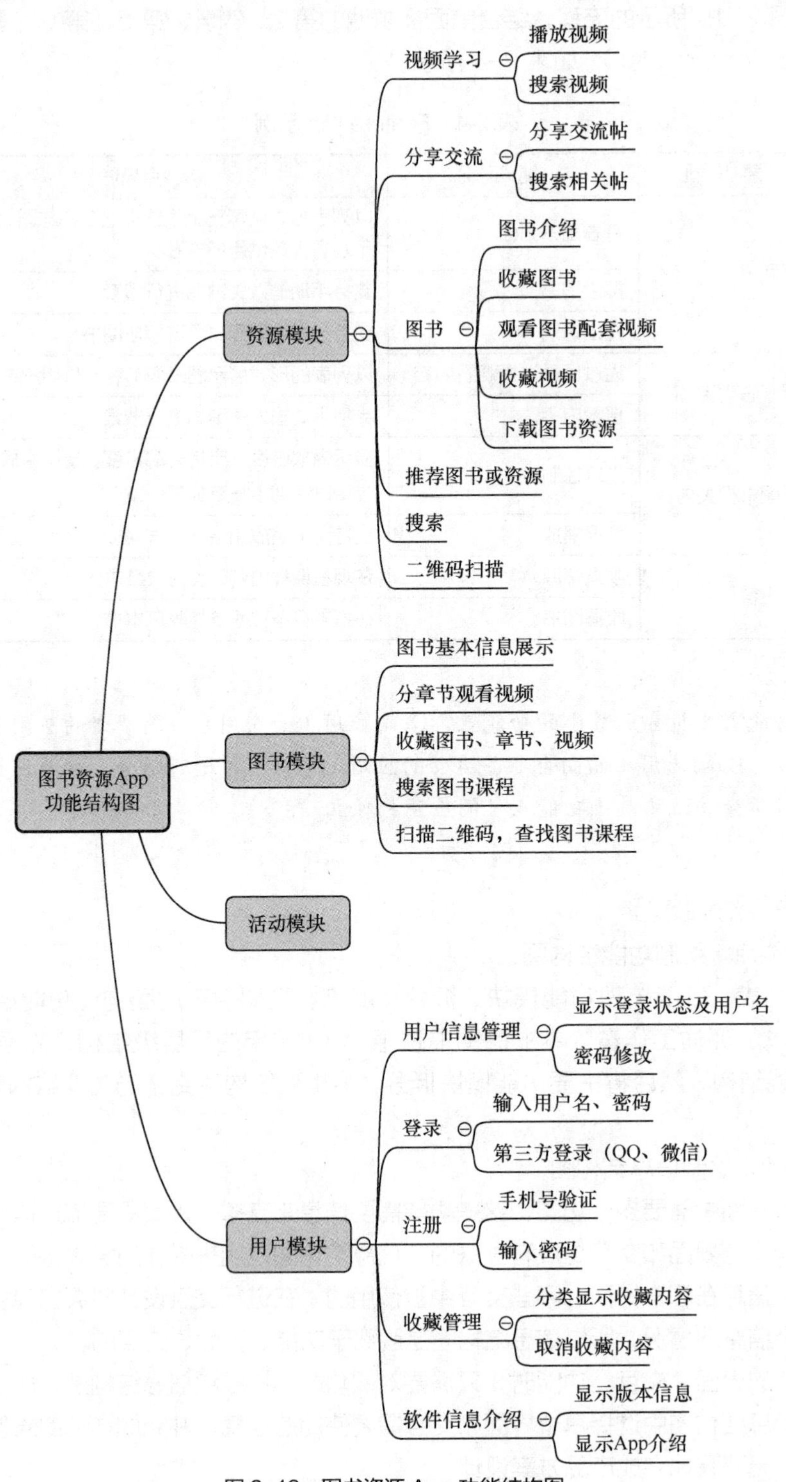

图 2-16　图书资源 App 功能结构图

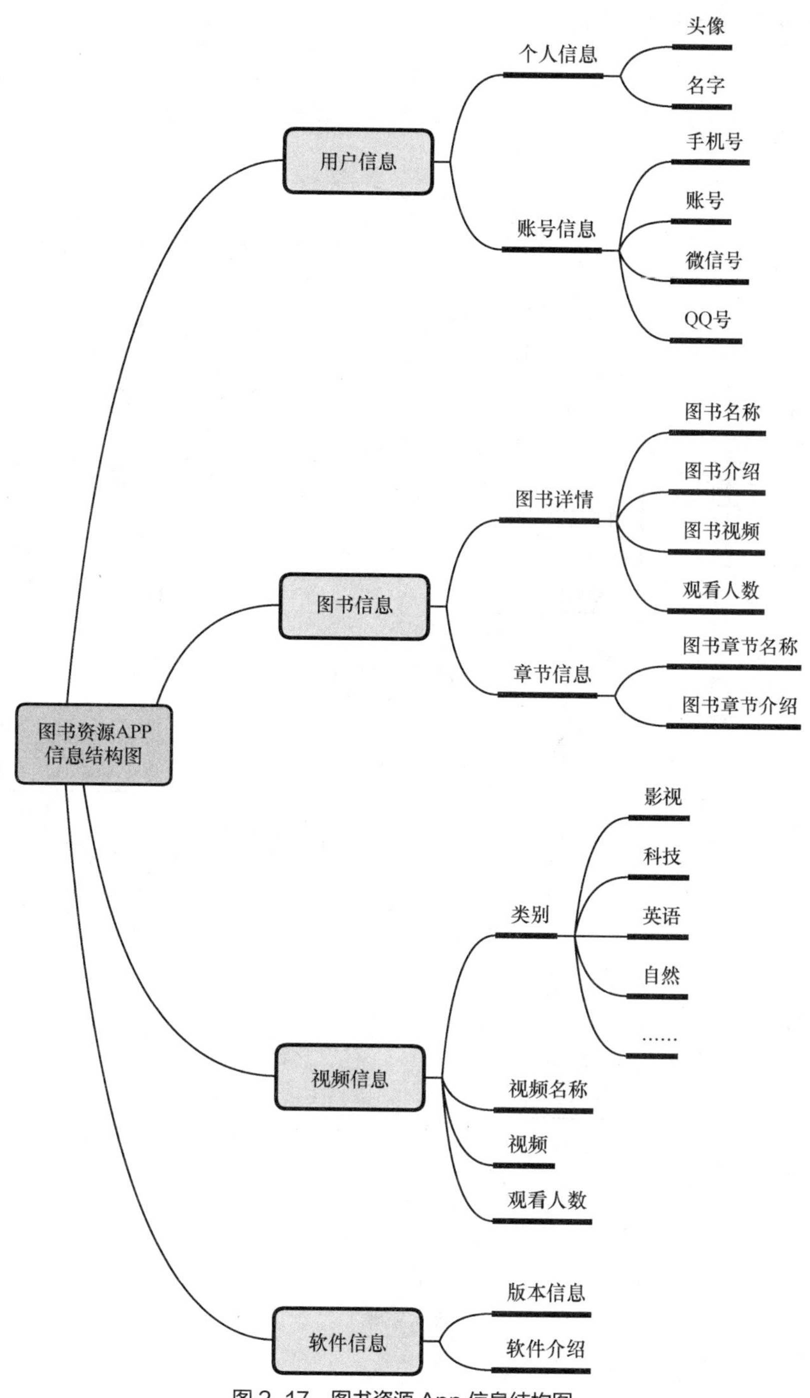

图 2-17　图书资源 App 信息结构图

③ 信息整合功能，绘制产品结构图。

将信息结构图和功能结构图整合后，就形成了产品结构图，其中包含界面信息，也包含界面功能，还包含功能/界面的交互、跳转逻辑。简单来说，产品结构图就是产品原型的简化表达。以图书资源 App 为例，它的 4 个核心界面为首页、图书、活动、我的，如图 2-18 所示。此产品结构图已经能比较清晰地展示产品的组成结构。

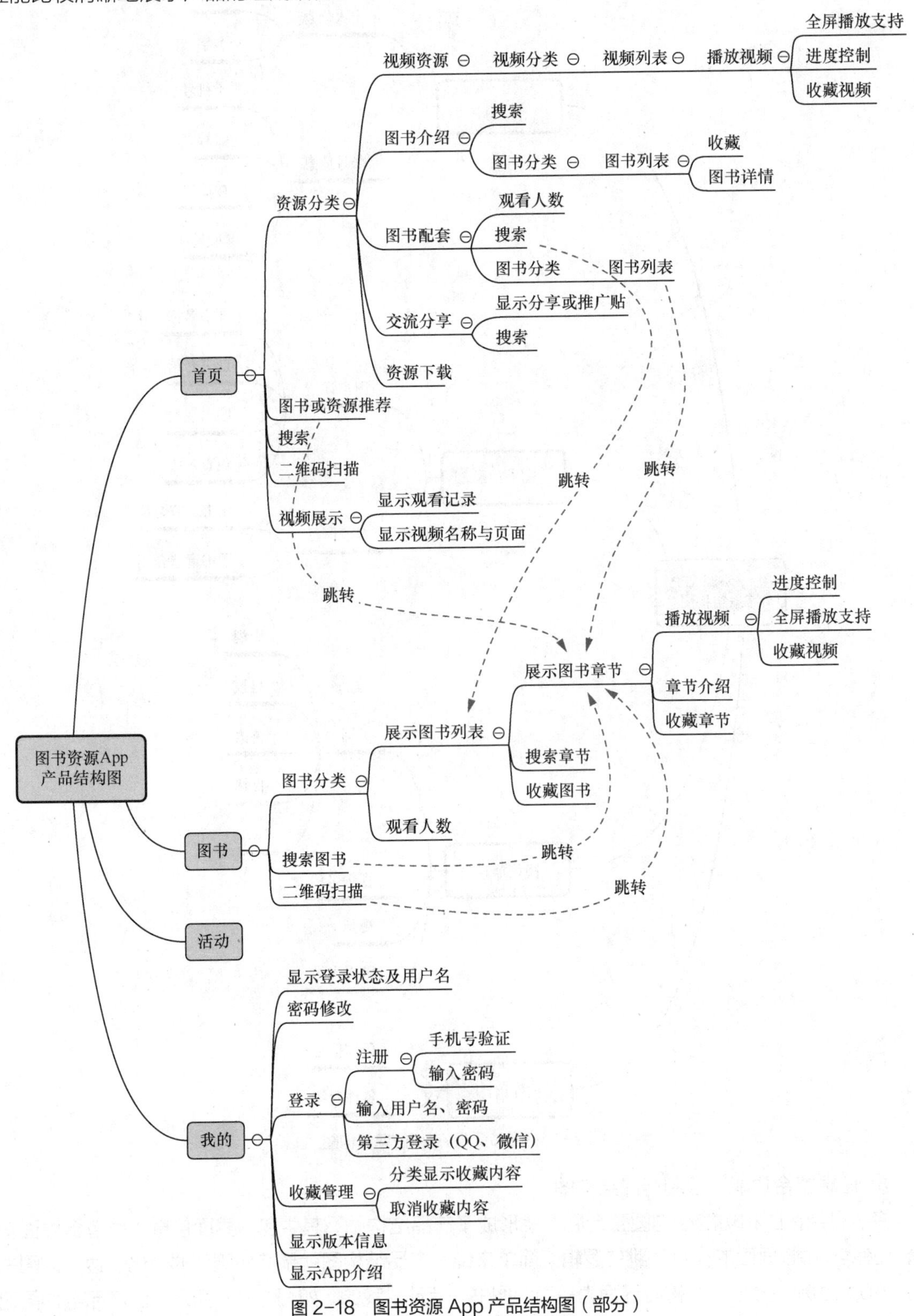

图 2-18　图书资源 App 产品结构图（部分）

3. 产品界面与交互设计

任务 5　图书资源 App 交互设计之产品界面与交互设计

接下来将结合前面的功能结构图与业务流程，进行界面与交互设计。

（1）导航设计，选择导航方式。

界面与交互设计的第一步就是设计导航，需要根据功能划分设置导航系统，常见的导航系统有全局导航、局部导航、辅助导航、上下文导航、友好导航、网站地图、索引表这几种。图 2-19 所示的是与功能结构图对应的界面，展示了图书资源 App 部分界面的导航跳转，根据其跳转特点，可以设计不同的导航方式。

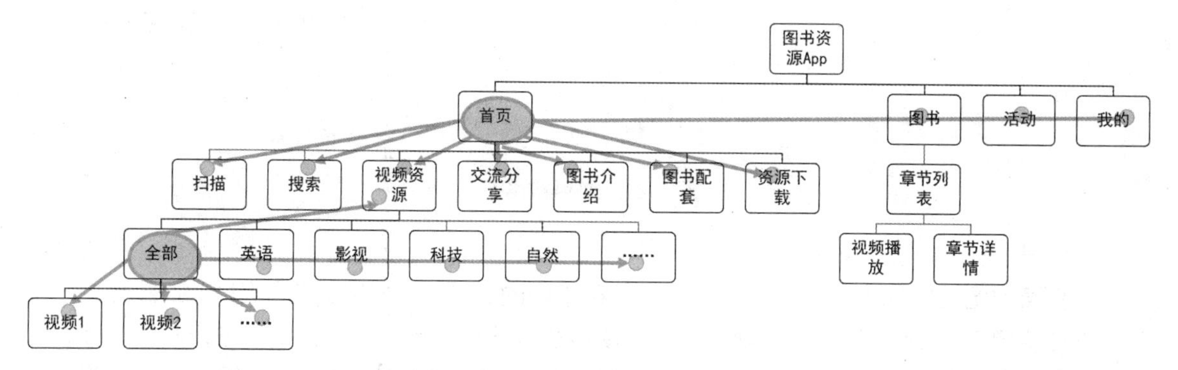

图 2-19　图书资源 App 导航示例

App 设计中常用的导航方式有很多，主导航主要采用标签式导航。标签式导航有以下几种拓展形式：顶部标签导航、底部标签导航、顶部导航+底部导航（双导航模式）、舵式导航、滚动式标签导航等。另外，选项卡式导航、列表式导航、抽屉式导航、陈列馆式导航等导航方式可作为次级导航。

本 App 采用图 2-20 所示的底部标签导航作为主导航，采用图 2-21 所示的选项卡式导航、列表式导航、陈列馆式导航作为次级导航，例如，“我的”模块有多个功能，采用列表式导航。

图 2-20　底部标签导航作为主导航

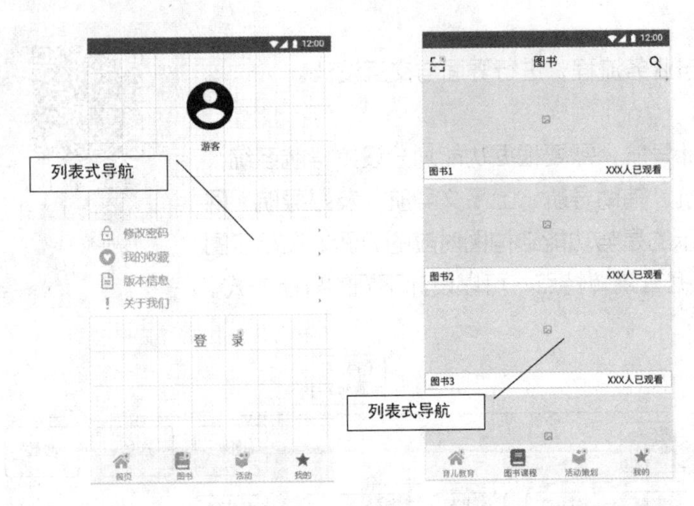

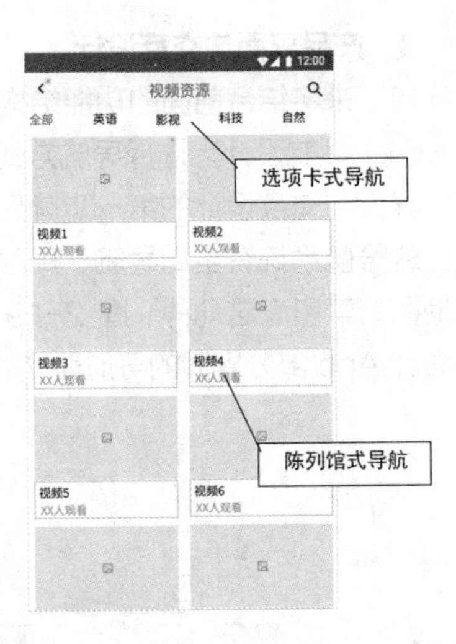

图 2-21 次级导航设计

（2）界面设计，绘制原型图。

支持原型图绘制的软件有多种，较为专业和常用的是 Axure RP。若使用 Mac 计算机，则可以直接使用 Sketch。另外，初学者还可以使用在线原型设计平台——墨刀进行原型设计，上手较快，能导入很多成熟组件和模板。具体的软件使用方法本书不做具体介绍。现在的原型设计软件或平台的功能都较为强大，准备好图片素材后，在绘制原型的同时能加入交互设计和 UI 设计。

结合前面设计的功能结构图、信息结构图、产品结构图、导航方式等，进行原型设计，绘制出图 2-22 所示的图书资源 App 原型图组成的界面流程图。该流程图体现了界面设计样式，也体现了从首页到观看图书资源的界面流程。使用原型设计软件也可以设计好交互形式，通过运行可以进行 App 的交互设计演示（扫描二维码观看）。

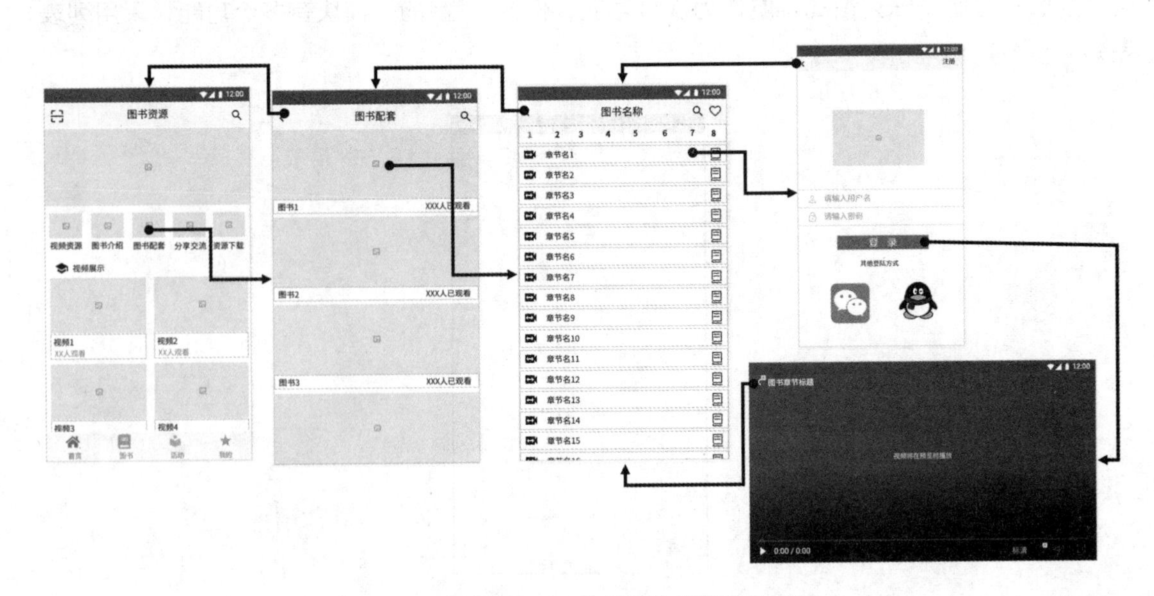

图 2-22 图书资源 App 原型图组成的界面流程图

知识拓展　绘制原型图的核心是表达功能设计，软件的选择并不是最重要的，不论是用 PPT、Visio 绘制，还是手动绘制，只要能画出清晰的原型图就行。使用专业软件绘制的原型图更逼真，更加接近真实界面，且带运行演示功能，能更好地展示设计。

在绘制原型图时，还要设计原型图之间的交互，如跳转链接与跳转方式，跳转的界面如何呈现（左移入、右移入或小弹窗显示），如何触发跳转（单击、双击、上滑或下滑）。这些交互要符合用户的习惯。本书的跳转设计较为简单，基本上采用单击方式，单击次导航选项后下一个界面从界面右方移入。

在绘制界面原型图时，需要考虑界面排版规范，这里会涉及简单的 UI 设计。在原型设计、UI 设计时仅需按照一个最常见的屏幕比例设计效果图，对于其他有差异的屏幕，则是在开发阶段通过元素之间的间距或者缩放元素来处理。iOS 和 Android 系统都有其标准的规范，可以通过网络查找 Apple 公司的 iOS Human Interface Guidelines 和 Google 公司的 material 进行学习，它们都对布局、导航、颜色、字体、图标、设计风格等进行了规范。所以在绘制原型图时需要参考基本的规范进行界面初步布局，尤其要注意尺寸分配和字体方面的规范。

4. 撰写产品需求文档

任务 5　图书资源 App 交互设计之撰写产品需求文档

产品需求文档内容在【知识准备】中已经介绍，任务 2、任务 3 已经完成了图书资源 App 的背景内容，任务 4、任务 5 的前几步完成了功能列表和逻辑展示部分，那么如何进行详细描述呢？详细描述其实就是对界面涉及的功能点进行详细说明，包括边界情况、可能会出现的异常情况等。下面以图书资源 App 主界面为例，详细描述该界面的功能，如图 2-23 所示。

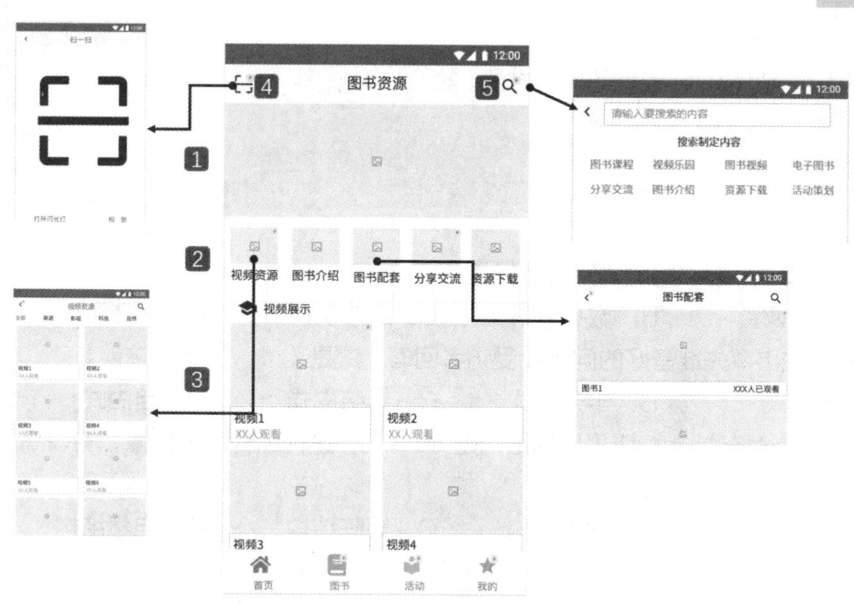

图 2-23　图书资源 App 主界面功能详述

完成了产品需求文档，基本上就完成了产品的功能原型设计，后续就是在原型的基础上进行 UI 设计与代码开发。

原型设计侧重于功能及交互的展示，UI 需要专门的 UI 设计师从美学与用户体验角度去对界面的配色、风格，按钮的形状、大小排布、图形的展现效果等进行设计。本书的图书资源 App 是一个比较简单的初级 MVP，对 UI 设计的要求不高，目前设计的原型已经比较接近真实产品，只需在现有的原型上再精确每一个模块的比例，调整配色，设计按钮，插入所需图片（如图书封面、视频封面）等，UI 设计就完成了。UI 设计需遵循的一些原则可参考专业的 UI 设计图书，本书就不详细介绍了。UI 设计完成后，呈现的界面基本与开发后的界面一致，如图 2-24 所示。接下来就要正式进入开发阶段，UI 设计中使用的图标和图片也将作为开发的素材。

图 2-24 图书资源 App 进行 UI 设计后的主界面

【项目小结】

本项目从用户需求出发，完成了产品原型设计，介绍了需求分析的概念、分类、描述、来源，需求采集的常用方法与渠道，以及需求池构建与需求排序的方法。

在介绍了上述基础知识之后，完成了图书资源 App 需求分析，通过采集用户需求构建了需求池，根据需求池进行了图书资源 App 交互设计，设计了产品规划，基于需求设计了产品结构，根据产品结构设计了产品界面与交互，绘制了原型图，撰写了产品需求文档。

【知识拓展】

扫描二维码学习 KANO 模型的使用方法。

KANO 模型的使用方法

【知识巩固】

1. 单选题

（1）下列不属于定量的用户研究方法的是（　　）。

A. 问卷调查　　B. 数据分析　　C. 用户访谈　　D. A/B 测试

（2）访谈员抛出事先准备好的问题让受访者回答，这是（　　）用户访谈。

A. 开放式　　B. 半开放式　　C. 半结构式　　D. 自由式

（3）当今大部分移动 App 所采用的结构是（　　），这种结构清晰易懂，有较高的操作效率，可扩展性强。

A. 线性结构　　B. 层级结构　　C. 矩阵结构　　D. 自然结构

2. 填空题

（1）需求分析就是从________出发，挖掘出用户的真正目标，并转化为________，得出________

的过程。

（2）按照 KANO 模型，需求可以分为________、________、________、________、________5 类。

（3）产品规划一般包含________、________、________、________4 个部分。

3. 简答题

（1）需求分为哪些类型？请简单描述一下。

（2）什么是需求分析？需求分析的步骤大概是什么？

（3）什么是定性研究？什么是定量研究？定性研究有什么方法？定量研究有什么方法？

（4）什么是 SMART 原则？

（5）常用的产品结构有哪些？请简单描述一下其特点。

（6）产品需求文档一般包含哪些内容？

（7）构建产品结构的步骤是什么？交互设计的步骤是什么？

4. 任务题

基于本书的图书资源 App，撰写完整的产品需求文档，产品需求文档的模板请从人邮教育社区下载获取。

【项目实训】

选取市面上的一款移动 App，站在该产品迭代的角度，以优化移动 App 为目的，进行产品优化设计。

（1）进行需求采集，构建新的需求池。

（2）进行迭代产品设计，撰写产品需求文档。

项目3 移动App开发环境搭建

03

【学习目标】

1. 知识目标

（1）学习 Android 系统的基本信息、发展历史、版本代号。

（2）学习 Android 平台架构。

（3）学习 JDK、Android Studio 的安装方法。

（4）学习 Android 工程的目录结构。

2. 技能目标

（1）掌握搭建 Android App 开发环境的方法。

（2）具备创建 Android 工程的能力。

3. 素养目标

（1）通过团队开发培养学生的团队合作精神。

（2）培养遵守 App 设计规范的良好职业习惯，具备创建工程的操作经验。

（3）培养数字强国意识。

【项目概述】

项目 2 围绕图书资源 App 进行调研，提前了解用户需求，根据需求进行产品功能、结构、界面等设计，并撰写产品需求文档。在产品需求文档中，产品的功能、交互、逻辑、界面样式等已经明确，那么如何将这些设计转化成真正的移动 App 呢?

接下来将进入移动 App 的开发环节，在进行开发之前，先了解一下移动 App 的开发工具与环境。本项目将介绍 Android 的开发环境搭建，进行 Android 开发最基础的步骤，Android 的发展历史、架构设计、正式配置开发环境、建设项目结构等内容。

【思维导图】

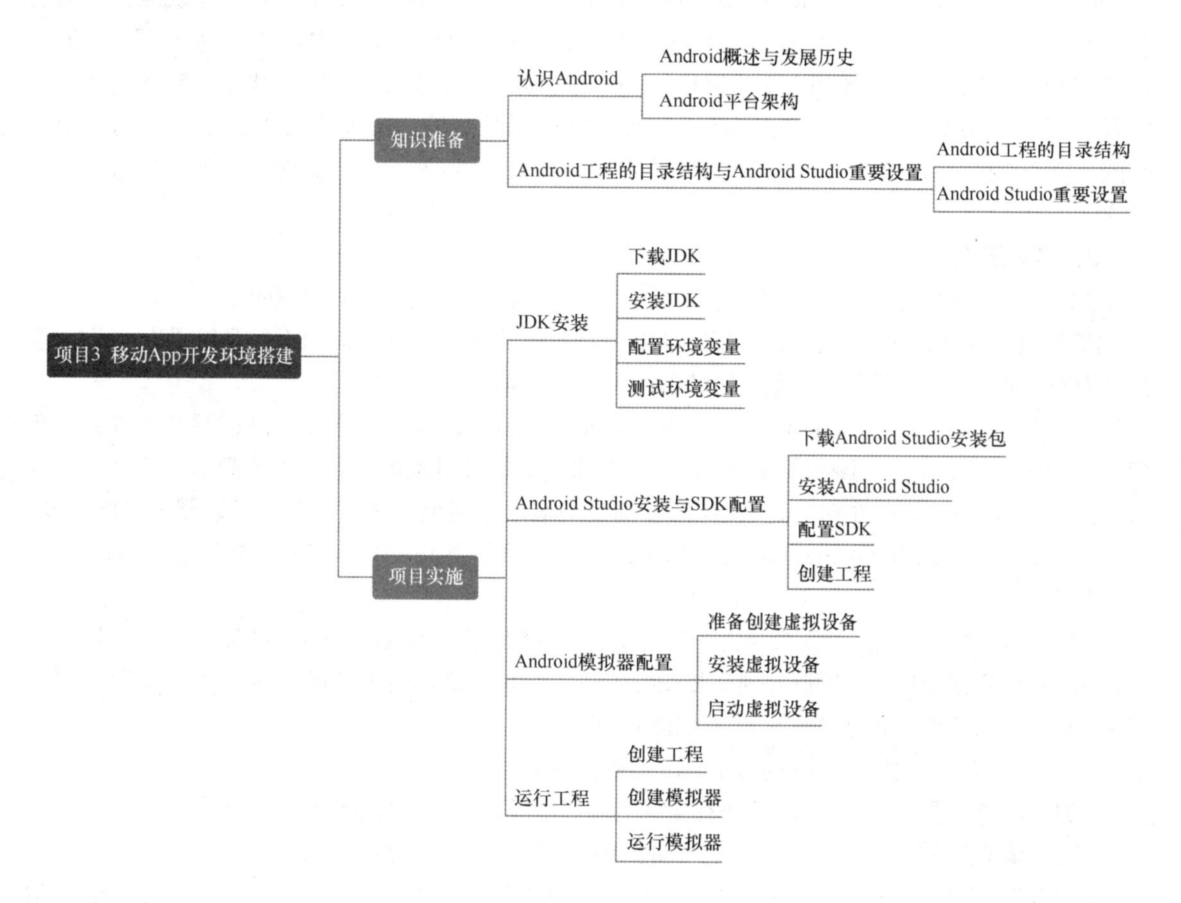

【知识准备】

在正式进行移动 App 开发环境搭建前，需要认识一下 Android，了解 Android 的发展历史，同时掌握其版本代码，这是进行 Android 开发必须具备的知识。另外，为了更好地进行开发，用户也需要掌握移动 App 开发软件 Android Studio 的工程目录和常用配置。

3.1 认识 Android

本书的图书资源 App 开发主要基于 Android 系统，在开发之前，先来了解一下 Android。下面将主要介绍 Android 系统基本信息与发展历史、Android 平台架构以及目前市场主流的 Android 系统版本代号。

Android 概述与发展历史

3.1.1 Android 概述与发展历史

1. Android 概述

Android 是一种开源的、基于 Linux 内核（不包含 GNU 组件）的操作系统。由美国 Google

公司和开放手机联盟领导及开发。Android 系统由安迪 · 鲁宾开发，主要支持手机，之后 Google 公司与 84 家硬件制造商、软件开发商及电信运营商组建开放手持设备联盟，共同研发、改良 Android 系统。随后 Google 公司以 Apache 开源许可证的授权方式，发布了 Android 系统的源码。第一部 Android 智能手机发布于 2008 年 10 月。后来 Android 系统逐渐扩展应用到平板电脑及其他领域，如电视机、数码相机、游戏机、智能手表等。基于移动应用方面的优势，Android 系统使用人数也超越了 Windows 系统，是全球使用人数最多的操作系统之一。

2. 发展历史

2003 年 10 月，安迪 · 鲁宾等人创建 Android 公司，并组建 Android 团队。

2005 年 8 月 17 日，Google 公司低调收购了成立仅 22 个月的 Android 公司及其团队。安迪 · 鲁宾成为 Google 公司工程部副总裁，继续负责 Android 项目。

2007 年 11 月 5 日，Google 公司正式向外界展示了这款名为 Android 的系统，并且宣布建立一个全球性的组织，该组织由 34 家手机制造商、软件开发商、电信运营商以及芯片制造商共同组成，并与 84 家硬件制造商、软件开发商及电信运营商组成开放手持设备联盟来共同研发、改良 Android 系统。随后 Google 公司以 Apache 开源许可证的授权方式，发布了 Android 系统的源码。

2008 年，在 Google I/O 大会上，Google 公司提出了 Android HAL 架构图，同年 8 月 18 日，Android 系统获得了美国联邦通信委员会（FCC）的批准，同年 9 月，Google 公司正式发布了 Android 1.0 系统，这是 Android 系统最早的版本。

2008 年 10 月，发布了第一部 Android 智能手机。

2011 年第一季度，Android 系统在全球的市场份额首次超过塞班系统，跃居全球第一。

2013 年第四季度，Android 系统手机的全球市场份额已经达到 78.1%。

2013 年 09 月 24 日，Android 系统迎来了 5 岁生日，全世界采用这款系统的设备数量已经达到 10 亿台。

2014 第一季度 Android 平台已占所有移动广告流量来源的 42.8%，首度超越 iOS，但运营收入不及 iOS。

2011 年至 2018 年，Android 系统快速崛起，占据了手机操作系统约七成的市场份额。直到 2023 年，Android 系统仍然是全球安装率最高的手机操作系统。

3. 版本代号

从 2009 年 4 月 30 日发布 Cupcake 版本开始，Android 系统改用甜品名称来作为版本代号，这些版本按照从大写字母 C 开始的顺序进行命名。直到 Google 宣布不再以甜品命名 Android 版本，并启用全新的 Android logo。由于手机硬件或用户更新速度限制，同一时期市场上存在着多种版本的 Android 系统。表 3-1 列举了 2022 年 4 月统计的 Android 系统的各版本比例。

表 3-1 Android 系统版本代号及发布日期（2022 年 4 月）

平台版本	API*级别	版本代号	发布日期
12.0	31	Android 12	2021
11.0	30	Android 11	2020

续表

平台版本	API*级别	版本代号	发布日期
10.0	29	Android 10	2019
9.0	28	Pie（派）	2018
8.0/8.1	26/27	Oreo（奥利奥饼干）	2017
7.0/7.1	24/25	Nougat（牛轧糖）	2016
6.0	23	Marshmallow（棉花糖）	2015
5.0/5.1	21/22	Lollipop（棒棒糖）	2014
4.4	19/20	Kitkat（奇巧）	2013
4.1/4.2/4.3	16/17/18	Jelly Bean（果冻豆）	2012
4.0x	14/15	Ice Cream Sandwich（冰激凌三明治）	2011
3.0/3.1/3.2	11/12/13	Honeycomb Cake（蜂巢蛋糕）	2011
2.3	9/10	Gingerbread（姜饼）	2010
2.2x	8	Froyo（冻酸奶）	2010
2.0/2.1	5/6/7	Eclair（泡芙）	2009
1.6	4	Donut（甜甜圈）	2009
1.5	3	Cupcake（纸杯蛋糕）	2009

*注：应用程序接口（Application Programming Interface，API）是一些预先定义的接口，或指软件系统不同组成部分衔接的约定。API 用于提供应用程序与开发人员基于某软件或硬件得以访问的一组例程，而又无须访问源码或理解内部工作机制的细节。

Android 平台架构

3.1.2 Android 平台架构

Android 平台架构如图 3-1 所示，主要包含 6 个部分。

1. Linux 内核层

Android 的基础是 Linux 内核，例如，Android Runtime（ART）依靠 Linux 内核来执行底层功能，如线程和底层内层管理。使用 Linux 内核可让 Android 系统利用主要安全功能，并且允许设备制造商为内核开发硬件驱动程序，如蓝牙、相机、Wi-Fi 等驱动。

2. 硬件抽象层

硬件抽象层（Hardware Abstraction Layer，HAL）提供标准界面，向更高级别的 Java API 框架显示设备硬件功能。HAL 包含多个库模块，其中每个模块都为特定类型的硬件组件实现一个界面，例如相机或蓝牙模块。当 Java API 框架要求访问设备硬件时，Android 系统将为该硬件组件加载库模块。

3. Android 运行时环境

对于运行 Android 5.0（API 级别 21）或更高版本的设备，每个应用程序都在其自己的进程中运行，并且有其自己的 ART 实例。ART 编写为通过执行 DEX（Dalvik Executable）格式的文件在低内存设备上运行多个虚拟机，DEX 是一种专为 Android 系统设计的字节码格式，经过优化，DEX 文件占用的内存很少。编译工具链（如 Jack）将 Java 源码编译为 DEX 字节码，使其可在

Android 平台上运行。

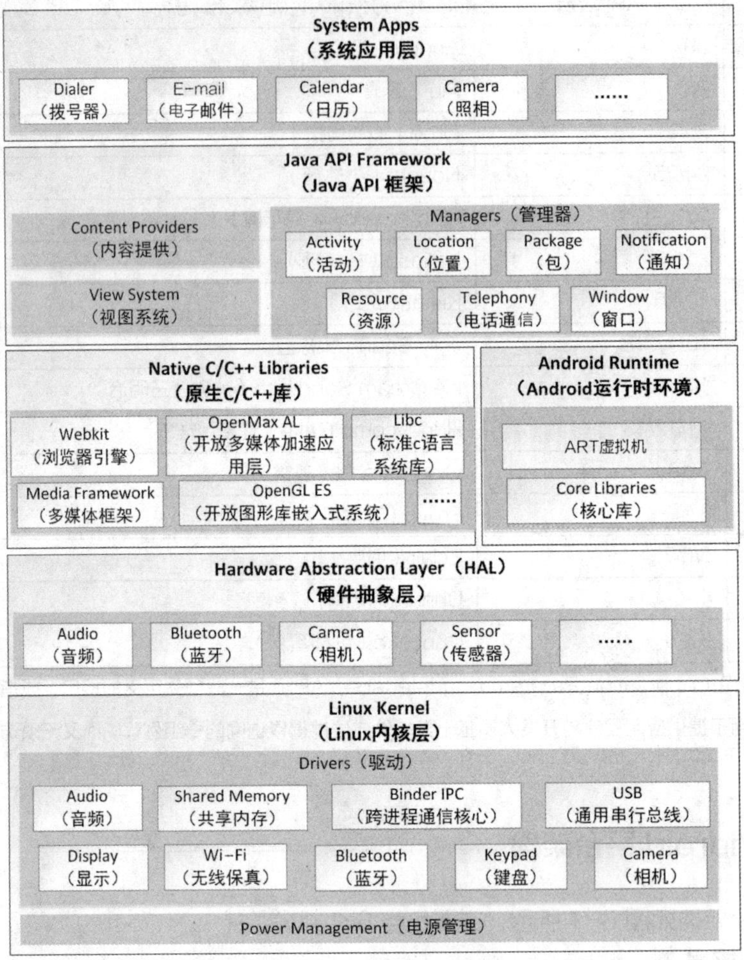

System Apps
（系统应用层）
Dialer（拨号器） E-mail（电子邮件） Calendar（日历） Camera（照相） ......

Java API Framework
（Java API 框架）
Content Providers（内容提供）
View System（视图系统）
Managers（管理器）
Activity（活动） Location（位置） Package（包） Notification（通知）
Resource（资源） Telephony（电话通信） Window（窗口）

Native C/C++ Libraries
（原生C/C++库）
Webkit（浏览器引擎） OpenMax AL（开放多媒体加速应用层） Libc（标准c语言系统库）
Media Framework（多媒体框架） OpenGL ES（开放图形库嵌入式系统） ......

Android Runtime
（Android运行时环境）
ART虚拟机
Core Libraries（核心库）

Hardware Abstraction Layer（HAL）
（硬件抽象层）
Audio（音频） Bluetooth（蓝牙） Camera（相机） Sensor（传感器） ......

Linux Kernel
（Linux内核层）
Drivers（驱动）
Audio（音频） Shared Memory（共享内存） Binder IPC（跨进程通信核心） USB（通用串行总线）
Display（显示） Wi-Fi（无线保真） Bluetooth（蓝牙） Keypad（键盘） Camera（相机）
Power Management（电源管理）

图 3-1 Android 平台架构

ART 的部分主要功能包括：预先编译和即时编译；优化的垃圾回收；在 Android 9（API 级别 28）及更高版本的 Android 系统中，支持将应用软件包中的 DEX 格式的文件转换为更紧凑的机器代码；更好的调试支持，包括专用采样分析器、详细的诊断异常和崩溃报告，并且能够设置观察点以监控特定字段。

在 Android 版本 5.0（API 级别 21）之前，Dalvik 虚拟机是 Android Runtime。如果应用程序在 ART 上的运行效果很好，那么它应该也可在 Dalvik 虚拟机上运行，但反过来就不一定了。

Android 系统还包含一套核心运行时库，可提供 Java API 框架所使用的 Java 编程语言中的大部分功能，包括一些 Java 8 语言功能。

4. 原生 C/C++库

许多核心 Android 系统组件和服务（例如 ART 和 HAL）构建自原生代码，需要使用 C 语言和 C++编写的原生库。Android 平台提供 Java 框架的 API，用以向应用程序显示其中部分原生库的功能。例如，通过 Android 框架的 Java OpenGL API 访问 OpenGL ES，以支持在应用程序中绘制和操作 2D 和 3D 图形。

如果开发者需要的是 C 语言或 C++代码的应用程序，可以使用 Android NDK 直接从原生代码访问某些原生平台库。

5. Java API 框架

通过以 Java 语言编写的 API 可使用 Android 系统的整个功能集。这些 API 形成创建 Android 应用程序所需的构建块，它们可简化核心模块化系统组件和服务的重复使用，包括以下组件和服务。

- 丰富、可扩展的视图系统：可用来构建应用程序的 UI，包括列表、网格、文本框、按钮，甚至可嵌入的网络浏览器。
- 资源管理器：用于访问非代码资源，例如本地化的字符串、图形和布局文件。
- 通知管理器：可让所有应用程序在状态栏中显示自定义提醒。
- Activity 管理器：用于管理应用程序的生命周期，提供常见的导航返回栈。
- 内容提供程序：可让应用程序访问其他应用程序（例如“联系人”应用程序）中的数据或者共享自己的数据。

开发者可以访问 Android 系统应用程序使用的框架 API。无论是系统内置的还是自己编写的应用程序，都需要用到这层，例如想实现来电黑名单、自动挂断电话，就需要用到电话管理器（Telephony Manager），通过该层就可以很轻松地实现挂断操作，而不需要关心底层实现。

6. 系统应用层

每部 Android 手机默认都有一套电子邮件、短信、日历、浏览器和联系人等核心应用程序。这些应用程序与用户可以选择安装的应用程序一样，没有特殊状态，但一般如果没有 root 权限，则不能卸载这些系统应用程序。

自己开发的应用程序也属于这一层，可以在自己的应用程序中使用一些系统应用程序的主要功能。例如，自己开发的应用程序需要发短信，无须自己构建该功能，而是调用已安装的短信应用程序向指定的接收者发送短信。

普通的应用层开发者一般只会与应用层和 Java API 框架打交道，而底层开发者还需要使用原生 C/C++库进行原生开发套件（Native Development Kit，NDK）开发。

3.2 Android 工程的目录结构与 Android Studio 重要设置

开发基于 Android 系统的 App 需要使用 Google 公司提供的开发软件 Android Studio。Android Studio 有多种目录结构，不同目录下有不同的文件。下面将主要介绍常用的 Android 工程目录结构，以及在 Android Studio 中进行代码编写时的许多重要设置。

3.2.1 Android 工程的目录结构

Android 工程目录结构在不同类型的视图窗口下的显示效果是不一样的，如图 3-2 所示。对于 Android App 开发者而言，“Project”视图、“Android”视图都是需要掌握的。

1. “Project”视图

Android Studio 中的 Project，相当于 Eclipse 中的 workspace，是工作空间；而 Module 相当于 Eclipse 中的 project，是指项目。“Project”视图主要包含 gradle 运行生成文件目录（.gradle）、IntelliJ IDEA 运行生成文件目录（.idea）、Module 目录（app）、gradle 目录等，其中的每个文件的具体介绍如图 3-3 所示。

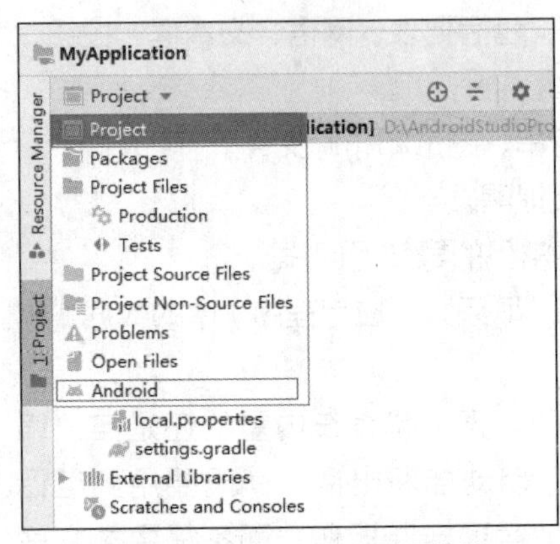

图 3-2　Android 工程目录结构

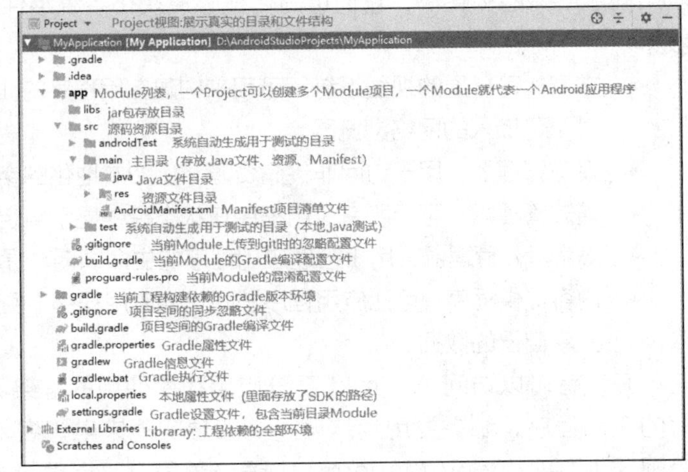

图 3-3　“Project”视图

2. “Android”视图

“Android”视图是 Android Studio 的一个视图。很多人都是从 Eclipse 的开发中转过来的，因为“Android”视图具有许多优点。

由于大部分的文件夹、文件都在“Project”视图中具体标注了，因此这里就不一一标注了。在“Android”视图下的一级文件夹分成了两个区域，一个是 Module 列表区域，一个是 gradle 脚本区域。Module 列表区域可以有多个 Module 项目，如图 3-4 所示，“app”和“myapp”是不同 Module 项目的名称，其中“app”是 Android Studio 默认生成的名称。

每个 Module 项目文件夹下都有 3 个子文件夹，分别为 manifests 文件夹、Java 源码文件夹、res 资源文件夹。

gradle 脚本文件夹下有多个 gradle 文件和属性文件。根据其后面的提示，从上到下分别为：项目空间的 gradle 配置文件、第一个 Module 和第二个 Module 配置文件、gradle 全局配置文件、gradle wrapper 配置文件、两个 Module 的开源混淆器、gradle 项目配置文件、设置文件，以及本地 SDK 路径属性文件。

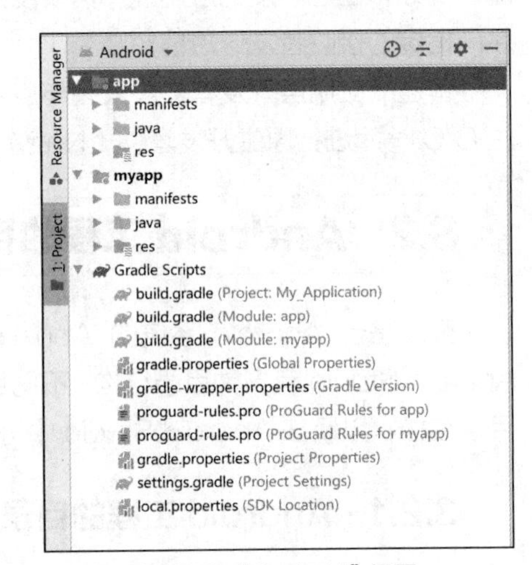

图 3-4　“Android”视图

“Android”视图最大的优点就是去掉了一些开发者本身不关心的文件和文件夹（配置、属性文件等），而且把一些资源文件、源文件非常清晰地合并在一起了，隐藏了一些自己主动生成的文件和文件夹（例如 R 文件等），能够让开发者更方便地管理整个项目。

3.2.2 Android Studio 重要设置

为了能在 Android Studio 中更好地编写代码，通常会对 Android Studio 进行相应设置，接下来介绍一些常用的设置。

1. 字体大小设置

在菜单栏中选择“File”菜单中的“Settings”选项，在“Settings”对话框中展开“Editor”选项组，选择“Font”选项，修改“Size”属性的值即可进行字号设置。

2. 编码字符集设置

在“Settings”对话框中展开“Editor”选项组，选择“File Encodings”选项，在“Global Encoding”下拉列表中选择“UTF-8”选项，在“Project Encoding”下拉列表中选择“<System Default GBK>”选项。

3. 更改主题

在“Settings”对话框中展开“Appearance & Behavier”选项组，选择“Appearance”选项，在“Theme”下拉列表中选择“Darcula”选项。

4. 自动导包

在“Settings”对话框中展开“Editor”选项组，再展开“General”选项组，选择“Auto Import”选项，勾选“Add unambiguous imports on the fly”和“Optimize imports on the fly(for current project)”复选框。

5. 代码提示

在“Settings”对话框中展开“Editor”选项组，再展开“General”选项组，选择“Code Completion”选项，取消勾选“Match case”复选框，表示代码进行模糊匹配，不区分大小写。

【项目实施】

3.3 任务 6：JDK 安装

任务 6　JDK 安装

Android 的 App 应用层使用 Java 语言进行开发，所以必须先确保安装好 Java 开发工具包（Java Development Kit，JDK），推荐使用 JDK 1.8 或以上版本。

注意

JDK 1.8 又称 JDK 8，是目前相对稳定的版本。下面介绍 JDK 8 的安装。

1. 下载 JDK

进入 Oracle 官网，将看到图 3-5 所示的页面。选择标签栏中的“Resources”选项，打开图 3-6 所示的页面。

图 3-5　Oracle 官网页面

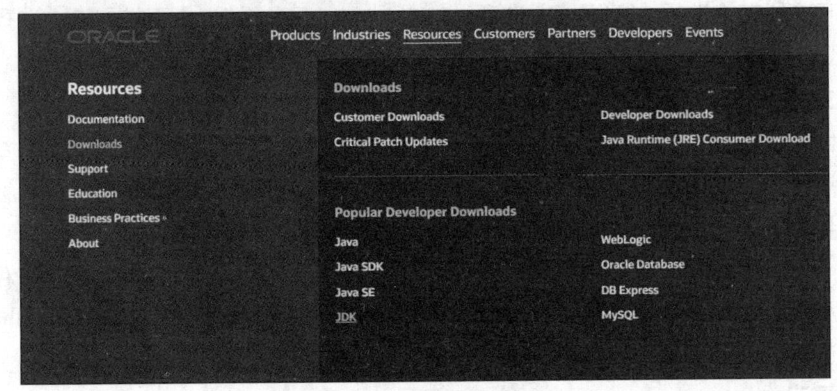

图 3-6　JDK 下载路径

选择“Downloads”选项，再选择“JDK”选项，进入图 3-7 所示的页面，其中显示了最新版的 JDK，往下翻会出现图 3-8 所示的页面，其中显示了 JDK 8 版本的下载路径，此时需要根据安装的操作系统及需求选择对应版本的 JDK。选择版本后，下载之前需要勾选“I reviewed and accept the Oracle...”复选框，如图 3-9 所示。单击灰色的下载按钮会出现 Oracle 账户登录提示，如图 3-10 所示，登录后继续下载。

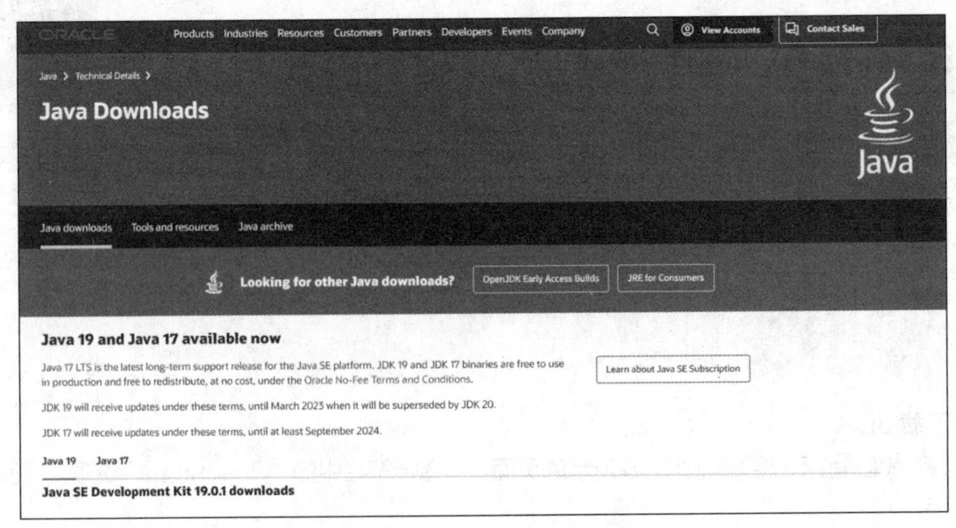

图 3-7　JDK 下载页面

Java SE subscribers have more choices

Also available for development, personal use, and to run other licensed Oracle products.

Java 8　Java 11

Java SE Development Kit 8u351

Java SE subscribers will receive JDK 8 updates until at least December 2030.

The Oracle JDK 8 license changed in April 2019

The Oracle Technology Network License Agreement for Oracle Java SE is substantially different from prior Oracle JDK 8 licenses. This license permits certain uses, such as personal use and development use, at no cost -- but other uses authorized under prior Oracle JDK licenses may no longer be available. Please review the terms carefully before downloading and using this product. FAQs are available here.

Commercial license and support are available for a low cost with Java SE Subscription.

JDK 8 software is licensed under the Oracle Technology Network License Agreement for Oracle Java SE.

JDK 8u351 checksum

Linux　macOS　Solaris　Windows

Product/file description	File size	Download
x86 Installer	161.54 MB	jdk-8u351-windows-i586.exe
x64 Installer	175.54 MB	jdk-8u351-windows-x64.exe

图 3-8　JDK 8 下载页面

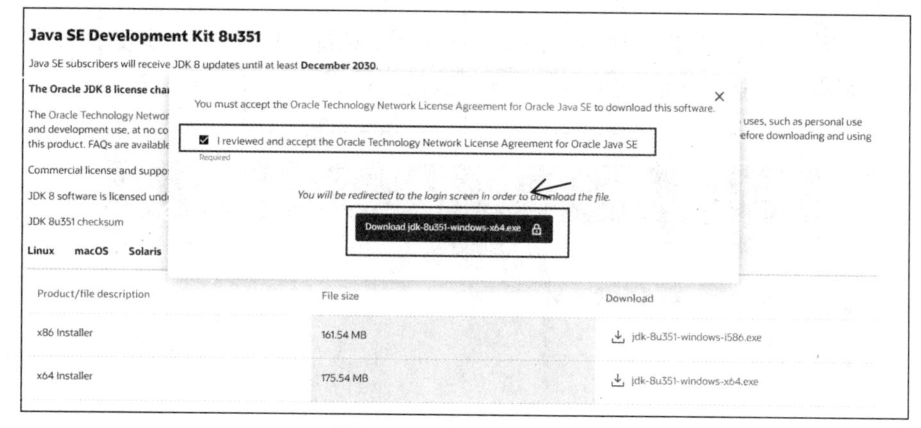

图 3-9　JDK 下载提示页面

2. 安装 JDK

双击下载完成的 JDK 安装程序，弹出图 3-11 所示的对话框。单击“下一步”按钮，选择 JDK 的安装目录，如图 3-12 所示，如果不想使用默认路径，建议将路径改为 C 盘的纯英文目录。

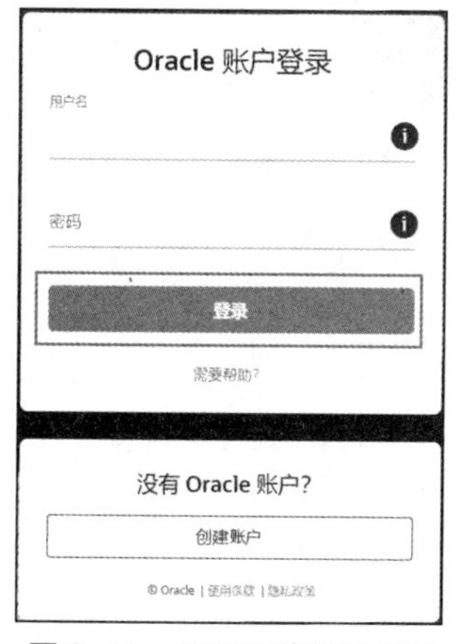

图 3-10　JDK 下载登录界面

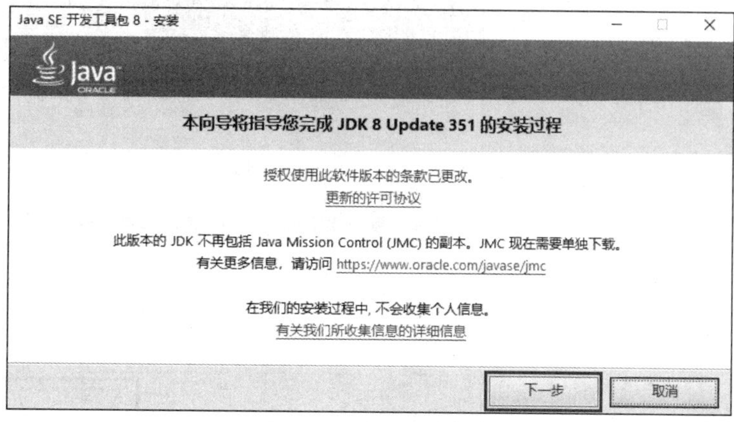

图 3-11　JDK 安装界面

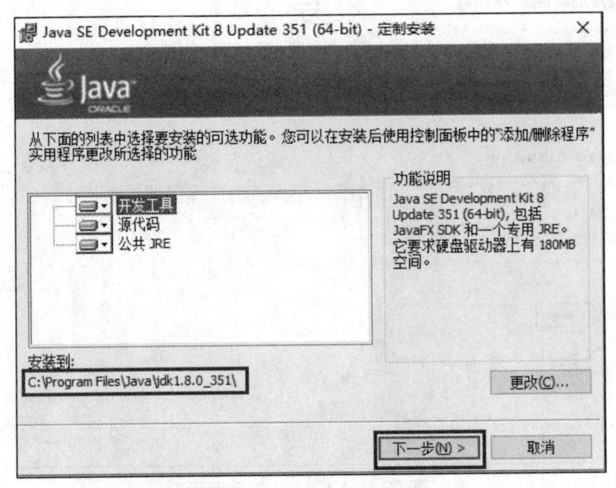

图 3-12　JDK 安装目录

单击“下一步”按钮，弹出的对话框如图 3-13 所示。选择目标文件夹，选择完成后，单击“下一步”按钮，出现图 3-14 所示的对话框，单击“关闭”按钮，JDK 安装完成。

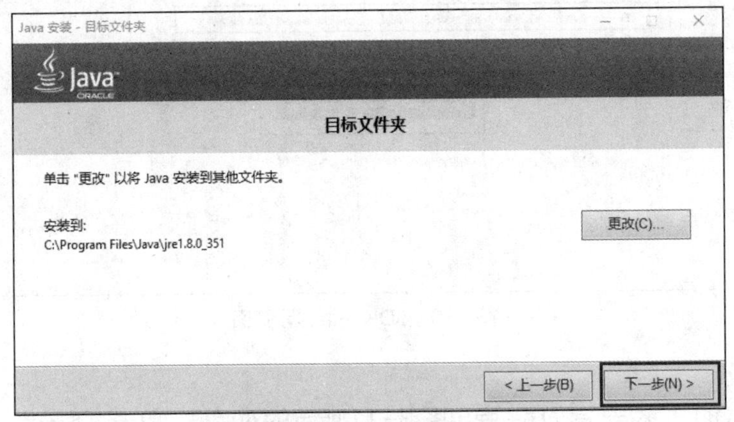

图 3-13　JDK 安装目标文件夹

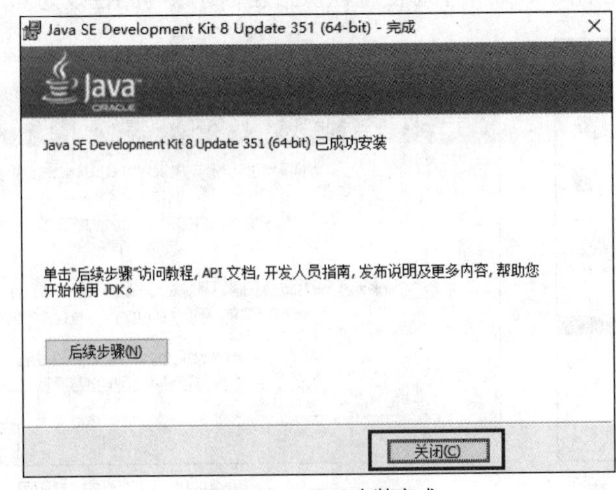

图 3-14　JDK 安装完成

注意 记住图 3-12 所示的安装路径，便于后续的环境变量配置。图 3-13 安装的是 Java 运行环境（Java Runtime Environment，JRE），不是 JDK，JRE 是用于运行环境，是 JDK 的一部分，由于安装了 JDK 本身就带有 JRE，所以也可直接跳过。

3. 配置环境变量

在桌面右击计算机图标，选择“属性”选项，选择“高级系统设置”选项，弹出“系统属性”对话框，选择“高级”选项卡，单击下方的“环境变量”按钮，弹出图 3-15 所示的对话框，单击“系统变量”区域的“新建”按钮。

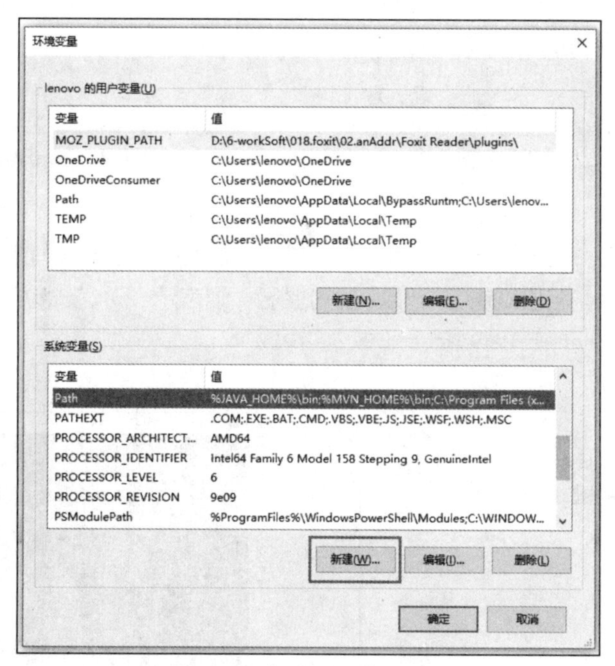

图 3-15 “环境变量”对话框

在图 3-16 所示的对话框中，输入变量名“JAVA_HOME”，输入变量值“C:\Program Files\Java\jdk 1.8.0_351”，变量值为选择的安装路径。

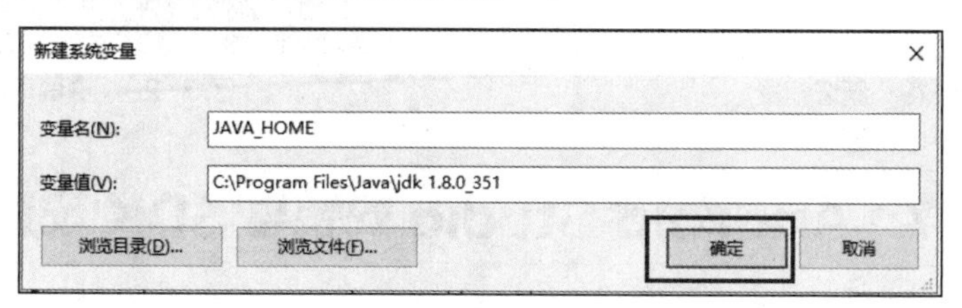

图 3-16 新建系统变量“JAVA_HOME”

单击“确定”按钮，回到图 3-17 所示的对话框中，在“系统变量”中选择“Path”变量，单击“编辑”按钮。

出现图 3-18 所示的对话框，单击“新建”按钮，输入“%JAVA_HOME%\bin”，如图 3-19 所示，单击“确定”按钮进行保存。

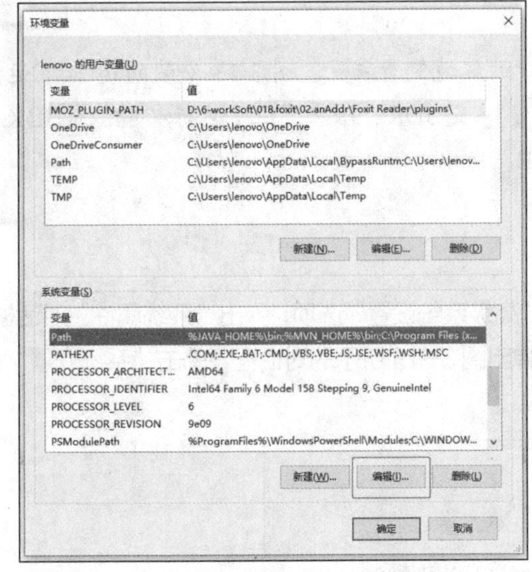

图 3-17　选择“Path”变量

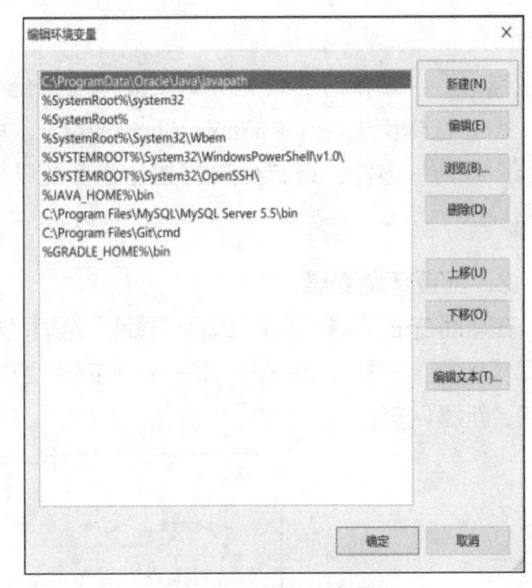

图 3-18　编辑环境变量

4．测试环境变量

按 Win + R 组合键，在“运行”对话框中，输入“cmd”，单击“确定”按钮，进入命令行界面，执行“javac”命令，若出现图 3-20 所示的提示，则表示 JDK 安装成功。

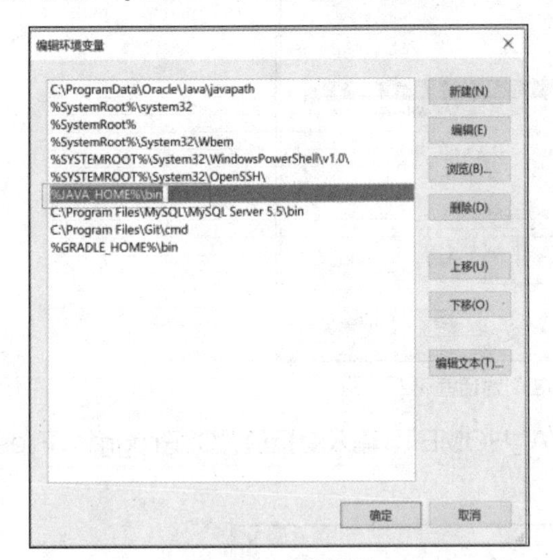

图 3-19　新增变量

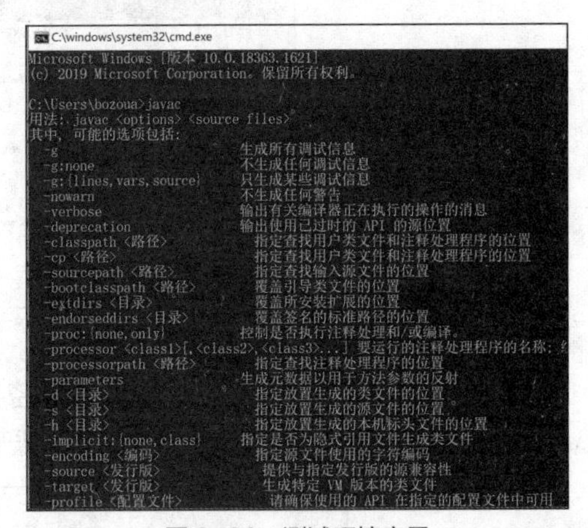

图 3-20　测试环境变量

3.4　任务 7：Android Studio 安装与 SDK 配置

任务 7　Android Studio 安装与 SDK 配置

工欲善其事，必先利其器，要开发 Android App，必须先安装开发工具，Google 公司推出的 Android Studio 是开发 Android App 的不二之选。

1．下载 Android Studio 安装包

Android Studio 是 Google 公司开发的免费的 Android 开发软件，可从 Android 官网上下载软件开发工具包（Software Development Kit，SDK）。

2. 安装 Android Studio

双击安装程序后，出现图 3-21 所示的对话框，单击“Next”按钮。出现图 3-22 所示的对话框，单击“Next”按钮。出现图 3-23 所示的对话框，设置好安装路径，单击“Next”按钮。出现图 3-24 所示的对话框，单击“Install”按钮。出现图 3-25 所示的对话框，等待安装进度完成后，单击“Next”按钮。出现图 3-26 所示的对话框，单击“Finish”按钮，即可完成 Android Studio 的安装。

图 3-21 安装 SDK

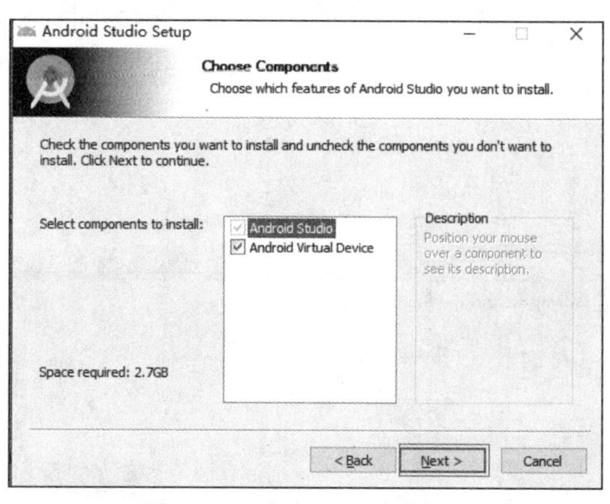

图 3-22 确认 SDK 安装组件

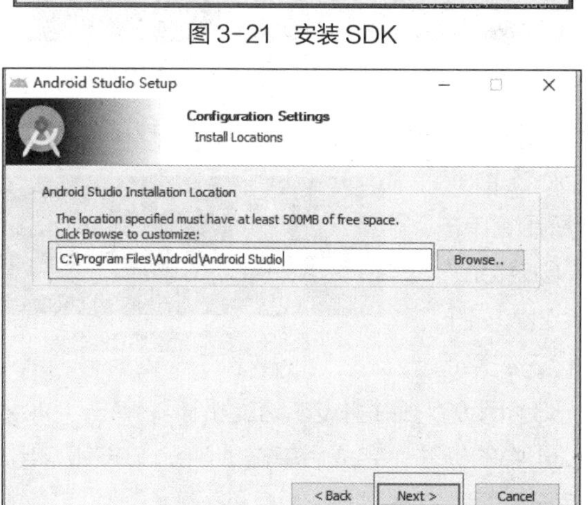

图 3-23 设置安装路径

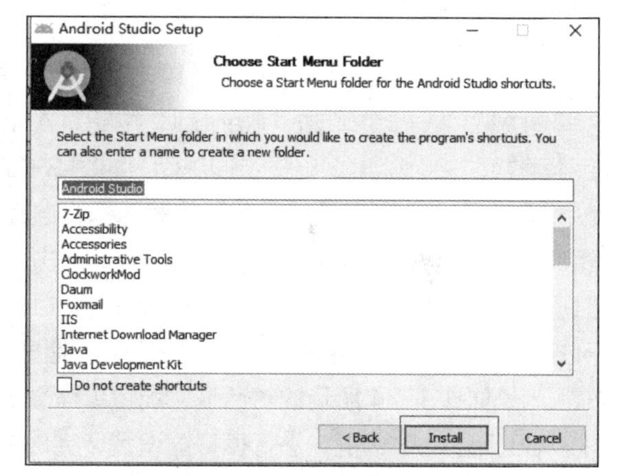

图 3-24 开始安装 SDK

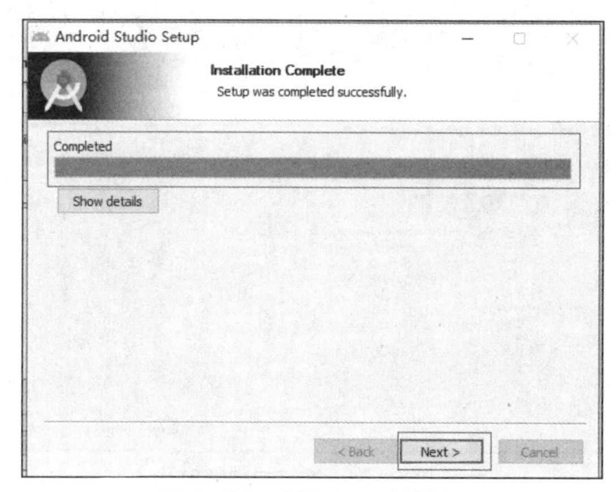

图 3-25 安装 SDK 的过程

图 3-26 SDK 安装完成

3. 配置 SDK

Android Studio 安装完成后，启动 Android Studio 会提示进行 SDK 配置，出现图 3-27 所示的对话框。选择第二个单选项，表示之前没有任何配置，单击“OK”按钮，表示进行第一次配置。

出现图 3-28 所示的对话框，询问是否同意 Google 公司收集本地计算机的 Android Studio 运行环境信息，以便更好地改善 Android Studio，这里单击“Don't send”按钮，即不发送信息，也可以在安装完成之后，在图 3-28 所示的对话框中单击“You can always change this behavior in...”选项来更改这个设置。

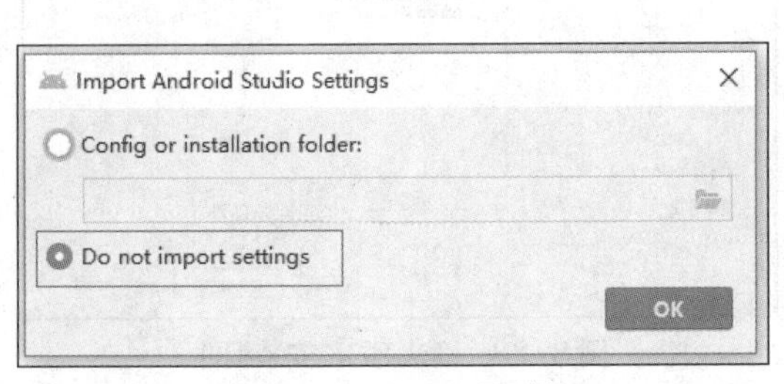

图 3-27　SDK 配置引导

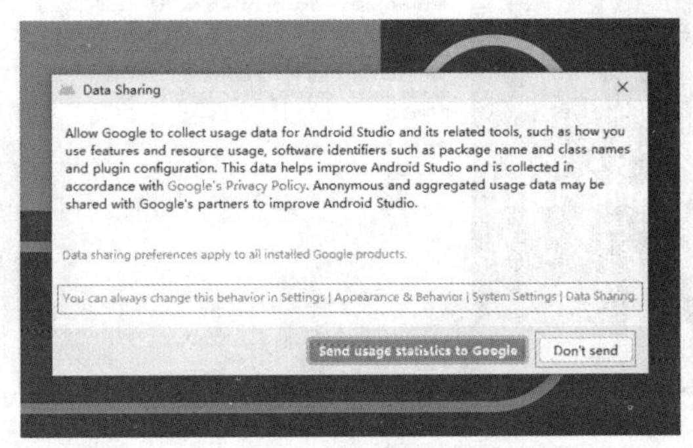

图 3-28　确认是否允许收集运行环境信息

单击“Don't send”按钮后，弹出图 3-29 所示提示框，提示 Android Studio 找不到 SDK，这里是关键的一步，单击“Cancel”按钮，Android Studio 会引导在线安装 SDK，出现欢迎界面，如图 3-30 所示，单击“Next”按钮。出现图 3-31 所示的对话框，选择“Custom”安装类型，表示可以自定义一些安装选项，单击“Next”按钮。出现图 3-32 所示的对话框，设置应用层的 Java 代码编译运行依赖的 JDK 环境，单击“Next”按钮。出现图 3-33 所示的对话框，选择主题风格，单击“Next”按钮。出现图 3-34 所示的对话框，配置参考图 3-34 中的标注，完成后单击“Next”按钮。出现图 3-35 所示的对话框，进行模拟器设置，完成内存分配后，单击“Next”按钮。

图 3-29　配置 SDK 3

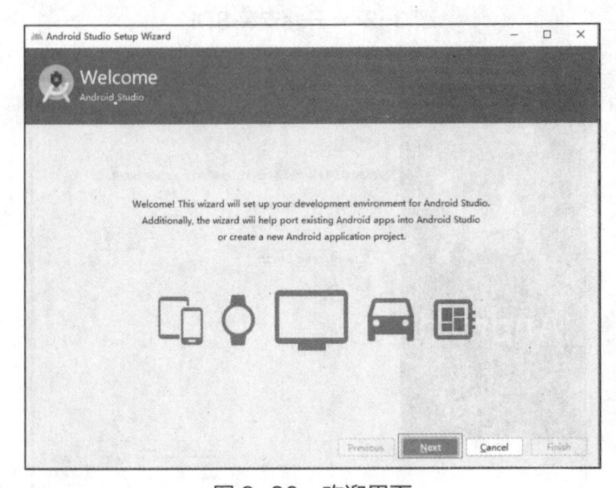

图 3-30　欢迎界面

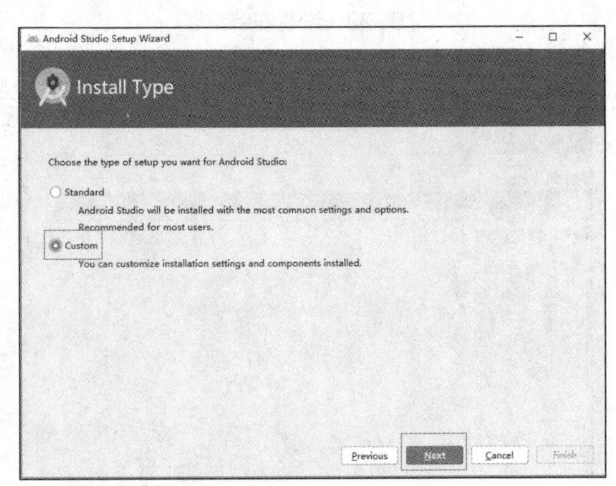

图 3-31　选择安装类型

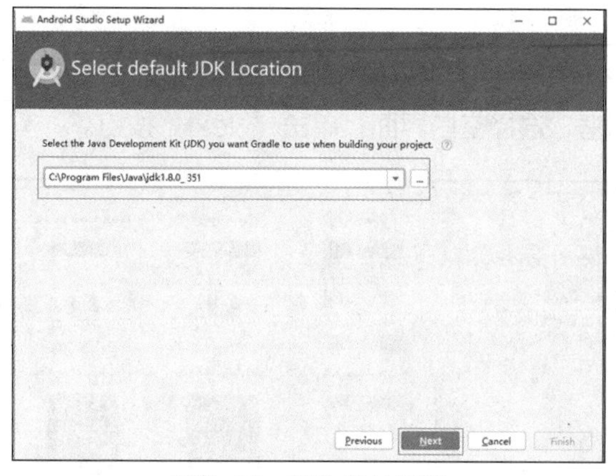

图 3-32　设置 JDK 环境

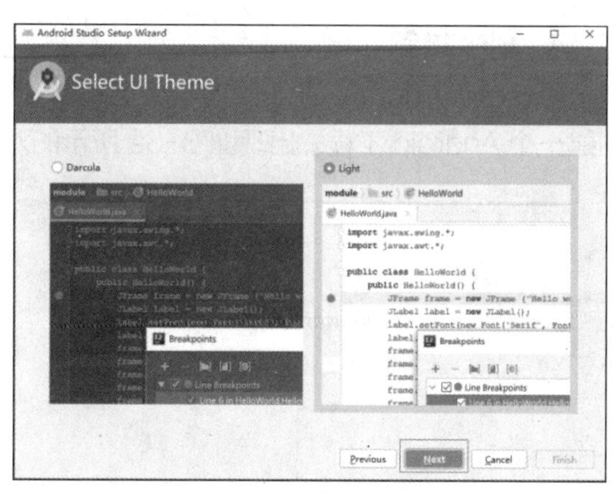

图 3-33　选择主题风格

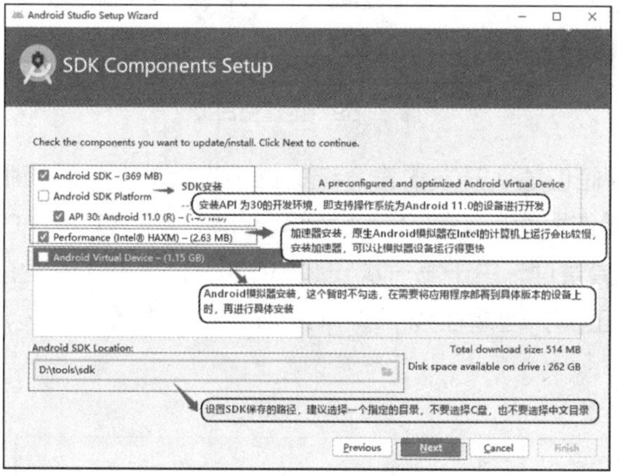

图 3-34　SDK 配置

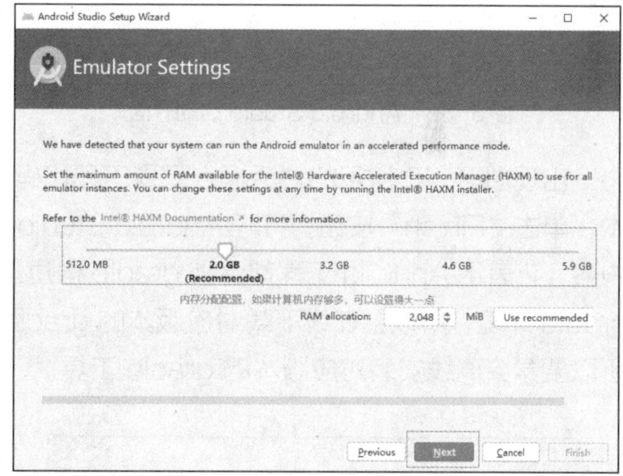

图 3-35　模拟器设置

出现图 3-36 所示的对话框，进行配置核实，单击“Next”按钮。出现图 3-37 所示的对话框，此时需要进行版本授权，左边有星号表示还没同意，为每一个带星号的选项，选择“Accept”单选项，全部选择完后，即没有任何星号时，“Finish”按钮由灰色变成蓝色，单击后等待 SDK 的配置安装，完成后显示“Downloading Components”，再次单击“Finish”按钮，SDK 配置完成。

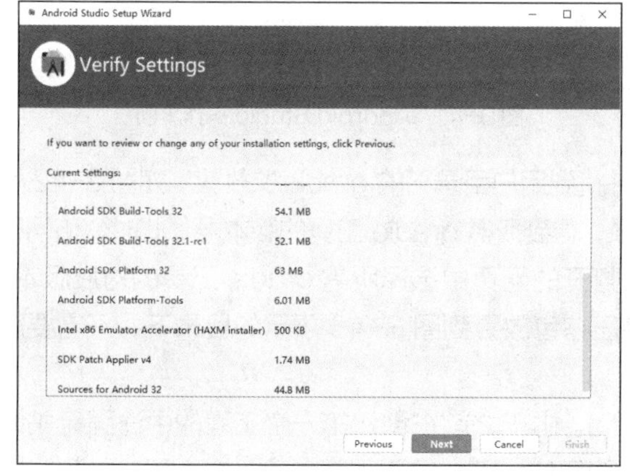

图 3-36　核实 SDK 配置

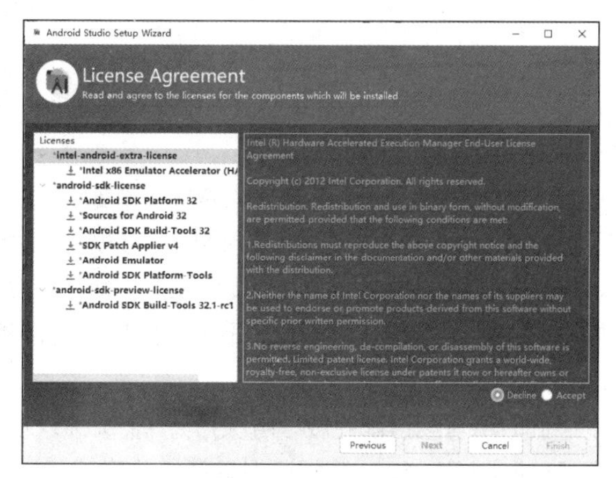

图 3-37　版本授权

4. 创建工程

再次启动 Android Studio 时，会出现图 3-38 所示的对话框，单击“New Project”的图标，创建一个 Android 工程。出现图 3-39 所示的对话框，选择空白界面，单击“Next”按钮。

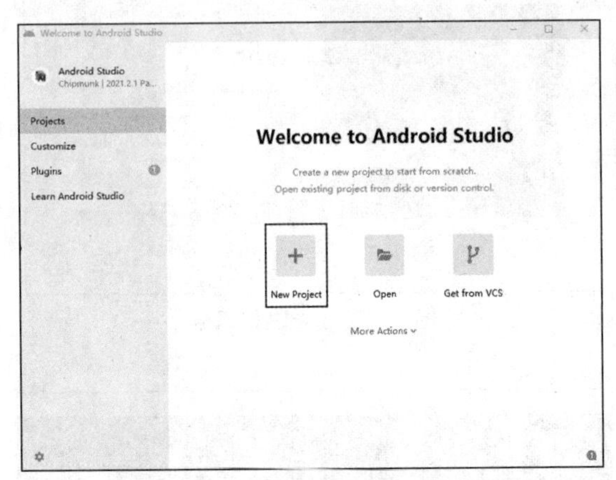

图 3-38　Android Studio 启动界面

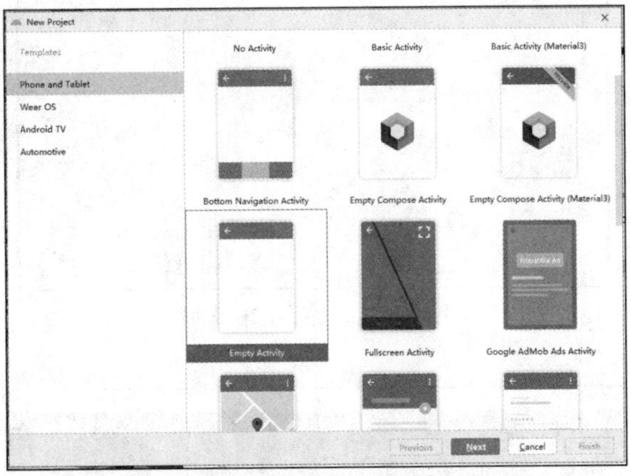

图 3-39　创建空白页

出现图 3-40 所示的对话框，配置工程代码存储位置、开发语言，选择最小支持的操作系统版本，单击“Finish”按钮，打开 Android Studio 操作界面，如图 3-41 所示。此时，注意方框中的内容，它表示 Android 工程都会被 gradle 构建工具管理，由于第一次安装 Android Studio 还没有 gradle 环境，所以会在线下载对应版本的 gradle 工具，但是在线下载 gradle 往往需要等待很久，所以要学会离线安装对应版本的 gradle 工具。

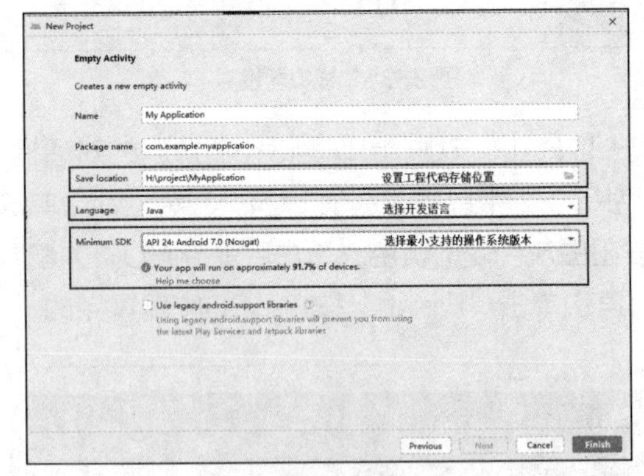

图 3-40　工程配置

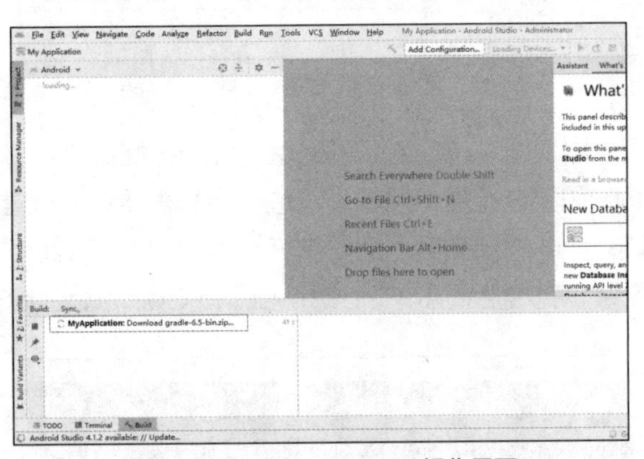

图 3-41　Android Studio 操作界面

下面安装 gradle 工具。关闭 Android Studio，并找到用户目录下的.gradle 文件夹，如图 3-42 所示。打开.gradle 文件夹，并进入图 3-43 所示的目录，得到所需 gradle 工具的版本号。此时，访问网址“https://services.gradle.org/distributions/”，在打开的网页中选择所需 gradle 工具的对应版本，如图 3-44 所示，开始下载。下载完成后，直接将压缩包放置到图 3-43 所示的目录下，不需要解压，如图 3-45 所示。

此时所有配置都完成，再次打开 Android Studio。由于之前在创建第一个工程的中途强行关闭了 Android Studio，工程还没有初始化完成，是不能用的，因此需要重新创建一个工程，并耐心等待 gradle 构建工作完成（第一次 gradle 会访问 gradle 的官网 https://gradle.org，下载 Android 工程需要的.jar 文件，还会进行本地 SDK 索引构建），如图 3-46 所示。

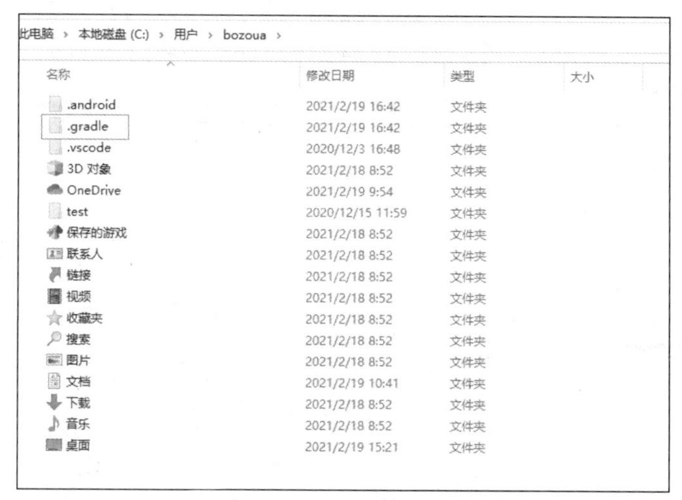

图 3-42　用户目录下的 gradle 文件夹

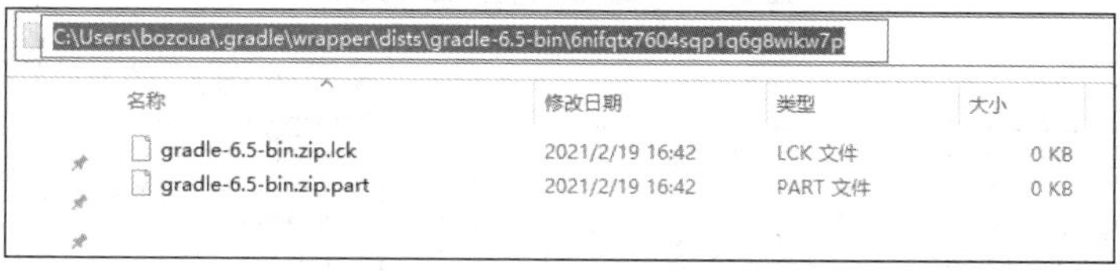

图 3-43　gradle 目录

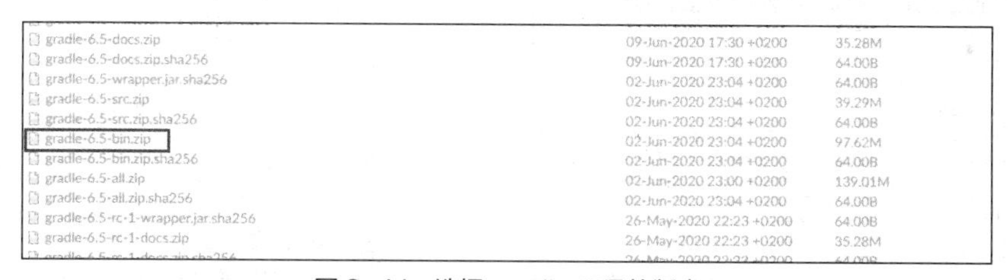

图 3-44　选择 gradle 工具的版本

图 3-45　将下载的压缩包放入 gradle 目录

此时，可以通过“Build”菜单生成 Android 工程的 Android 应用程序包（Android Application Package，APK）文件，如图 3-47 所示。然后通过图 3-2 所示的下拉菜单切换到“Project”视图，可以看到生成的 APK 文件，如图 3-48 所示。将 APK 文件安装到手机或者模拟器上就可以运行 App 了。

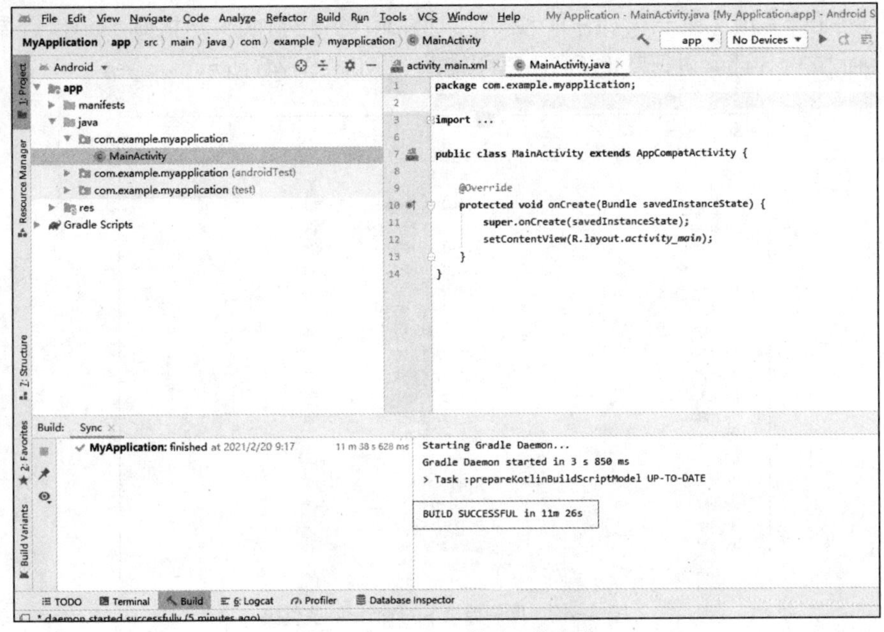

图 3-46　gradle 构建工作完成

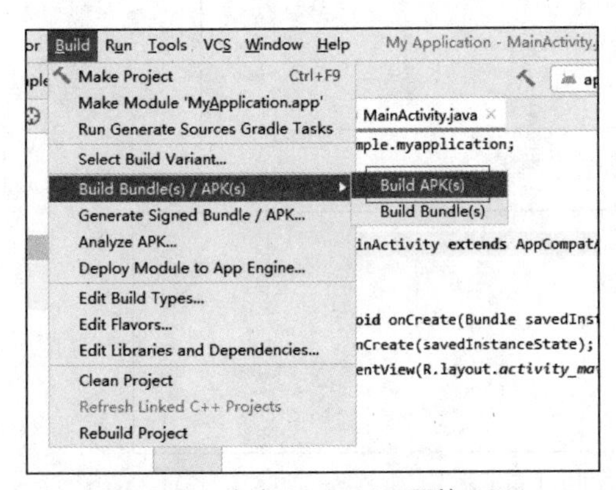

图 3-47　生成 Android 工程的 APK

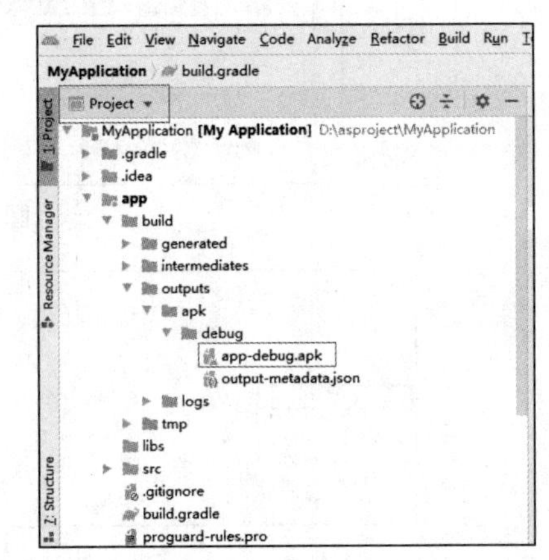

图 3-48　查看 APK 文件

3.5　任务 8：Android 模拟器配置

Android 工程创建好后，需要运行在 Android 设备上。在 Android Studio 中，可以将程序先放在模拟器上运行，测试完成并通过后，再接入真机。接下来将在 Android Studio 中创建一个虚拟的 Android 设备。

1．准备创建虚拟设备

单击右上角工具栏中的“AVD Manager”按钮，如图 3-49 所示。弹出图 3-50 所示的窗口，单击“Create Virtual Device”按钮，创建一个虚拟设备。

图 3-49　单击“AVD Manager”按钮

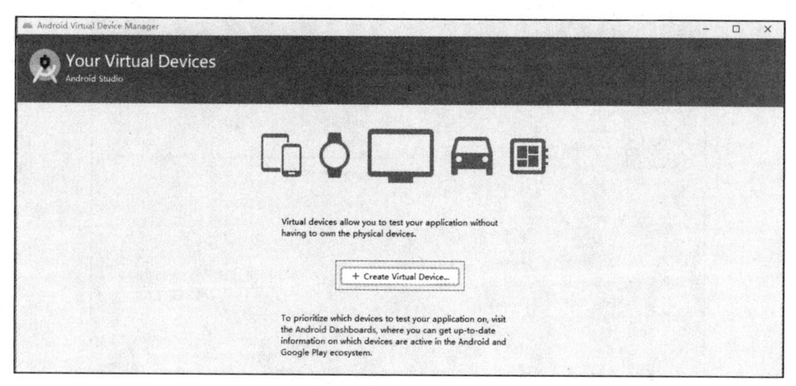

图 3-50　创建 Android 模拟器

2. 安装虚拟设备

弹出图 3-51 所示的对话框，选择虚拟设备类型、型号、尺寸、分辨率，单击“Next”按钮。弹出图 3-52 所示的对话框，下载虚拟设备需要对应的镜像操作系统（此处选择“Pie”），单击“Download”按钮。弹出图 3-53 所示的对话框，显示 License Agreement（协议许可），选择“Accept”单选项，单击“Next”按钮，等待安装，安装完成后单击“Finish”按钮，如图 3-54 所示。

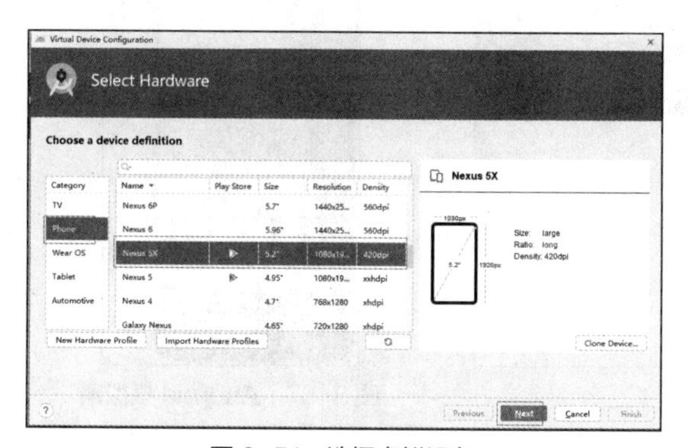

图 3-51　选择虚拟设备

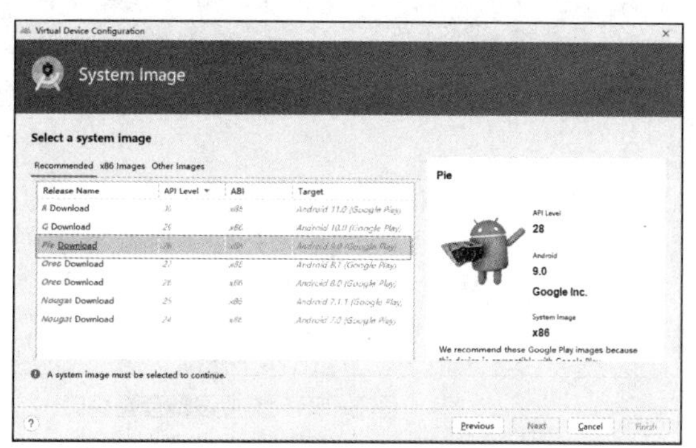

图 3-52　下载虚拟设备需要的镜像操作系统

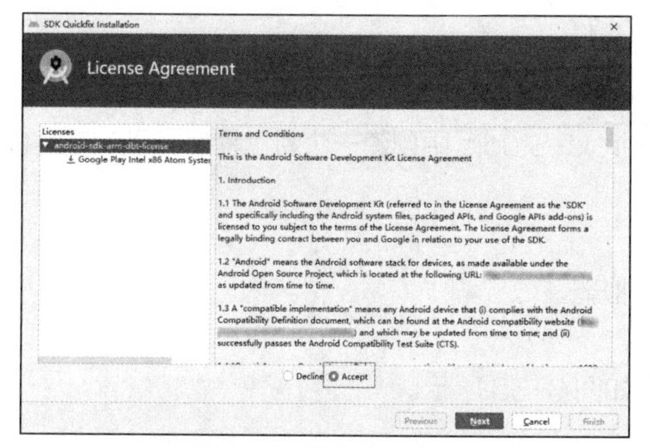

图 3-53　协议许可请求

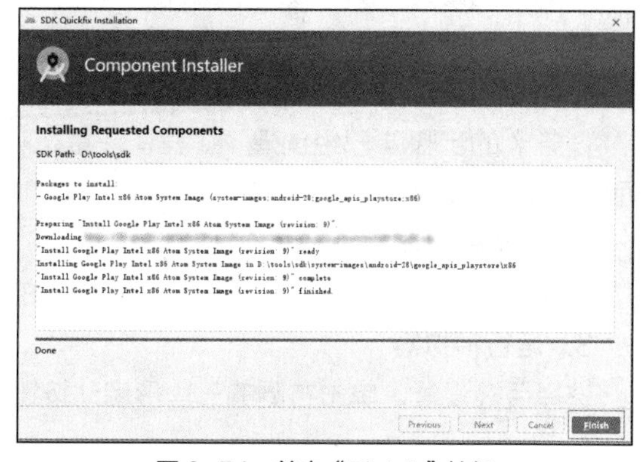

图 3-54　单击“Finish”按钮

出现图 3-55 所示的对话框，设置虚拟设备名称，单击“Finish”按钮。虚拟设备安装完成。

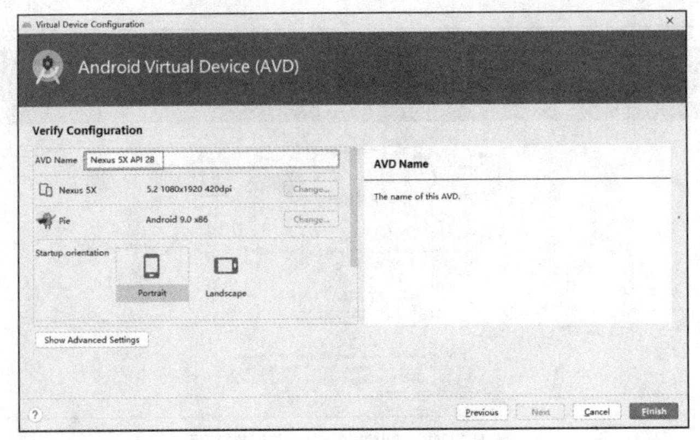

图 3-55　设置虚拟设备名称

3. 启动虚拟设备

再次单击“AVD Manager”按钮，打开虚拟设备查看窗口，如图 3-56 所示。成功启动虚拟设备后的效果如图 3-57 所示，那么一部使用 Android 9.0 操作系统的虚拟 Android 手机就配置成功了。

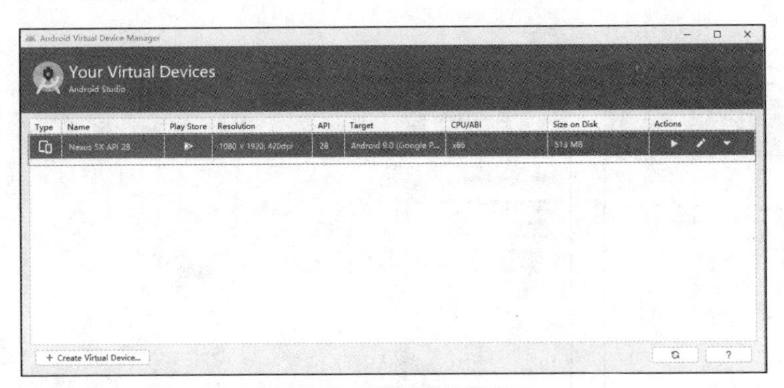

图 3-56　虚拟设备查看窗口

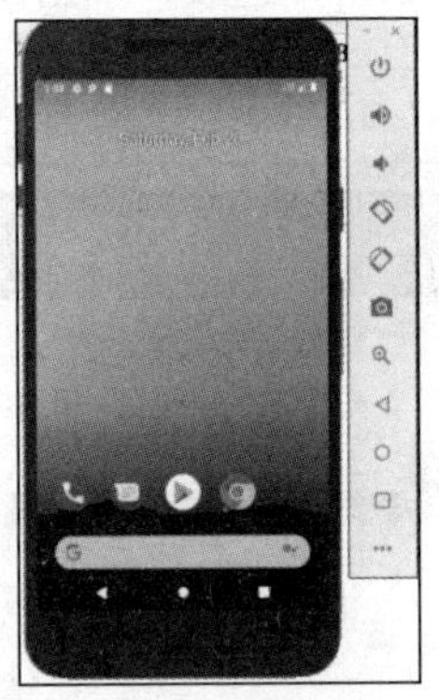

图 3-57　Android 模拟器

3.6 任务 9：运行工程

1. 创建工程

任务 7 的步骤 4 已经创建了工程。注意在 Android Studio 中创建一个新工程后，默认在空白界面中显示“HelloWorld！”字样。

2. 创建模拟器

任务 8 已经创建了一个 Android 9.0 版本的模拟器。

3. 运行模拟器

选择目标设备，单击右侧的三角形启动按钮，如图 3-58 所示。

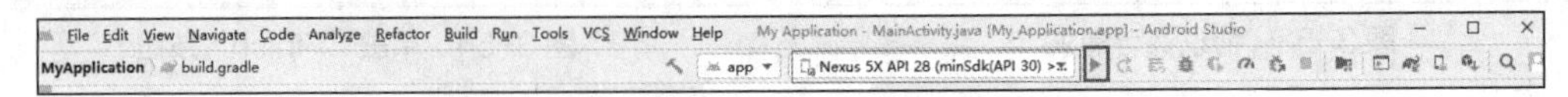

图 3-58　运行模拟器

此时需要注意，由于第一次创建工程时，选择的最小支持的操作系统是 Android 11.0，而现在要运行的目标设备的操作系统是 Android 9.0，所以需要更改最小支持的操作系统，打开“Android”视图下的 build.gradle 配置文件，修改配置，如图 3-59 所示。

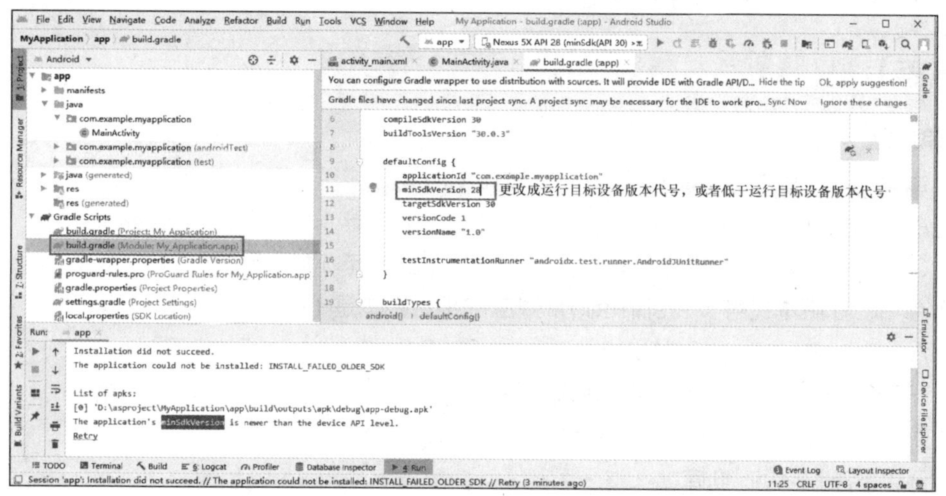

图 3-59　更改最小支持的操作系统版本

再次运行模拟器，此时 Android 应用程序成功运行到目标设备上，如图 3-60 所示。至此，Android App 开发需要的所有环境配置就设置完成了，剩下就是 App 的代码编写了。

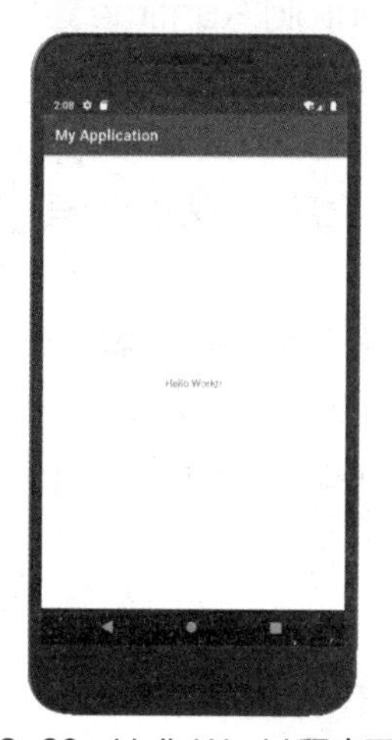

图 3-60　HelloWorld 程序开发

【项目小结】

本项目介绍了 Android 系统的基本信息、发展历史、版本代号、平台架构，以及 Android Studio 的重要设置、Android 工程的目录结构等内容；还介绍了 JDK 安装、Android Studio 安装与 SDK 配置、Android 模拟器配置等 Android 工程开发的整体环境搭建的内容，创建了第一个 Android 工程。那么接下来正式进入移动 App 的开发阶段，以具体的界面为例来介绍移动 App UI 交互开发。

【知识拓展】

Android Studio 中常用设置的具体截图与常用快捷键请从人邮教育社区下载学习。

【知识巩固】

1. 单选题

（1）最早的一个版本 Android 1.0 beta 发布的时间是（　　）

A. 2007 年 11 月 5 日　　B. 2017 年 11 月 5 日

C. 2010 年 11 月 5 日　　D. 2002 年 11 月 5 日

（2）Android 版本代号 Marshmallow 对应的平台版本是（　　）

A. 5.0　　B. 6.0　　C. 8.0　　D. 9.0

（3）下面对于 gradle 工具说明不正确的是（　　）。

A. gradle 是一个自动化构建工具

B. 兼容 Maven 仓库

C. 第一次安装 Android studio 会默认自动下载一个 gradle

D. 不同版本的 Android Studio 默认自动下载同一个版本的 gradle 工具来完成工程的构建

2. 填空题

（1）在 Android 5.0 版本之前，Android Runtime 运行时环境称之为________。

（2）Android 平台架构由________、________、________、________、________、________几部分组成。

（3）目前可用于开发 Android 应用程序的编程语言有________、________。

3. 简答题

（1）请简述 Android 工程的目录结构在不同视图窗口 Project 视图和 Android 视图的显示特点。

（2）请简述 Android 平台架构从高到低的几个层次。

（3）请简述第一次安装 Android Studio，在下载 gradle 工具时网络连接卡住不动的解决办法。

【项目实训】

根据本项目所学内容，在自己的计算机上完成 Android Studio 的安装与环境配置。

项目4 移动App UI交互开发基础

04

【学习目标】

1. 知识目标

（1）学习线性布局与相对布局以及常用 UI 控件的使用方法。
（2）学习 selector、shape 的使用方法。
（3）学习 Toast 与 Log 的使用方法。
（4）学习清单文件 AndroidManifest.xml 的配置方法。
（5）学习 Activity 生命周期的概念。
（6）学习 Activity 之间跳转的方法。
（7）学习 ViewPager、Handler 的使用方法。
（8）学习子线程与 UI 主线程的概念与通信方法。
（9）学习 Fragment、RecyclerView 的使用方法。
（10）学习 Glide 网络图片加载框架的使用方法。
（11）学习 WebView 的基本使用方法。

2. 技能目标

（1）具备实现移动 App 界面布局的能力。
（2）具备移动 App 界面美化的能力。
（3）具备添加按钮点击事件、消息提示的能力。
（4）具备开发滑动引导页的能力。
（5）具备开发界面跳转功能的能力。
（6）掌握使用 Fragment 配合 RadioButton 实现底部导航栏布局的方法。
（7）掌握使用 RecyclerView 实现 List 列表和 Gird 列表（网格），并且实现数据的渲染与上拉加载、下拉刷新功能的方法。
（8）具备开发 banner 的能力。
（9）具备开发对话框的能力。
（10）具备对 RecyclerView 中的条目点击事件进行处理的能力。
（11）具备实现 Activity 跳转并传递参数的能力。

3. 素养目标

（1）培养团队协同开发的合作精神。

（2）培养良好的代码书写习惯，具备代码开发的专业知识、技术及操作经验。

（3）树立勤勉的工作态度，提高职业技能，培养敬业精神。

（4）通过代码开发解决需求，培养数字化思维，树立数字强国信念。

（5）注重实践创新，紧密结合实践进行创新。

【项目概述】

项目 3 中已经搭建好了 Android 开发环境，为移动 App 开发做好了准备。

前面已经完成了图书资源App的界面设计，但是这些仅仅是界面原型的概念图，并不是一个实体App，接下来需要将原型图转化成实体 App。转化的第一步就是对照着产品需求文档与产品原型，进行 UI 开发。

本项目将完成图书资源 App 核心界面的开发，包括登录界面、引导与欢迎界面、主界面、详情界面，介绍 Android 的视图、布局、组件等 UI 开发内容。

【思维导图】

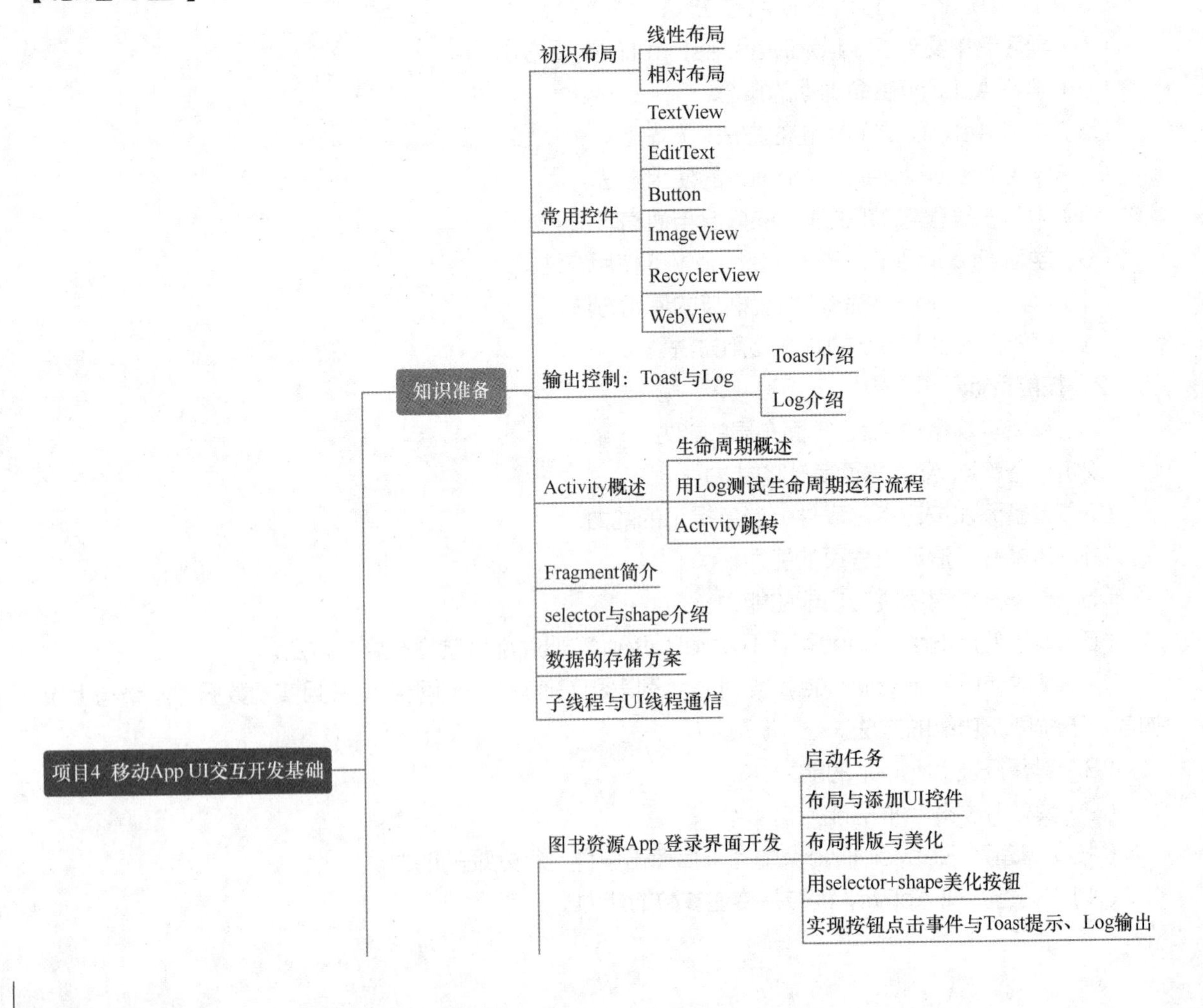

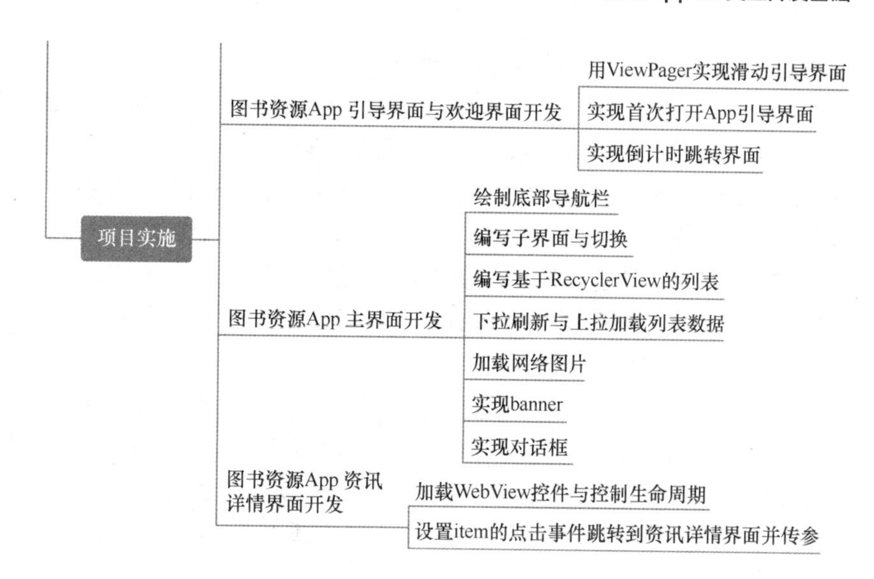

【知识准备】

4.1 初识布局

在 Android 开发中，UI 可以采用纯 Java 代码进行编写，这种编写方式过于复杂，一般只有特定场景会使用。通常都是采用 xml 布局的方式来编写 UI，即向布局文件中添加各种 UI 控件（如文本、图片、按钮等）来呈现内容，添加各种布局容器（如线性布局、相对布局、约束布局等）对 UI 组件（控件）进行排版，设置 UI 控件和布局容器的各种属性（如排列方式、颜色、大小、间距等）来美化界面，这样就能编写出各种各样漂亮的 UI。

布局文件都默认统一存放在工程的 res/layout 目录下，打开新建的登录界面的布局文件 activity_login.xml，掌握布局文件默认信息，系统默认生成的布局代码如下：

```
<?xml version="1.0" encoding="utf-8"?>
<androidx.constraintlayout.widget.ConstraintLayout xmlns:android="http://schemas.android.com/apk/res/android"
    xmlns:app="http://schemas.android.com/apk/res-auto"
    xmlns:tools="http://schemas.android.com/tools"
    android:layout_width="match_parent"
    android:layout_height="match_parent"
    tools:context=".LoginActivity">
</androidx.constraintlayout.widget.ConstraintLayout>
```

由代码 androidx.constraintlayout.widget.ConstraintLayout 可知，此界面默认使用约束布局，该 xml 标签成对出现，xmlns 定义了命名空间，该布局文件定义了 android、app、tools 这 3 个命名空间。要了解 xml 标签和命名空间的概念，请自学 xml 基础知识。androidx 为 Android 9.0 之后的最新库，并向后兼容各个版本的 Android。此时只定义了一个布局文件，内部并未添加任何 UI 控件，呈现的是一个空白界面。

代码 tools:context=".LoginActivity"不会参与代码编译打包到 apk 中，tools 命名空间指定的属性都不会参与代码编译。它主要用于在开发过程中辅助预览效果的调试，这句代码指定了预览过程中该 XML 文件指定渲染 LoginActivity。

android:layout_width 和 android:layout_height 采用 android 命名空间，它定义的属性都会参与代码编译，这里的 layout_width 属性和 layout_height 属性分别代表该布局的宽度和高度。match_parent 表示让当前控件的大小和父布局的大小一样，也就是由父布局决定当前控件的大小。这里只有一个布局，它就是 root（根）布局，当它的宽度和高度均设置为 match_parent 的时候，代表它占满整个手机的屏幕。一般情况下，根布局的宽度和高度都设置为 match_parent。宽度和高度还有一个属性值为 wrap_content，表示让当前控件的大小能够刚好包含里面的内容，也就是由控件内容决定当前控件的大小。

除了默认的 ConstraintLayout（约束布局），Android 中还有 LinearLayout（线性布局）、RelativeLayout（相对布局）、TableLayout（表格布局）、FrameLayout（帧布局）、AbsoluteLayout（绝对布局）、GridLayout（网格布局），而经常使用的就是线性布局、相对布局、帧布局。图书资源 App 中主要使用线性布局和相对布局，所以重点对这两个布局进行介绍。

4.1.1 线性布局

线性布局，顾名思义，指的是整个 Android 布局中的控件是以线性的方式排列的，有纵向和横向两种排列方式，即在线性布局内部的 UI 控件要么横着排列，要么竖着排列。

线性布局的常见属性如图 4-1 所示。

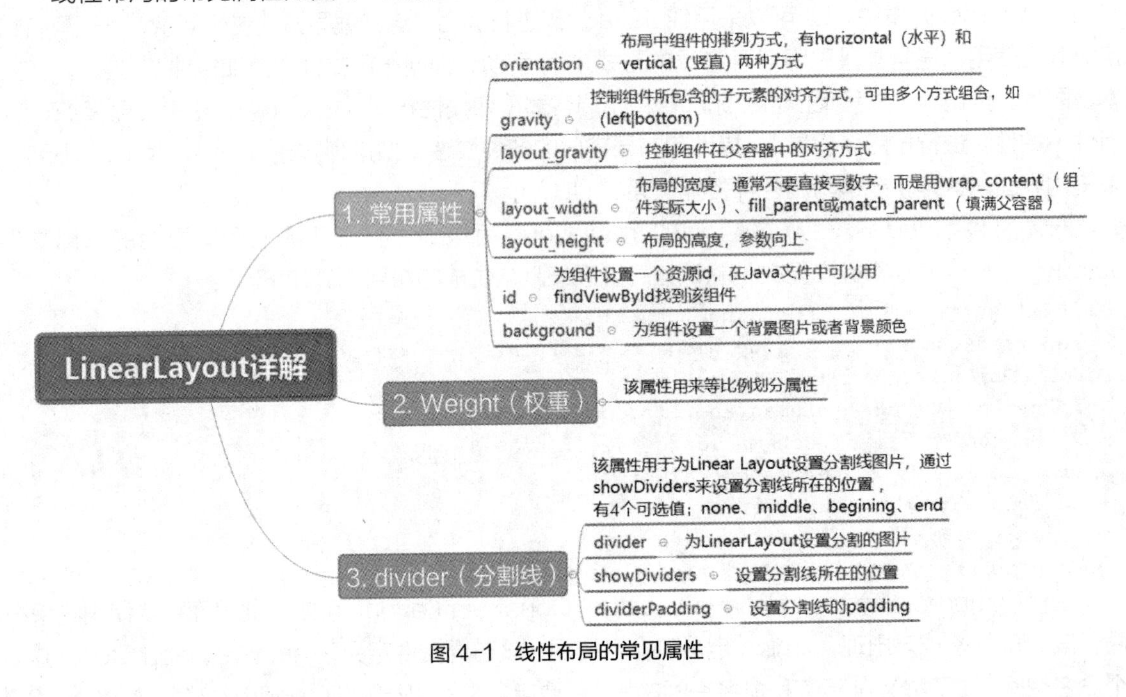

图 4-1 线性布局的常见属性

4.1.2 相对布局

相对布局按照各子元素之间的位置关系完成布局，其常见属性如图 4-2 所示。相对布局常根据父容器或兄弟组件定位，兄弟组件定位示意图如图 4-3 所示，父容器定位示意图如图 4-4 所示。

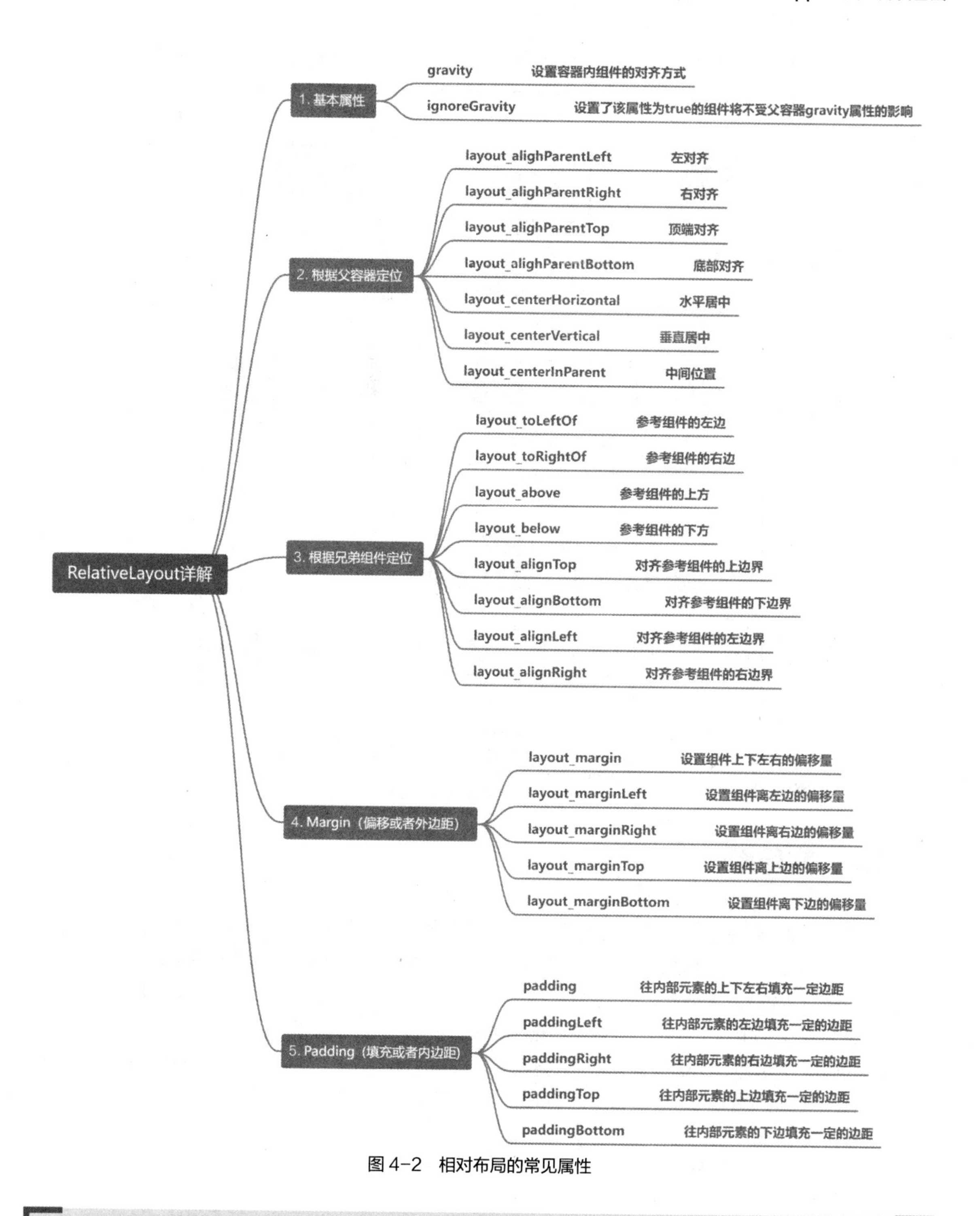

图 4-2　相对布局的常见属性

注意　android:gravity 是指本元素的子元素相对它的对齐方式；android:layout_gravity 是指本元素相对它的父元素的对齐方式。

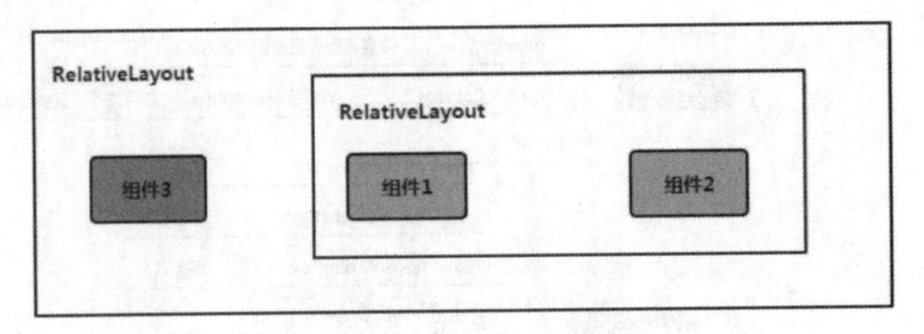

图 4-3　兄弟组件定位示意图

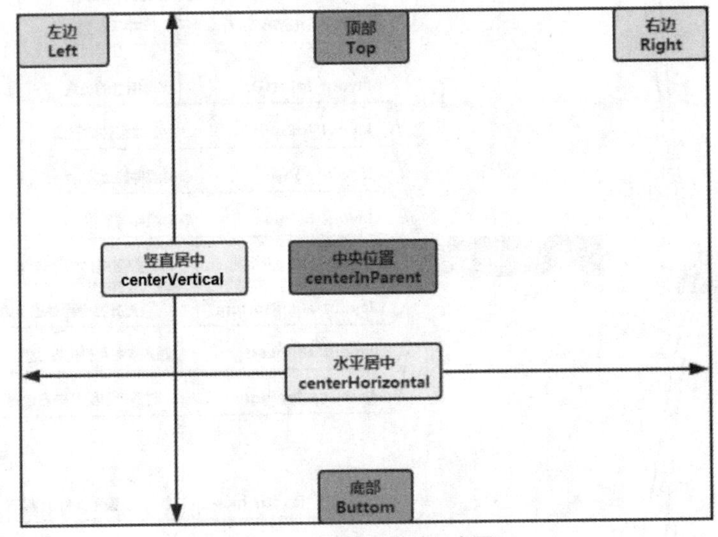

图 4-4　父容器定位示意图

4.2 常用控件

Android 有一些常用的控件，这些控件共同完成界面。控件是组件的一种，在编程领域内，组件是一个可以复用并可以和其他对象交互的对象，而控件是一个提供或实现了图像界面的组件。所以组件比控件涵盖的范围要广。总之，控件不仅是可以“复用”的模块，而且还有“外形”。平常看到的除 UI 对象（菜单、工具栏、快捷键）之外的程序子窗体都可以称为控件，例如按钮、标签、单选框、复选框、列表等。图书资源 App 中要用到的控件主要有 TextView（文本控件）、ImageView（图片控件）、EditText（输入框控件）、Button（按钮控件）。

4.2.1 TextView

TextView 是文本控件，用于显示文字，它继承 android.view.View，在 android.widget 包中。TextView 的常用属性如图 4-5 所示。

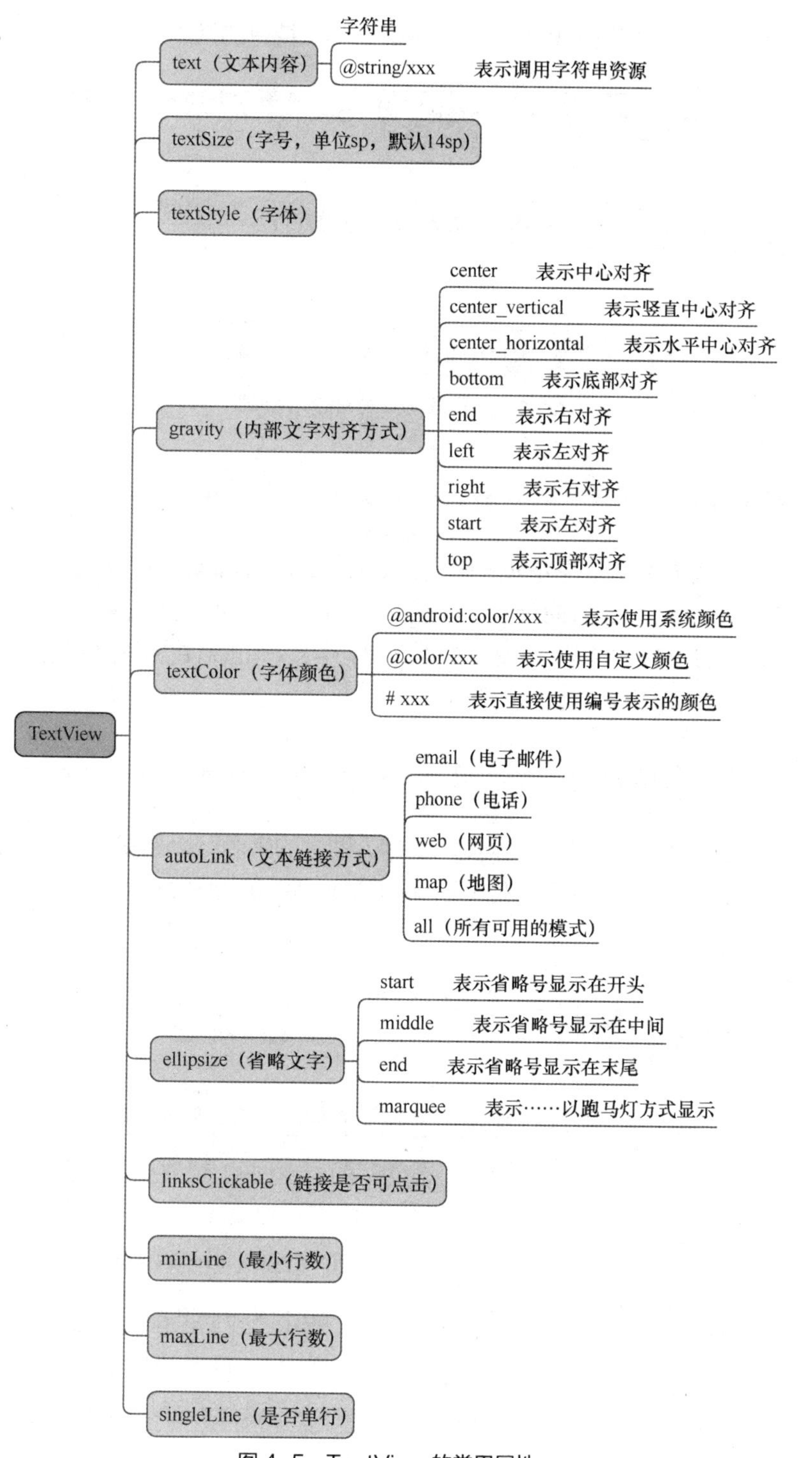

图 4-5　TextView 的常用属性

4.2.2　EditText

EditText 是输入框控件，可编辑，可设置软键盘方式，它继承 android.widget.TextView，在

android.widget 包中，其大部分属性与 TextView 一样，特有的常用属性如图 4-6 所示。

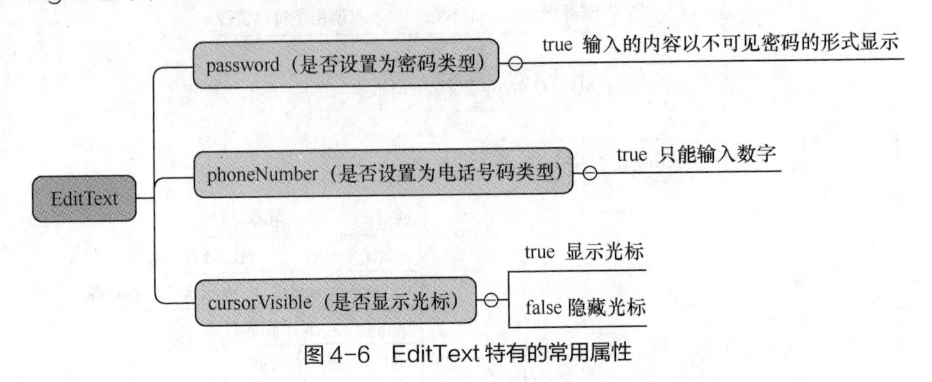

图 4-6　EditText 特有的常用属性

4.2.3　Button

Button 是常见的按钮控件，它继承 android.widget.TextView，在 android.widget 包中。它的常用子类有 CheckBox、RadioButton、ToggleButton。Button 的 UI 属性与 TextView 类似。

在使用 Button 实现点击效果时，需要在 Activity 中为 Button 的点击事件注册一个监听器，具体的实现方法将在任务 10 中介绍。

4.2.4　ImageView

ImageView 是图片视图控件，用于显示图片，图片的来源可以是资源文件中的 id，也可以是 Drawable 对象或者位图对象，还可以是 ContentProvider 的 URI。ImageView 特有的常用属性如图 4-7 所示。

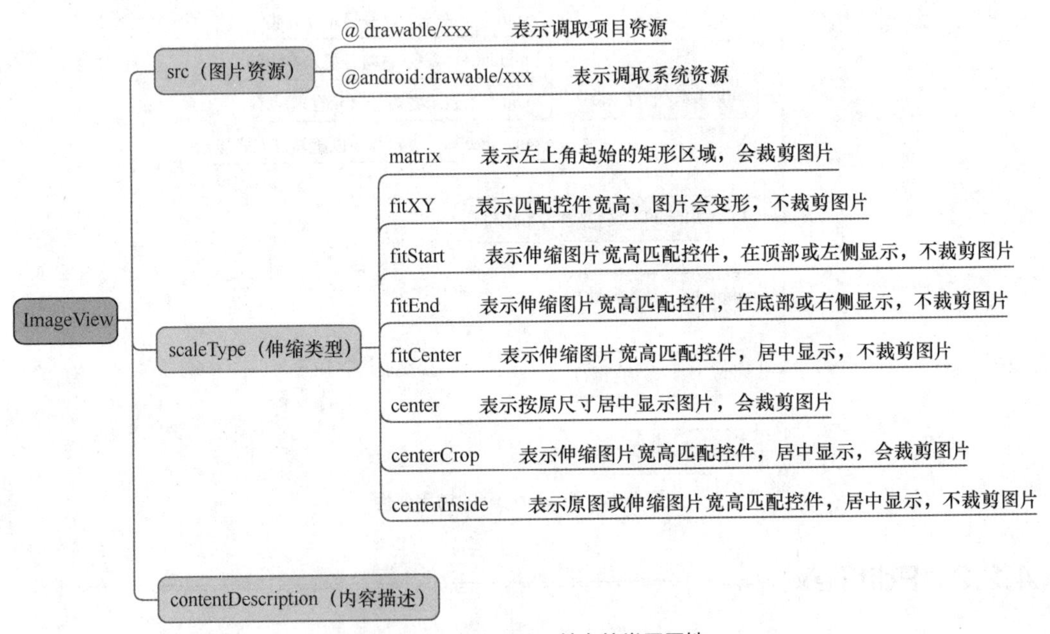

图 4-7　ImageView 特有的常用属性

4.2.5 RecyclerView

RecyclerView 是翻页指示器控件。从 Android 5.0 开始，Google 公司推出了一个用于展示大量数据的新控件，即 RecyclerView，它可以用来代替传统的 ListView（列表视图控件）和 GridView（网格视图控件），更加强大和灵活。

RecyclerView 的官方定义是："RecyclerView is a flexible view for providing a limited window into a large data set."。从定义可以看出，flexible（可扩展性）是 RecyclerView 的特点。RecyclerView 是 support-v7 包中的新控件，是一个强大的滑动控件，与经典的 ListView 相比，同样拥有 item 回收复用的功能，这一点从它的名字 RecyclerView（回收 View）也可以看出。RecyclerView 不仅可以实现数据纵向滚动，还可以实现数据横向滚动（ListView 做不到横向滚动）。RecyclerView 的常用属性如图 4-8 所示。

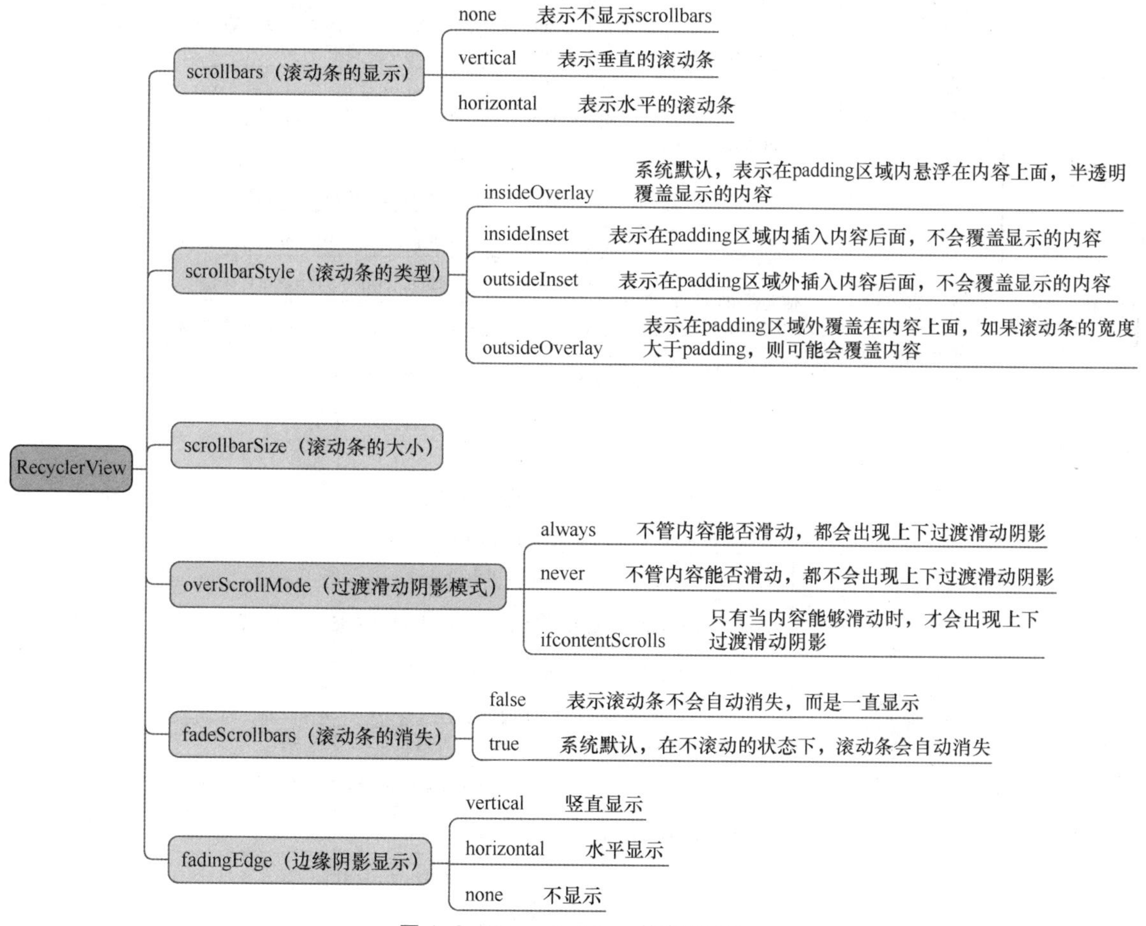

图 4-8 RecyclerView 的常用属性

由于 Android SDK 中自带的 RecyclerView 不具备下拉刷新数据、上拉加载数据的功能，需要自己编写代码来实现，因此有很多开源项目已经进一步封装好了该功能，于是本项目直接引用一个开源库来实现 App 需求中的图书列表功能。

4.2.6 WebView

WebView 是网页视图控件，是 Android 系统中的原生控件，其主要功能是与前端界面进行响应交互，快捷地实现如期的功能，相当于增强版的内置浏览器。使用时需要在配置文件里设置网络权限，定义布局大小和样式，绑定和操作控件。WebView 的常见属性如图 4-9 所示。

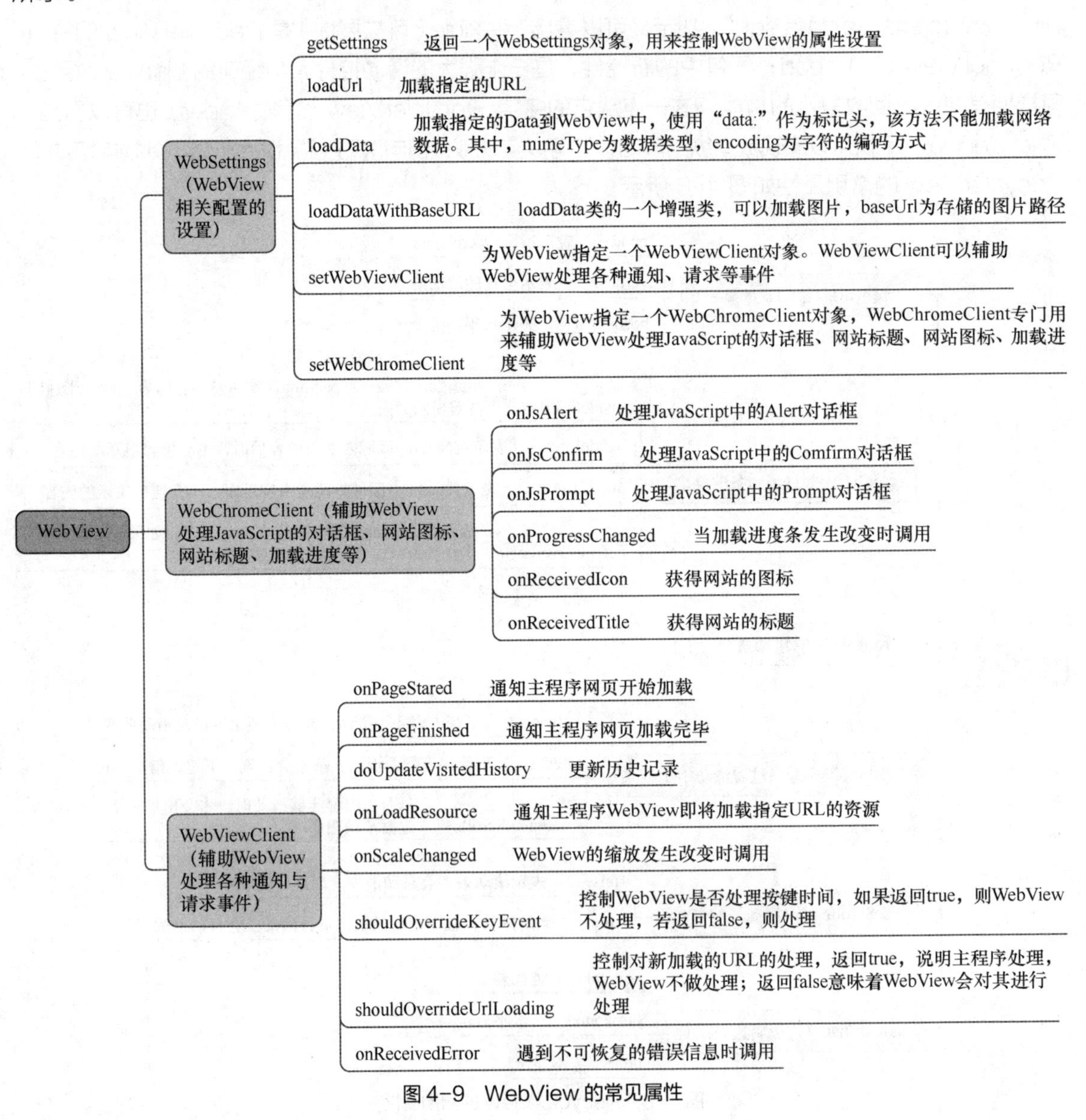

图 4-9 WebView 的常见属性

4.3 输出控制：Toast 与 Log

在 Android 开发过程中，经常用 Toast 与 Log 来测试代码。Toast 与 Log 是常用的工具类，Toast

用于进行消息提示，Log 可输出程序运行中的过程和变量，以辅助代码调试和理解程序的运行。

4.3.1 Toast 介绍

Toast 是 Android 中用来显示信息的一种机制，它没有焦点，而且信息显示的时间有限，过一段时间就会自动消失。

Toast 的用法非常简单，调用静态方法 makeText()创建一个 Toast 对象，然后调用 show()将 Toast 对象显示出来就可以了。代码结构如下：

```
Toast.makeText(Context context,CharSequence text,int duration).show()
```

makeText()方法需要传入 3 个参数：第一个参数是 Context，也就是 Toast 要求的上下文对象，由于活动本身就是一个 Context 对象，因此这里直接传入 this 即可；第二个参数是 Toast 显示的文本内容；第三个参数是 Toast 显示的时长，有两个内置常量（Toast.LENGTH_SHORT 和 Toast.LENGTH_LONG）可以选择。

4.3.2 Log 介绍

Log 是 Android 中的日志工具类，Log 类有以下 5 个方法。

（1）Log.v(String tag, String msg)：详细信息，级别为 verbose。

（2）Log.d(String tag, String msg)：调试信息，级别为 debug。

（3）Log.i(String tag, String msg)：重要信息，级别为 info。

（4）Log.w(String tag, String msg)：警告信息，级别为 warn。

（5）Log.e(String tag, String msg)：错误信息，级别为 error。

一般 tag 为类名，msg 为内容。在 Android Studio 中查看日志的界面如图 4-10 所示。Log 的具体使用方法后面将会介绍。

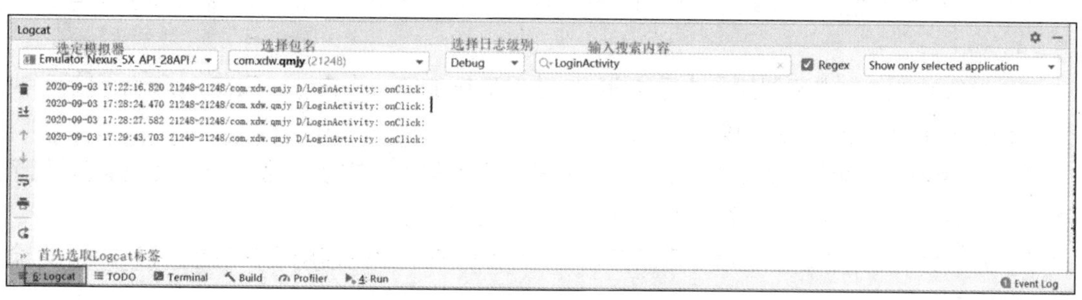

图 4-10 查看日志的界面

知识拓展 在 Android Studio 中，在方法的外面输入“logt”，然后按 Tab 或者 Enter 键，IDE 会自动补全，该快捷键是生成一个 String 类型的 Tag 常量，内容为类名。要输出 5 种日志，可以分别输入“logi”“logd”“logv”“logw”“loge”，然后按 Tab 或者 Enter 键自动补全。

4.4 Activity 概述

Activity 是 Android 组件中最基本和最常用的四大组件（Activity、Service、ContentProvider、BroadcastReceiver）之一，意为“活动”。Activity 是一个 App 的组件，它在屏幕上提供了一个区域，允许用户在其中做一些交互性的操作，例如打电话、拍照、发送邮件，或者显示一张地图。Activity 可以理解成一个绘制用户界面的窗口，这个窗口可以填满整个屏幕，也可以比屏幕小或者浮动在其他窗口的上方。简单来说，Activity 用于显示用户界面，用户通过 Activity 交互完成相关操作。一个 App 允许有多个 Activity。

4.4.1 生命周期概述

生命周期概述

在 Android 中，Activity 拥有以下 4 种基本状态。

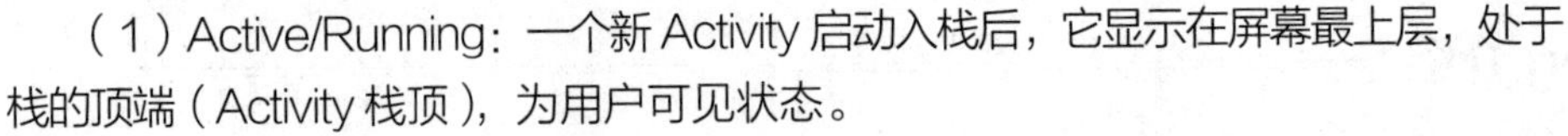

（1）Active/Running：一个新 Activity 启动入栈后，它显示在屏幕最上层，处于栈的顶端（Activity 栈顶），为用户可见状态。

（2）Paused：当 Activity 失去焦点，被一个新的非全屏的 Activity 或者一个透明的 Activity 放置在栈顶时的状态叫作暂停状态。虽然依旧处于用户可见状态，但是已经失去界面焦点，所以此 Activity 无法与用户进行交互。

（3）Stopped：一个 Activity 被另外的 Activity 完全覆盖，此时的状态叫作停止状态。用户看不到当前界面，也无法与其进行交互。

（4）Killed：如果一个 Activity 是 Paused 或者 Stopped 状态，则系统可以将该 Activity 从内存中删除。Android 系统可以采用两种方式进行删除，要么要求该 Activity 结束，要么直接终止该 Activity 的进程。当该 Activity 再次显示出来让用户看见时，它必须重新开始和重置前面的状态。

图 4-11 详细而直观地表现了 Activity 各生命周期间的关系。Activity 生命周期主要包含以下方法。

（1）onCreate()：表示创建，这是 Activity 生命周期的第一个方法，只在 Activity 创建时执行一次，此时 Activity 还在后台，故不可见。

（2）onStart()：表示启动，这是 Activity 生命周期的第二个方法，此时 Activity 已经可见了，但是还没出现在前台，所以用户看不到，无法与 Activity 交互。

（3）onResume()：表示继续、重新开始，Activity 在这个阶段出现在前台并且可见。这个阶段可以打开独占设备。

（4）onPause()：表示暂停，当 Activity 要跳到另一个 Activity 或 App 正常关闭时都会执行这个方法，此时 Activity 在前台并可见。

（5）onStop()：表示停止，此时 Activity 不可见，但是 Activity 对象还在内存中，没有被销毁。

（6）onDestroy()：表示毁灭，这个阶段 Activity 被销毁，不可见，资源被释放。

（7）onRestart()：表示重新开始，Activity 此时可见，用户按 Home 键切换到桌面后又切回来或者从后一个 Activity 切回前一个 Activity 就会触发这个方法。

图 4-11 中 Activity 生命周期有 3 个关键的循环。

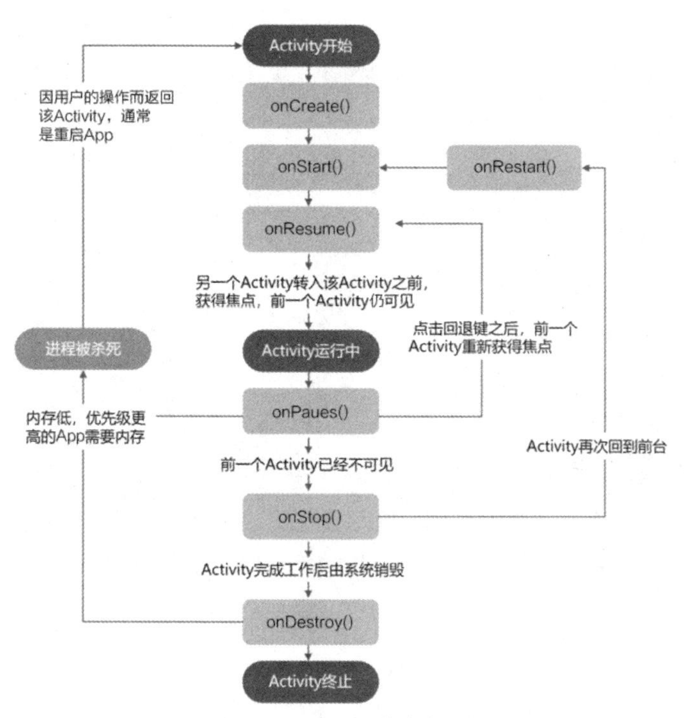

图 4-11　Activity 的生命周期

① 整个生命周期：从 onCreate()开始到 onDestroy()结束。

② 可见的生命周期：从 onStart()开始到 onStop()结束。

③ 前台的生命周期：从 onResume()开始到 onPause()结束。

注意　（1）onPause()和 onStop()被调用的前提是打开了一个新的 Activity，调用前者时旧 Activity 还可见，调用后者时旧 Activity 已经不可见。

（2）对话框弹窗（AlertDialog 和 PopWindow）是不会触发上述两个回调方法的。

4.4.2　用 Log 测试生命周期运行流程

为了更好地理解 Activity 的生命周期，可以在各个生命周期方法中添加输出语句，然后运行程序，通过观察日志内容来理解生命周期的执行流程。修改 LoginActivity.java 中的部分内容，代码如下：

```
@Override
protected void onStart() {
    Log.i("xdw", "onStart");
    super.onStart();
}
@Override
protected void onPause() {
    Log.i("xdw", "onPause");
    super.onPause();
}
```

```
@Override
protected void onStop() {
  Log.i("xdw", "onStop");
  super.onStop();
 }
 @Override
 protected void onResume() {
   Log.i("xdw", "onResume");
   super.onResume();
 }
 @Override
 protected void onDestroy() {
   Log.i("xdw", "onResume");
   super.onDestroy();
 }
```

通过 Log 来演示 Activity 的生命周期，编写完代码之后运行代码，Logcat 截图如图 4-12 所示，通过操作手机的 Home 键和返回键，结合 Logcat 中的内容来观察生命周期的切换。

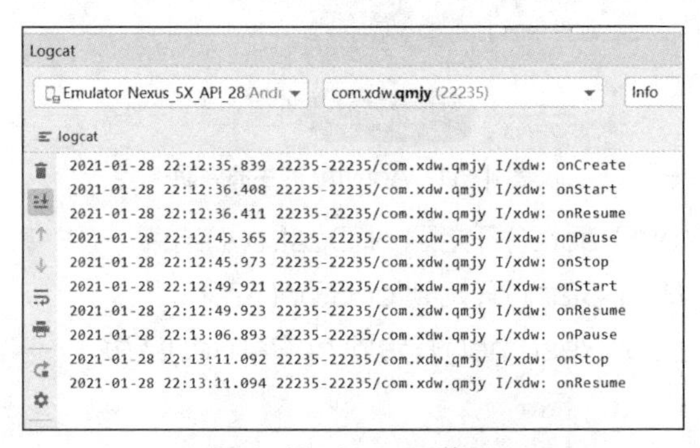

图 4-12 Logcat 截图

4.4.3 Activity 跳转

当 App 中有多个界面时，则需要多个 Activity。在 Android 中可以通过两种方式来启动一个新的 Activity，分别为显式启动和隐式启动。注意这里是怎么启动的。

本书的图书资源 App 采用显式启动，这是最常见的一种启动方式，通过类名来启动，实现 Activity 跳转，采用伪代码描述如下：

```
Intent intent=new Intent(当前Act.this,要启动的Act.class);
startActivity(intent);
```

而隐式启动的不同之处在于需要为 intent 添加过滤器 intentfilter，由于本书没有用到该方法，所以此处不进行详细介绍。

4.5 Fragment 简介

Android 运行在各种各样的设备中，有小屏幕的手机，还有大屏幕的平板电脑、电视机等。同样的界面显示在手机上可能很好看，显示在大屏幕的平板电脑上就未必了，可能会出现界面过分被拉长、控件间距过大等情况。针对屏幕尺寸的差距，使用 Fragment 能使一个 App 同时适应手机和平板电脑。Fragment 简称碎片，是 Android 3.0（API 11）提出的一种可以嵌入 Activity 当中的 UI 片段。

Fragment 是依赖于 Activity 的，不能独立存在。一个 Activity 里可以有多个 Fragment，一个 Fragment 可以被多个 Activity 重用。Fragment 有自己的生命周期，并能接收输入事件。开发者能在 Activity 运行时动态地添加或删除 Fragment。

Fragment 的优势有以下几点。

- 模块化（Modularity）：不要把所有代码全部写在 Activity 中，而是把代码写在各自的 Fragment 中。
- 可重用（Reusability）：多个 Activity 可以重用一个 Fragment。
- 可适配（Adaptability）：根据硬件的屏幕尺寸、屏幕方向，能够方便地实现不同的布局，这样用户的体验更好。

本项目的任务 12 中将用 Fragment 开发主界面。

4.6 selector 与 shape 介绍

在 Android 的 XML 文件中，常使用 selector（选择器标签）来定义组件的背景颜色，用 shape（形状标签）来设置控件的形状。selector 与 shape 常搭配使用。

在用 selector 定义组件的背景颜色时，颜色的选择取决于自身当前的状态，共有 pressed、focused、selected、checkable、checked、enabled、window_focused 和 default 这 8 种状态，View 对象的每一种状态可以设置不同的背景颜色。根据状态匹配颜色的规则是：根据当前对象的状态，在 selector 集合中从上到下进行匹配，被匹配到的第一项的颜色作为对象的背景颜色。

shape 有 rectangle（矩形）、oval（椭圆形）、line（线形）、ring（圆环）这些形状，有 corners（圆角）、gradient（渐变）、padding（内部边距）、size（大小）、solid（填充色）、stroke（描边）这些基本属性。

4.7 数据的存储方案

在 Android 开发中，经常需要将少量简单类型数据保存在本地，如用户设置。Android 提供了一系列方案方便持久化保存 App 的数据，根据需求选择对应的方式即可。

数据存储方案共有以下 5 种。

（1）Shared Preferences：首选项存储，保存私有的、简单的 key-value（键值对）数据，这些数据存储在 App 内部。

（2）Internal Storage：内部存储，保存私有数据到设备的内存中，在 App 内部存储。

（3）External Storage：外部存储，保存公有数据到共享的外部存储设备上，如 SD 卡，手机上的 App 都可以访问与获取这些数据。

（4）SQLite Databases：SQLite 数据库，结构化存储私有数据到 SQLite 数据库上，每个 App 都提供一个私有化的 SQLite 数据库来存储二维表结构的数据信息，这些数据存储在 App 内部。

（5）NetWork Connection：网络存储，借助网络将数据保存到网络服务器上。

Shared Preferences 适用于保存简单的数据，因为它只支持基本数据类型的存储，如 String 类型，具体的使用场景一般有：保存一些 App 的简单配置信息，保存用户名和密码等。具体场景应该根据需求来确定。本项目任务 11 中要求采用它来记录 App 是否是首次启动。

4.8 子线程与 UI 线程通信

Android 系统采用单线程模型，当一个程序第一次启动时，Android 会同时启动一个对应的主线程（Main Thread），主线程主要负责处理与 UI 相关的事件，例如，用户的按键事件、用户接触屏幕的事件以及屏幕绘图事件，并把相关的事件分发给对应的组件进行处理。主线程通常又称为 UI 线程。

在开发 Android 应用时必须遵守单线程模型的原则：Android UI 操作并不是线程安全的，并且这些操作必须在 UI 线程中执行。

如果在非 UI 线程中直接操作 UI 线程，则会抛出异常“android.view.ViewRoot$CalledFromWrongThreadException: Only the original thread that created a view hierarchy can touch its views.”，这与普通的 Java 程序不同。

由于 UI 线程负责事件的监听和绘图，因此，必须保证 UI 线程能够随时响应用户的请求，UI 线程里的操作应该像中断事件那样短小，费时的操作（如网络连接）需要另外设置线程，否则，如果 UI 线程超过 5 秒没有响应用户的请求，就会弹出对话框提醒用户终止应用程序。

如果在新开的线程中需要对 UI 进行设定，就可能违反单线程模型，因此，Android 采用一种复杂的 Message Queue 与 Handler 消息机制保证线程间的通信。本项目中采用“第三方网络请求框架”和“第三方图片请求框架”来实现网络请求和加载图片的功能，因为其内部已经实现了消息机制，所以这里就不深入讲解 Handler 消息机制了。

【项目实施】

4.9 任务 10：图书资源 App 登录界面开发

本任务是开发登录界面，根据之前设计的原型图进行开发。本任务的最终效果如图 4-13 所示，登录界面包含用户名、密码的输入框，并包含 Logo、登录方式等图标。

图 4-13　登录界面效果图

1. 启动任务

启动任务

在正式进行界面开发之前，需要完成创建工程、添加界面、建立布局等工作。具体内容如下。

（1）创建一个工程，命名为“Qmjy”。

创建工程的方法之前已经讲解过，这里不重复讲解。

（2）新建一个登录界面 LoginActivity。

按照图 4-14 所示进行操作，依次选择菜单栏中的“File”>“New”>“Activity”>“Empty Activity”选项，会出现图 4-15 所示的对话框，设置 Activity 名称为“LoginActivity”，然后单击“Finish”按钮。

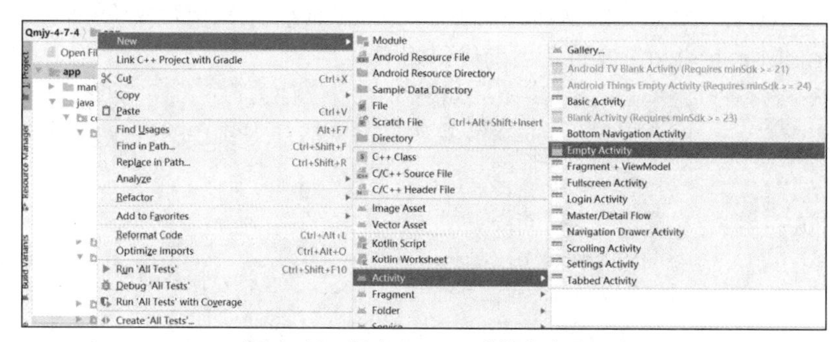

图 4-14 新建 Activity 的操作步骤 1

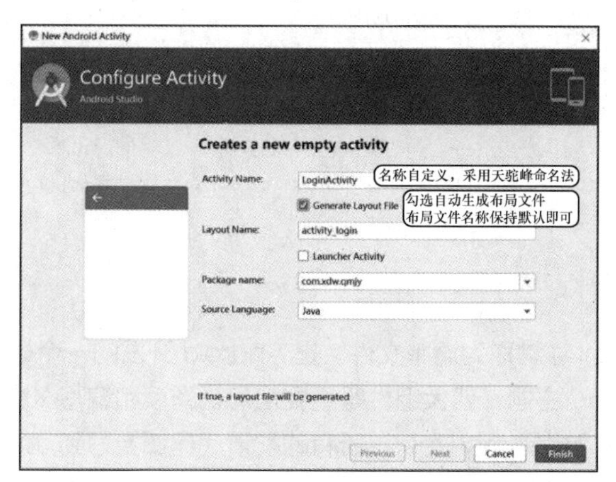

图 4-15 新建 Activity 的操作步骤 2

（3）给布局文件添加一个文本控件。

将 MainActivity 的布局文件中的整个 TextView 复制到 LoginActivity 的布局文件 activity_login.xml 文件中，将 TextView 中的 text 属性值修改为“我是登录界面”，代码如下：

```
1  <?xml version="1.0" encoding="utf-8"?>
2  <androidx.constraintlayout.widget.ConstraintLayout
3  xmlns:android="http://schemas.android.com/apk/res/android"
4   xmlns:app="http://schemas.android.com/apk/res-auto"
5   xmlns:tools="http://schemas.android.com/tools"
6   android:layout_width="match_parent"
7   android:layout_height="match_parent"
8   tools:context=".LoginActivity">
9   <TextView
10   android:layout_width="wrap_content"
11   android:layout_height="wrap_content"
12   android:text="我是登录界面"
13   app:layout_constraintBottom_toBottomOf="parent"
14   app:layout_constraintLeft_toLeftOf="parent"
15   app:layout_constraintRight_toRightOf="parent"
16   app:layout_constraintTop_toTopOf="parent" />
17  </androidx.constraintlayout.widget.ConstraintLayout>
```

（4）修改 App 的启动入口。

现在 App 的启动入口还是之前默认创建的 MainActivity，需要进行修改。

打开 AndroidManifest.xml 文件，目前代码如下：

```
1  <?xml version="1.0" encoding="utf-8"?>
2  <manifest xmlns:android="http://schemas.android.com/apk/res/android"
3     package="com.xdw.qmjy">
4     <application
5       android:allowBackup="true"
6       android:icon="@mipmap/ic_launcher"
7       android:label="@string/app_name"
8       android:roundIcon="@mipmap/ic_launcher_round"
9       android:supportsRtl="true"
10       android:theme="@style/AppTheme">
11       <activity android:name=".LoginActivity"></activity>
12       <activity android:name=".MainActivity">
13        <intent-filter>
14          <action android:name="android.intent.action.MAIN" />
15          <category android:name="android.intent.category.LAUNCHER" />
16       </intent-filter>
17      </activity>
18    </application>
19  </manifest>
```

AndroidManifest.xml 通常称为清单文件，是 Android 开发的一个核心配置文件，里面通常配置 App 的名称、桌面图标、主题、四大组件等重要信息。阅读和编写 XML 文件时一定要注重它的层级结构，清单文件的根元素是 manifest，所有的配置代码都要写到 manifest 内部。

第 3 行代码指定了程序的包名，第 4 行到第 18 行代码定义了一组 application 元素信息，它代表整个 App。

第 5 行代码中的 allowBackup 属性如果设置为 true，则代表允许用户备份系统应用、第三方应用的 apk 安装包和应用数据，以便在刷机或者数据丢失后，用户可通过 adb backup 和 adb restore 命令来进行数据的备份和恢复。该属性的默认值就是 true，即删除该属性或不配置该属性代表将其设置为了 true。而在实际项目开发中，为了安全，通常会将该属性设置为 false。例如用户的通讯录或者支付宝等 App 的数据如果被黑客使用 adb 命令进行了导出备份，可想而知有多么危险。

第 6 行代码中的 icon 属性指定 App 在手机桌面上显示时的图标，属性值的设置方式是通过@关键字指定图片在工程目录中的位置，图片等资源默认存放在 mipmap 目录下。“@mipmap/ic_launcher”代表指定 mipmap 目录下的 ic_launcher 图片，注意该图片不能带.png 或者.jpg 等扩展名。

思考：如果 mipmap 目录下同时存在两张不同的图片，分别为 ic_launcher.png 和 ic_launcher.jpg，那么会怎样呢？请动手测试下。

第 7 行代码中的 label 属性指定 App 在手机桌面上显示的名称以及自带默认标题的名称，这里同样使用@关键字进行指定。“@string/app_name”表示指定的是 values/strings.xml 中 app_name 元素的值。

第 8 行代码中的 roundIcon 属性是 Android 7.1 增加的图标适配方案，在 Android 8.0 就被取代了，这里不用管它。

第 9 行代码中的 supportsRtl 属性设置为 true，代表开启支持 Right-to-Left（从右到左）的 UI 布局方式，主要对使用阿拉伯语的国家进行适配。这里不对布局适配阿拉伯语进行过多扩展。

第 10 行代码中的 theme 属性指定 App 的主题样式，这里同样使用@关键字进行指定。“@style/AppTheme”表示指定的是 values/styles.xml 中 AppTheme 元素的值。

第 11 行到第 17 行代码是在 application 下配置了两个 Activity，Activity 就是最常见的 App 界面，关于 Activity 的更多详细内容后面再做详细介绍。这里配置了两个 Activity，代表有两个界面。第 11 行配置的登录界面，通过 name 属性指定对应的 Java class（LoginActivity），注意这里有个“.”符号，它代表当前包名，也就是第 3 行代码指定的包名，因此这里它对应的完整类名为 com.xdw.qmjy.LoginActivity，这个非常重要，如果这里配置出来的完整类名在 Java 代码中找不到，则会报错。

第 12 行到第 17 行代码配置了主界面 MainActivity 的信息，第 13 行到第 16 行的代码代表 MainActivity 为该 App 的 Activity 入口，注意，这里说的只是 Activity 入口，后面还会讲解 App 真正的启动入口。将第 13 行到第 16 行代码剪切到 LoginActivity 对应的 activity 标签下，即可完成 App 入口的切换，修改后的代码如下：

```
<activity android:name=".LoginActivity">
<intent-filter>
<action android:name="android.intent.action.MAIN" />
<category android:name="android.intent.category.LAUNCHER" />
</intent-filter>
</activity>
<activity android:name=".MainActivity">
</activity>
```

完成以上步骤后，可以编译并运行程序，效果如图 4-16 所示。启动任务建立完成，后续将正式进行具体的 UI 开发。

注：本任务所有源码请查看对应的源码包。

2. 布局与添加 UI 控件

布局与添加 UI 控件

（1）准备资源。

在 App 的界面中会涉及多个图片及额外属性资源，例如表示按钮的、表示标志的、更改颜色的、更改文字的属性等。在进行 UI 开发之前，需要准备好相应的图片和资源，并放入工程中。

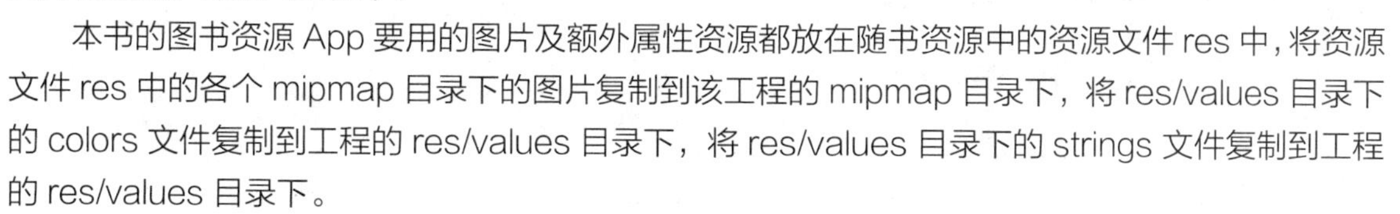

本书的图书资源 App 要用的图片及额外属性资源都放在随书资源中的资源文件 res 中，将资源文件 res 中的各个 mipmap 目录下的图片复制到该工程的 mipmap 目录下，将 res/values 目录下的 colors 文件复制到工程的 res/values 目录下，将 res/values 目录下的 strings 文件复制到工程的 res/values 目录下。

（2）编写登录界面的布局文件代码。

现在开始编写登录界面 activity_login 的布局文件代码，这里采用 LinearLayout 和 RelativeLayout 进行混合布局排版，根据最终效果图，布局里面需要添加 TextView、ImageView、EditText、Button 等控件。

对最终效果图最外层做下分解，如图 4-17 所示。

图 4-16　登录界面的运行结果

图 4-17　登录界面分解图

登录界面根布局采用线性布局，方向为自上而下的垂直方向，在根布局中嵌套图 4-17 中的①和②两个子布局。①为相对布局，在里面最左侧放置一个返回图片控件，在最右侧放置一个“注册”文本控件，②为线性布局，在里面嵌套一些控件和布局，后面再来实现②内部的内容，这里先实现最外层根布局和①中的内容，具体代码如下：

```
1  <?xml version="1.0" encoding="utf-8"?>
2  <LinearLayout xmlns:android="http://schemas.android.com/apk/res/android"
3    android:id="@+id/login_ll"
4    android:layout_width="match_parent"
5    android:layout_height="match_parent"
6    android:background="@color/white"
7    android:orientation="vertical">
8    <RelativeLayout
9     android:layout_width="match_parent"
10     android:layout_height="wrap_content"
11     android:background="@color/blue">
12     <ImageView
13        android:layout_width="wrap_content"
14        android:layout_height="wrap_content"
15        android:layout_centerVertical="true"
16        android:src="@mipmap/arrow_left"
17        />
18     <TextView
19        android:layout_width="wrap_content"
20        android:layout_height="wrap_content"
21        android:id="@+id/reg_tv"
22        android:layout_centerVertical="true"
23        android:text="注册"
24        android:textSize="20sp"
25        android:textColor="@color/white"
26        android:layout_alignParentRight="true"
27        />
28    </RelativeLayout>
29    <LinearLayout
```

```
30        android:layout_width="match_parent"
31        android:layout_height="match_parent"
32        android:orientation="vertical"
33        android:gravity="center">
34      </LinearLayout>
35    </LinearLayout>
```

第 3 行代码设置控件的 id 属性，布局也是一种控件，id 属性在一个布局文件中是唯一标识符，它的重要作用是在后面编写 Java 代码时，可以通过这个 id 获取到该控件对应的 Java 对象，这个在后面讲解 Java 代码时再细讲。

第 6 行代码使用@关键字设置了根布局的背景颜色，“@color/white”表示定位到 values/colors.xml 文件中的 white 字段命名的颜色，代码如下：

```
<color name="white">#ffffff</color>
```

第 7 行代码将线性布局设置为自上而下的垂直布局。

第 8 行到第 28 行代码对应图 4-17 中①的相对布局。其中，第 9 行表示布局宽度属性采用 metch_parent，即与父容器一样宽，第 10 行布局高度属性采用 wrap_content，即高度根据容器内的内容进行调节，第 12 行到第 17 行代码添加返回图标，采用 ImageView 控件，第 15 行代码设置该图片在它所处的相对布局里垂直居中排列，第 16 行代码使用 ImageView 的重要属性 src 属性指定图片路径，第 18 行到第 27 行代码添加一个 TextView 控件，第 23 行代码设置文本内容，第 24 行代码设置文本大小，为了更好地做屏幕大小适配，文字大小的单位统一采用 sp，不要使用 px，第 25 行代码设置文字颜色，第 26 行代码设置文本在父布局中靠右排列。

第 29 行到第 34 行代码添加分解图中②对应的布局，目前只添加了一个线性布局，其内部没有添加其他控件，是空的。第 33 行代码设置了 gravity 为 center，代表在该线性布局内部的所有子布局和控件都将居中（水平和垂直方向同时居中）排列。

图 4-18　登录界面运行效果

编写完这里的代码之后，运行效果如图 4-18 所示。

> **注意**　Android Studio 还提供了可视化拖曳布局方式，采用拖曳方式布局较快，但是在真实布局时较少使用拖曳方式，用代码进行布局更为精准。

下面可以继续将图 4-17 中的②布局进一步分解，在里面嵌套几层子布局，这里不再一一分解。图 4-17 中的②布局对应的代码如下：

```
1  <LinearLayout
2    android:layout_width="match_parent"
3    android:layout_height="match_parent"
4    android:orientation="vertical"
5    android:gravity="center">
6    <ImageView
7      android:id="@+id/logo_iv"
8      android:layout_width="160dp"
9      android:layout_height="160dp"
```

```
10      android:src="@mipmap/logo" />
11    <LinearLayout
12      android:layout_width="match_parent"
13      android:layout_height="wrap_content"
14      android:orientation="vertical">
15      <LinearLayout
16        android:layout_width="match_parent"
17        android:layout_height="80dp"
18        android:gravity="center"
19        android:orientation="vertical">
20        <LinearLayout
21          android:layout_width="match_parent"
22          android:layout_height="0dp"
23          android:layout_weight="1"
24          android:gravity="center"
25          android:orientation="horizontal">
26          <ImageView
27            android:id="@+id/username_iv"
28            android:layout_width="wrap_content"
29            android:layout_height="wrap_content"
30            android:src="@mipmap/user" />
31          <EditText
32            android:id="@+id/username_et"
33            android:layout_width="match_parent"
34            android:layout_height="wrap_content"
35            android:hint="请输入用户名"
36            android:inputType="number"
37            android:maxLength="11"
38            android:singleLine="true"
39            android:textColorHint="#cccccc" />
40        </LinearLayout>
41        <View
42          android:layout_width="match_parent"
43          android:layout_height="2dp"
44          android:background="@color/emojicon_tab_selected" />
45        <RelativeLayout
46          android:layout_width="match_parent"
47          android:layout_height="0dp"
48          android:layout_weight="1">
49          <ImageView
50            android:id="@+id/user_psw_iv"
51            android:layout_width="wrap_content"
52            android:layout_height="wrap_content"
53            android:layout_centerVertical="true"
54            android:src="@mipmap/lock" />
55          <EditText
56            android:id="@+id/user_pwd_et"
57            android:layout_width="match_parent"
58            android:layout_height="wrap_content"
59            android:layout_centerVertical="true"
```

```
60              android:layout_toRightOf="@+id/user_psw_iv"
61              android:hint="请输入密码"
62              android:imeOptions="actionDone"
63              android:inputType="textPassword"
64              android:maxLength="16"
65              android:singleLine="true"
66              android:textColorHint="#cccccc" />
67          </RelativeLayout>
68          <View
69            android:layout_width="match_parent"
70            android:layout_height="2dp"
71            android:background="@color/emojicon_tab_selected" />
72      </LinearLayout>
73      <Button
74        android:id="@+id/login_tv"
75        android:layout_width="match_parent"
76        android:layout_height="wrap_content"
77        android:layout_centerHorizontal="true"
78        android:gravity="center"
79        android:text="立即登录"
80        android:textSize="16sp" />
81      <TextView
82        android:id="@+id/tv_forget_password"
83        android:layout_width="wrap_content"
84        android:layout_height="wrap_content"
85        android:layout_gravity="right"
86        android:textColor="@color/blue"
87        android:text="忘记密码" />
88      <TextView
89        android:id="@+id/tv_visitor"
90        android:visibility="gone"
91        android:layout_width="wrap_content"
92        android:layout_height="wrap_content"
93        android:text="@string/visitor"/>
94      <TextView
95        android:id="@tid/tv_other"
96        android:layout_width="wrap_content"
97        android:layout_height="wrap_content"
98        android:textSize="14sp"
99        android:text="其他方式登录"/>
100     <LinearLayout
101       android:layout_width="match_parent"
102       android:layout_height="wrap_content"
103       android:gravity="center"
104       >
105       <ImageView
106         android:id="@+id/iv_qq"
107         android:layout_width="60dp"
108         android:layout_height="60dp"
109         android:src="@mipmap/qq"
110         />
```

```
111         <ImageView
112           android:id="@+id/iv_wx"
113           android:layout_width="60dp"
114           android:layout_height="60dp"
115           android:src="@mipmap/wechat"
116           />
117         </LinearLayout>
118       </LinearLayout>
119     </LinearLayout>
```

第 6 行到第 10 行代码添加了一个图片控件，并采用固定数值的方式设置了它的宽度和高度，这里为了更好地适配不同屏幕大小和分辨率，统一使用 dp（相对像素）为单位，不要使用 px（绝对像素）为单位。

第 15 行到第 72 行，采用了线性布局实现 UI 效果图中的“用户名输入”与“密码输入”，同时限定了这一部分布局的高度。为了展示不同的布局方式，用户名输入的提示图片与输入框采用线性布局实现（第 20~40 行），密码输入的提示图片与输入框采用相对布局实现（第 45~67 行），由于每个布局里面组件较少，不同的布局可以实现相同效果。

第 22 行代码将高度设置为了 0，第 23 行代码将 weight 属性设置为了 1，第 47 行代码将高度设置为了 0，第 48 行代码将 weight 属性设置为了 1，代表它们所在的两个布局是等比例分割排列的，这两个布局对应的就是 UI 效果图中的“请输入用户名”和“请输入密码”那两栏。

第 31 行到第 39 行代码添加了一个 EditText 控件作为文本输入框。其中，第 35 行代码中的 hint 属性设置了输入框的提示文字，用户手动输入字符之后提示文字会自动消失，第 36 行代码中的 inputType 属性指定输入框限定的输入文本的类型，这里设置为 number，代表只能输入数字，第 37 行代码中的 maxLength 属性用于限定文本输入长度，第 38 行代码中的 singleLine 属性设置为 true，表示单行显示内容，超出部分不显示，第 39 行代码中的 textColorHint 属性指定之前 hint 属性设置的提示文本的颜色。

第 41 行到第 44 行代码采用 View 控件添加了一条水平分割线，View 是所有控件的父类，将它的宽度设置为 match_parent，高度设置为很小的值，如 2dp，然后再设置一个背景颜色，这样看起来就像水平线了。

思考：如何设置一条垂直分割线?

第 73 行到第 80 行代码添加了一个 Button 控件（按钮）。请注意，第 77 行是相对布局的属性，由于 Button 是布局在线性布局中的，所以该属性被放在了线性布局中，这行代码在运行时不会报错，但是该属性设置会失效。

第 90 行代码中的 visibility 属性表示控件是否可见，它有 3 个值可以选择，分别为 visible（可见）、invisible（不可见但是占用布局空间）、gone（不可见并且不占用布局空间）。

完成此段布局代码后，编译运行结果如图 4-19 所示。

图 4-19　登录界面的运行结果

3. 布局排版与美化

布局排版与美化

（1）上一步遗留的问题。

上一步采用相对布局和线性布局实现了登录界

面，界面的核心控件、布局已经开发好，但是仍有以下遗留问题。

① 各个控件之间比较拥挤，缺少留白。

② 在输入框中获得焦点的时候，输入框底部会出现一条红色的线。

③ App 自带一个标题栏，不美观。

（2）修改布局文件代码。

根据遗留下来的问题，下面进一步修改文件的代码，稍微美化界面。

① 解决留白问题与输入框红线问题。

为了解决留白问题与输入框红线问题，在布局文件 layout/activity_login.xml 中进行修改，修改后的布局文件代码如下（修改之处进行了加粗）：

```
<?xml version="1.0" encoding="utf-8"?>
<LinearLayout xmlns:android="http://schemas.android.com/apk/res/android"
  android:id="@+id/login_ll"
  android:layout_width="match_parent"
  android:layout_height="match_parent"
  android:background="@color/white"
  android:orientation="vertical">
<RelativeLayout
    android:layout_width="match_parent"
    android:layout_height="wrap_content"
    android:background="@color/blue">
<ImageView
      android:layout_width="wrap_content"
      android:layout_height="wrap_content"
      android:layout_centerVertical="true"
      android:src="@mipmap/arrow_left"
      android:layout_marginLeft="10dp"/>
<TextView
      android:layout_width="wrap_content"
      android:layout_height="wrap_content"
      android:id="@+id/reg_tv"
      android:layout_centerVertical="true"
      android:text="注册"
      android:textSize="20sp"
      android:textColor="@color/white"
      android:layout_alignParentRight="true"
      android:layout_marginRight="10dp"/>
</RelativeLayout>
<LinearLayout
    android:layout_width="match_parent"
    android:layout_height="match_parent"
    android:orientation="vertical"
    android:gravity="center">
<ImageView
      android:id="@+id/logo_iv"
      android:layout_width="160dp"
      android:layout_height="160dp"
      android:src="@mipmap/logo" />
<LinearLayout
```

```
        android:layout_width="match_parent"
        android:layout_height="wrap_content"
        android:layout_marginTop="10dp"
        android:orientation="vertical">
    <LinearLayout
            android:layout_width="match_parent"
            android:layout_height="80dp"
            android:layout_marginLeft="25dp"
            android:layout_marginRight="25dp"
            android:gravity="center"
            android:orientation="vertical">
    <LinearLayout
                android:layout_width="match_parent"
                android:layout_height="0dp"
                android:layout_weight="1"
                android:gravity="center"
                android:orientation="horizontal">
    <ImageView
                android:id="@+id/username_iv"
                android:layout_width="wrap_content"
                android:layout_height="wrap_content"
                android:layout_marginBottom="8dp"
                android:layout_marginLeft="10dp"
                android:layout_marginTop="8dp"
                android:src="@mipmap/user" />
    <EditText
                android:id="@+id/username_et"
                android:layout_width="match_parent"
                android:layout_height="wrap_content"
                android:layout_margin="8dp"
                android:background="@null"
                android:hint="请输入用户名"
                android:inputType="number"
                android:maxLength="11"
                android:singleLine="true"
                android:textColorHint="#cccccc" />
    </LinearLayout>
    <View
                android:layout_width="match_parent"
                android:layout_height="2dp"
                android:background="@color/emojicon_tab_selected" />

    <RelativeLayout
                android:layout_width="match_parent"
                android:layout_height="0dp"
                android:layout_weight="1">
    <ImageView
                android:id="@+id/user_psw_iv"
                android:layout_width="wrap_content"
                android:layout_height="wrap_content"
```

```
            android:layout_centerVertical="true"
            android:layout_marginLeft="10dp"
            android:layout_marginTop="8dp"
            android:src="@mipmap/lock" />
<EditText
            android:id="@+id/user_pwd_et"
            android:layout_width="match_parent"
            android:layout_height="wrap_content"
            android:layout_centerVertical="true"
            android:layout_margin="8dp"
            android:layout_toRightOf="@+id/user_psw_iv"
            android:background="@null"
            android:hint="请输入密码"
            android:imeOptions="actionDone"
            android:inputType="textPassword"
            android:maxLength="16"
            android:singleLine="true"
            android:textColorHint="#cccccc" />
</RelativeLayout>
<View
           android:layout_width="match_parent"
           android:layout_height="2dp"
           android:background="@color/emojicon_tab_selected" />
</LinearLayout>
<Button
        android:id="@+id/login_tv"
        android:layout_width="match_parent"
        android:layout_height="wrap_content"
        android:layout_centerHorizontal="true"
        android:layout_marginLeft="25dp"
        android:layout_marginRight="25dp"
        android:layout_marginTop="10dp"
        android:gravity="center"
        android:text="立即登录"
        android:textSize="16sp" />
<TextView
        android:id="@+id/tv_forget_password"
        android:layout_width="wrap_content"
        android:layout_height="wrap_content"
        android:layout_gravity="right"
        android:layout_marginRight="25dp"
        android:layout_marginTop="8dp"
        android:padding="6dp"
        android:textColor="@color/blue"
        android:text="忘记密码" />
<TextView
        android:id="@+id/tv_visitor"
        android:visibility="gone"
        android:layout_width="wrap_content"
```

```
        android:layout_height="wrap_content"
        android:text="@string/visitor"/>
<TextView
        android:layout_width="wrap_content"
        android:layout_height="wrap_content"
        android:textSize="14sp"
        android:layout_gravity="center"
        android:layout_marginTop="20dp"
        android:text="其他方式登录"/>
<LinearLayout
        android:layout_width="match_parent"
        android:layout_height="wrap_content"
        android:gravity="center"
        android:layout_marginTop="20dp">
<ImageView
          android:id="@+id/iv_qq"
          android:layout_width="60dp"
          android:layout_height="60dp"
          android:src="@mipmap/qq"
          android:layout_marginRight="50dp"/>
<ImageView
          android:id="@+id/iv_wx"
          android:layout_width="60dp"
          android:layout_height="60dp"
          android:src="@mipmap/wechat"
          android:layout_marginLeft="50dp"/>
</LinearLayout>
</LinearLayout>
</LinearLayout>
</LinearLayout>
```

相对于之前的代码，这里添加了 margin 和 padding 属性。margin 用于设置偏移距离，例如 marginleft = "5dp"表示组件距离容器左边缘 5dp；而 padding 用于设置填充，填充的对象是组件中的元素，例如 TextView 中的文字如为 TextView 设置 paddingleft = "5dp"，则是在组件里的元素的左边填充 5dp 的空间。margin 针对的是容器中的组件，而 padding 针对的是组件中的元素，要区分开来，并且 margin 是可以设置成负数的。

布局中给 EditText 控件设置 background 属性为@null，解决了之前输入框获取焦点之后有条红色底线的问题。

② 解决自带标题栏的问题。

修改 AndroidManifest.xml 文件，将 application 标签中的主题 theme 属性修改成@style/Theme.AppCompat.Light.NoActionBar，即可去掉 App 自带的标题栏。

注意 这里修改的是 application 标签下的主题，那么整个 App 所有 Activity 的主题都会继承这个主题，在 activity 标签下也可以修改主题，但它只会对与其对应的那个 Activity 生效。

运行效果图如图 4-20 所示。

图 4-20　登录界面的运行结果

4. 用 selector+shape 美化按钮

上一步已经对登录界面做了一定的美化效果，下面进一步美化登录按钮。将按钮形状设置成圆角矩形，当按钮没有被点击的时候呈现一种颜色，被点击的时候呈现另一种颜色。

用 selector+shape 美化按钮

（1）新建资源文件。

新建一个 drawable 资源文件，如图 4-21 所示。选中 res/drawable 目录，使用鼠标右键单击，在快捷菜单中选择“New”>“Drawable resource file”选项，输入文件名为 slt_purple_btn_bg，如图 4-22 所示，单击“OK”按钮。

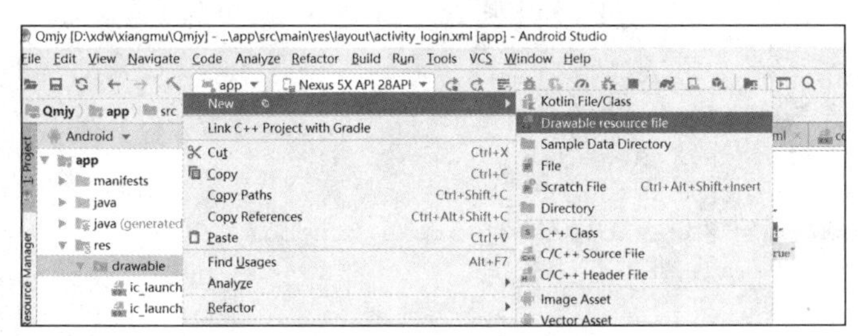

图 4-21　新建 drawable 资源文件

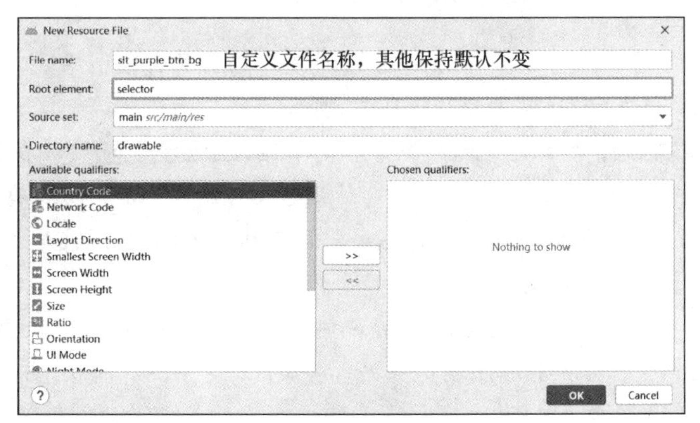

图 4-22　设置文件名

（2）编写资源文件代码。

文件创建好后，需编写 slt_purple_btn_bg.xml 文件的代码。具体代码如下：

```
1 <?xml version="1.0" encoding="utf-8"?>
2  <selector xmlns:android="http://schemas.android.com/apk/res/android">
3    <item android:state_pressed="true">
4       <shape android:shape="rectangle">
5         <solid android:color="@color/btn_blue_pressed" />
6         <corners android:radius="12dp" />
7       </shape>
8    </item>
9    <item android:state_enabled="false">
10      <shape android:shape="rectangle">
11        <solid android:color="@color/button_disable" />
12        <corners android:radius="12dp" />
13      </shape>
14   </item>
15   <item>
16      <shape android:shape="rectangle">
17        <solid android:color="@color/app_status_bar" />
18        <corners android:radius="12dp" />
19      </shape>
20   </item>
21 </selector>
```

drawable 资源文件写好之后，要运用到布局中才能生效。将 layout/activity_login.xml 文件中登录按钮的 background 属性设置为@drawable/slt_purple_btn_bg。具体修改代码如下：

```
<Button
  android:id="@+id/login_tv"
  android:layout_width="match_parent"
  android:layout_height="wrap_content"
  android:layout_centerHorizontal="true"
  android:layout_marginLeft="25dp"
  android:layout_marginRight="25dp"
  android:layout_marginTop="10dp"
  android:background="@drawable/slt_purple_btn_bg"
  android:gravity="center"
  android:text="立即登录"
  android:textSize="16sp" />
```

注意　① 因为匹配的第一项会作为当前 View 对象的背景颜色，然后就结束匹配，如果第一项每次都能被匹配到，就不会往下匹配，那么之后的状态也就失效了，然而每一个 View 对象都有默认状态，所以这也就是默认状态不能放在开头，而要放在最后的原因。

② 不是所有的 View 子类都拥有 8 种状态，例如 Button 对象拥有 pressed、enabled、window_focused、default 这 4 种状态，如果设置为 selected 状态就是无效的，所以要根据控件的具体情况设置状态。

③ 状态的排放顺序：pressed>focused>selected>checkable>checked>enabled>window_focused>default，具体排放顺序还得根据当前 View 对象拥有的状态来定。记住默认的权重是最大的，要放在最后面。

④ 给控件的不同状态设置背景颜色即起不到效果的时候，请检查 selector 标签 item 标签的排列顺序是否关联到了相关布局中。

（3）设置文字变化。

上述两步让按钮在被点击时背景发生变化，但是文字颜色没有跟着变化。下面参照上面的步骤再编写一个文字使用的 drawable 资源文件 slt_btn_txt_purple.xml，代码如下：

```
<?xml version="1.0" encoding="utf-8"?>
<selector xmlns:android="http://schemas.android.com/apk/res/android">
<item android:color="@color/app_base" android:state_pressed="true"/>
<item android:color="@color/white"/>
</selector>
```

编写完之后，通过设置 Button 控件的 textColor 属性将 slt_btn_txt_purple 文件和 layout/activity_login.xml 布局文件关联，具体修改代码如下：

```
<Button
  android:id="@+id/login_tv"
  android:layout_width="match_parent"
  android:layout_height="wrap_content"
  android:layout_centerHorizontal="true"
  android:layout_marginLeft="25dp"
  android:layout_marginRight="25dp"
  android:layout_marginTop="10dp"
  android:background="@drawable/slt_purple_btn_bg"
  android:gravity="center"
  android:text="立即登录"
  android:textColor="@drawable/slt_btn_txt_purple"
  android:textSize="16sp" />
```

到此，整个登录界面编写完成，此时运行的效果与本项目开始展示的那张效果图一样。下面将要编写 Java 代码实现按钮点击事件、Log 输出、Toast 消息提示等功能。

5. 实现按钮点击事件与 Toast 提示、Log 输出

为了体现布局按钮的功能，将编写 Java 代码实现点击按钮后弹窗。这需要增加按钮点击事件、Toast 消息提示等功能。功能实现后，运行效果如图 4-23 所示，较前面运行的登录界面多了弹窗。

图 4-23　登录界面的运行结果

要想用 Toast 属性进行消息提示，需要增加按钮点击事件功能，故需编写 LoginActivity 的代码。打开 LoginActivity.java 文件，声明一个按钮变量，并且通过 findViewById()方法给该变量赋值，通过 id 属性关联布局文件中的按钮，代码如下：

```
package com.xdw.qmjy;
import androidx.appcompat.app.AppCompatActivity;
import android.os.Bundle;
import android.widget.Button;
public class LoginActivity extends AppCompatActivity {
  //定义一个按钮变量
  private Button login_tv;
  @Override
  protected void onCreate(Bundle savedInstanceState) {
    super.onCreate(savedInstanceState);
```

```
        setContentView(R.layout.activity_login);
        //给 login_tv 变量赋值，通过 id 关联布局文件中的控件
        login_tv = findViewById(R.id.login_tv);
    }
}
```

添加 View.OnClickListener 的接口监听事件，这里要使用一个小技巧，在 extends AppCompatActivity 后面加上 implements View.OnClickListener，则会出现图 4-24 所示的情况。

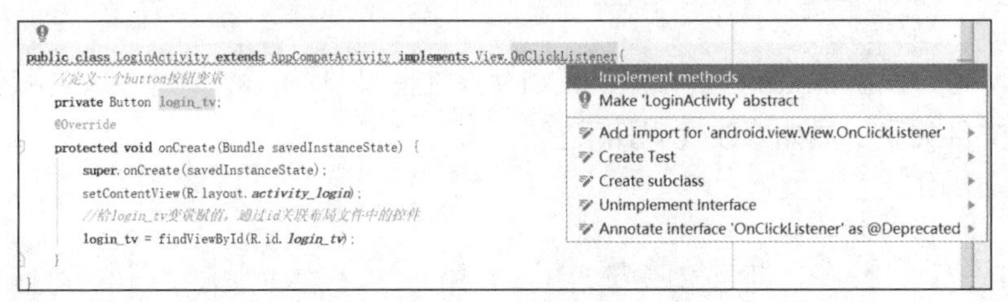

图 4-24　添加代码

当看到这条红色波浪线的时候，选中 OnClickListener 区域，然后按 Alt+Enter 组合键，会弹出图中的提示操作，一路按 Enter 键，则会自动补全代码。补全后的代码如下：

```
public class LoginActivity extends AppCompatActivity implements View.OnClickListener{
    //定义一个按钮变量
    private Button login_tv;
    @Override
    protected void onCreate(Bundle savedInstanceState) {
        super.onCreate(savedInstanceState);
        setContentView(R.layout.activity_login);
        //给 login_tv 变量赋值，通过 id 关联布局文件中的控件
        login_tv = findViewById(R.id.login_tv);
    }
    @Override
    public void onClick(View v) {
    }
}
```

将按钮和监听事件绑定，然后在 onClick 方法中添加要实现的 Toast 消息提示及 Log 输出业务逻辑。下面完成 LoginActivity 的功能代码，代码如下：

```
public class LoginActivity extends AppCompatActivity implements View.OnClickListener{
    //定义一个标签变量
    private static final String TAG = "LoginActivity";
    //定义一个按钮变量
    private Button login_tv;
    @Override
    protected void onCreate(Bundle savedInstanceState) {
        super.onCreate(savedInstanceState);
        setContentView(R.layout.activity_login);
        //给 login_tv 变量赋值，通过 id 关联布局文件中的控件
        login_tv = findViewById(R.id.login_tv);
        //给 login_tv 按钮绑定监听事件
        login_tv.setOnClickListener(this);
    }
    @Override
```

```
    public void onClick(View v) {
        //弹出 Toast 消息提示
        Toast.makeText(this, "点击了登录按钮", Toast.LENGTH_SHORT).show();
        //输出 debug 级别 Log
        Log.d(TAG, "onClick: ");
    }
}
```

4.10 任务 11：图书资源 App 引导界面与欢迎界面开发

上一个任务完成了登录界面，本任务主要是根据之前的原型图开发 App 的引导界面和欢迎界面。第一次启动 App 的时候将进入下面 4 张图片的滚动界面，如图 4-25 所示。

图 4-25　第一次启动 App 的效果图

以后每次启动 App 进入的启动界面如图 4-26 所示。

图 4-26　后续启动 App 的效果图

4.10.1 用 ViewPager 实现滑动引导界面

用 ViewPager 实现滑动引导界面

1. 准备工作

在开始编写代码之前，需要做以下准备工作。

（1）从随书附带的源码包中取出图片导入工程中。

（2）导入依赖，由于后面会使用 Fresco 组件加载网络图片，所以需要在 build.gradle 中导入如下依赖：

```
implementation 'com.facebook.fresco:fresco:0.13.0'
```

（3）因为本需求中的滑动界面会加载网络图片，所以需要开启网络权限。这里的网络图片来源于服务端，后期会讲解搭建服务端的程序，这里可以将代码中的网络图片地址自行修改为网络上的任意图片。如果找不到网络图片，就默认在本地加载一张代表加载失败的图片。开启网络权限的办法如下。

先在 AndroidManifest.xml 文件中添加网络访问权限，代码如下：

```
<uses-permission android:name="android.permission.INTERNET" />
```

Android 8.0 及以上默认只支持 https 访问，为了测试更方便，还得开启 http 支持，于是还要做如下配置，在 res 目录下创建一个 xml 目录，并且在 xml 目录下创建一个文件 network_security_config.xml，具体代码如下：

```
<?xml version="1.0" encoding="utf-8"?>
<network-security-config>
<base-config cleartextTrafficPermitted="true" />
</network-security-config>
```

在 AndroidManifest.xml 文件中的 application 标签中引用 network_security_config.xml 文件，代码如下：

```
<application
  android:networkSecurityConfig="@xml/network_security_config"
  android:allowBackup="true"
  android:icon="@mipmap/ic_launcher"
```

（4）包结构规划。

这里在开始编写代码之前，先将之前代码的包结构重新规划一下。一般在正式编写项目代码之前，往往会提前规划好包结构，这里一步步来讲解。先创建一个 activity 包专门用来存放 Activity，再创建 adapter 包和 constant 包，然后将之前创建的两个 Activity 移动到 activity 包下即可，操作如图 4-27～图 4-30 所示，操作完成之后的包结构如图 4-31 所示。

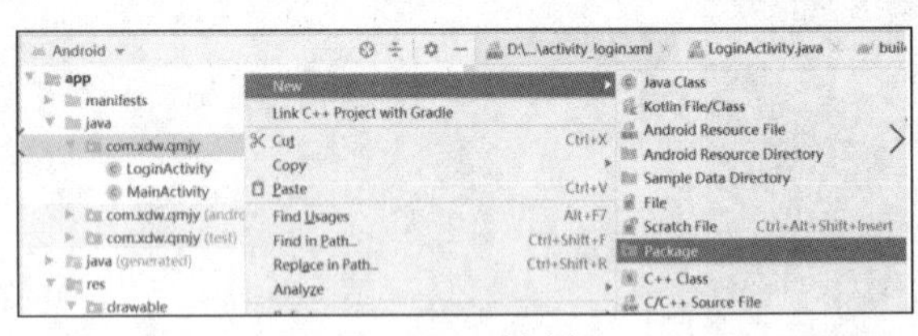

图 4-27　创建包

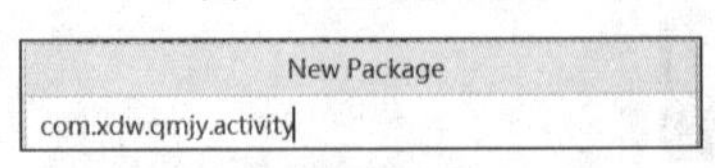

图 4-28　给包命名

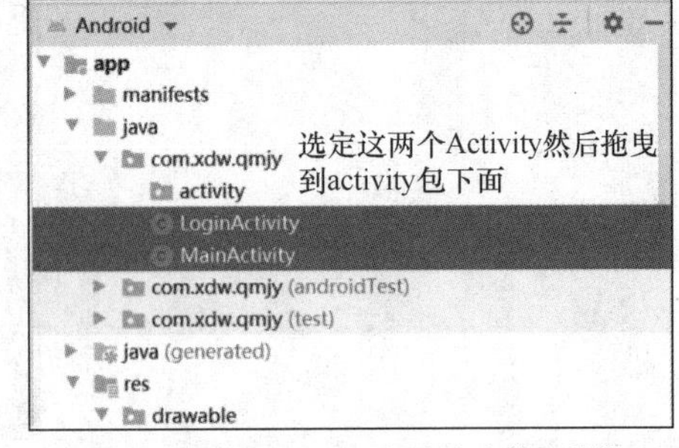

图 4-29　相关 java 文件移动前的结构

2. 用 ViewPager 实现 4 个界面滑动展示的功能

这里先创建 4 个子布局文件 view_one.xml、view_two.xml、view_three.xml、view_four.xml，这些布局文件的详细代码见本书附的源码。然后创建一个继承 PagerAdapter 类的 MyPagerAdapter，该类的详细代码如下：

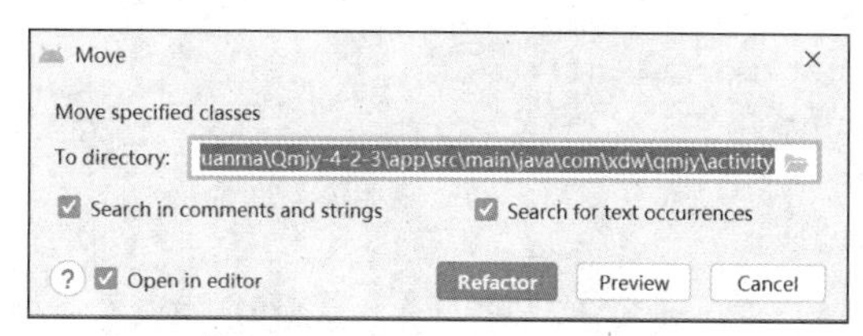

图 4-30　移动已有 java 文件时的弹窗，单击“Refactor”按钮

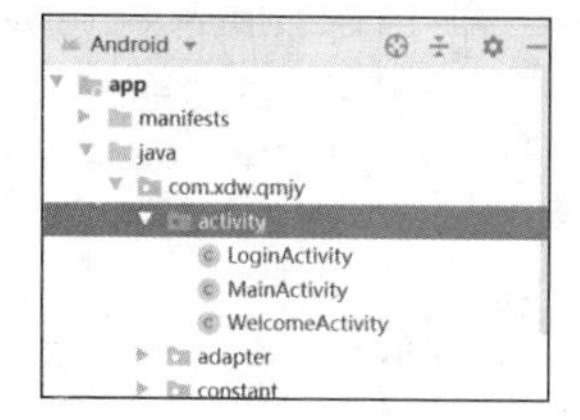

图 4-31　移动后的结构

```
1  public class MyPagerAdapter extends PagerAdapter {
2    private ArrayList<View> viewLists;  //定义一个存放视图的数组
3    private Context context;      //上下文对象
4    //定义网络图片的地址，这里可以自由指定。本处使用本书附带的服务端源码搭建的服务端的地址，根据自己的服务端地址灵活配置
5    String[] guideImages = {UrlConstant.SERVER_URL+"Public/images/welcome1.jpg",
 UrlConstant.SERVER_URL+"Public/images/welcome2.jpg",
6    UrlConstant.SERVER_URL+"Public/images/welcome3.jpg",UrlConstant.SERVER_URL+"
Public/images/welcome4.jpg"};
7    //无参构造函数
8    public MyPagerAdapter() {
9    }
10
11   //有参构造函数
12   public MyPagerAdapter(ArrayList<View> viewLists) {
13     super();
14     this.viewLists = viewLists;
15   }
16
17   //有参构造函数
18   public MyPagerAdapter(ArrayList<View> viewLists, Context context) {
19     super();
20     this.context=context;
21     this.viewLists = viewLists;
22   }
23
24   //adapter 中承载数据的数量
25   @Override
26   public int getCount() {
27     return viewLists.size();
28   }
29
30   @Override
31   public boolean isViewFromObject(View view, Object object) {
32     return view == object;
33   }
34
35   //渲染容器中的组件
36   @Override
37   public Object instantiateItem(ViewGroup container, int position) {
38                                                   SimpleDraweeView
 simpleDraweeView=viewLists.get(position).findViewById(R.id.sdv_vp);
```

```
39      simpleDraweeView.setImageURI(guideImages[position]);
40      container.addView(viewLists.get(position));
41      return viewLists.get(position);
42    }
43
44    //销毁方法
45    @Override
46    public void destroyItem(ViewGroup container, int position, Object object) {
47      container.removeView(viewLists.get(position));
48    }
49 }
```

ViewPager 的数据渲染主要依靠适配器模式，第 37 行到第 42 行代码为内部子元素渲染的过程，第 38 行代码获取子布局中的网络图片控件 SimpleDraweeView，它来自 fresco 库，第 39 行代码调用 setImageURI()方法设置网络图片的地址，第 40 行代码将渲染好的视图通过 addView()方法动态地添加到它的父布局中。

新建一个 WelcomeActivity，布局代码如下：

```
1 <?xml version="1.0" encoding="utf-8"?>
2 <RelativeLayout xmlns:android="http://schemas.android.com/apk/res/android"
3   xmlns:tools="http://schemas.android.com/tools"
4   android:layout_width="match_parent"
5   android:layout_height="match_parent"
6   android:background="@color/white"
7   tools:context=".activity.WelcomeActivity">
8
9   <androidx.viewpager.widget.ViewPager
10    android:id="@+id/guide_vp"
11    android:layout_width="match_parent"
12    android:layout_height="match_parent" />
13  <ImageView
14    android:id="@+id/experience_iv"
15    android:layout_width="wrap_content"
16    android:layout_height="wrap_content"
17    android:layout_alignParentBottom="true"
18    android:layout_centerHorizontal="true"
19    android:layout_marginBottom="100dp"
20    android:visibility="gone"
21    android:src="@mipmap/experience" />
22
23  <com.facebook.drawee.view.SimpleDraweeView
24    android:id="@+id/guide_sdv"
25    android:layout_width="match_parent"
26    android:layout_height="match_parent"
27    android:scaleType="fitXY"
28    android:visibility="visible" />
29
30</RelativeLayout>
```

第 9 行到第 12 行代码就是引入的 ViewPager 控件，第 23 行到第 28 行代码就是引入的 fresco 库中的 SimpleDraweeView 控件。

WelcomeActivity 的 Java 代码如下：

```
1  public class WelcomeActivity extends AppCompatActivity {
2    private static final String TAG = "WelcomeActivity";    //定义 TAG，用于 Log 输出
3    private ArrayList<View> aList;  //定义 adapter 的数据源
4    private ViewPager guideVp;  //定义 ViewPager 控件
5    private SimpleDraweeView guideSdv;  //定义 SimpleDraweeView 控件
6    private ImageView experienceIv;     //定义 ImageView 控件
7
8    @Override
9    protected void onCreate(Bundle savedInstanceState) {
10       super.onCreate(savedInstanceState);
11       setContentView(R.layout.activity_welcome);
12       initView();      //初始化视图
13   }
14
15   //定义初始化视图方法
16   private void initView() {
17     //给相关控件赋值
18     guideVp = (ViewPager) findViewById(R.id.guide_vp);
19     guideSdv = (SimpleDraweeView) findViewById(R.id.guide_sdv);
20     experienceIv = (ImageView) findViewById(R.id.experience_iv);
21     //首次启动 App 的时候隐藏 guideSdv，显示 guideVp
22     guideSdv.setVisibility(View.GONE);
23     guideVp.setVisibility(View.VISIBLE);
24     //加载数据源，将子布局加载到 adapter 的数据源中
25     aList = new ArrayList<View>();
26     LayoutInflater li = getLayoutInflater();
27     aList.add(li.inflate(R.layout.view_one, null, false));
28     aList.add(li.inflate(R.layout.view_two, null, false));
29     aList.add(li.inflate(R.layout.view_three, null, false));
30     aList.add(li.inflate(R.layout.view_four, null, false));
31     MyPagerAdapter adapter = new MyPagerAdapter(aList, this);
32     //使用数据源渲染 ViewPager，即可呈现 ViewPager 滑动界面效果
33     guideVp.setAdapter(adapter);
34   }
35 }
```

第 26 行到第 30 行代码引入了 LayoutInflater 这个关键 API 用来动态加载视图，这里调用的 inflate()方法的源码定义为：

```
public View inflate(@LayoutRes int resource, @Nullable ViewGroup root, boolean
attachToRoot)
```

第一个参数 resource 是需要解析的布局文件的 id。

第二个参数 root 是一个 ViewGroup，指定 resource 文件生成的 view 加入哪一个 ViewGroup。

第三个参数 attachToRoot 很有意思，对它的设置会导致两种很微妙的变化。第一种，attachToRoot 参数在字面上就已经说明白它的作用了，其值代表使用 resource 生成 view 以后是否把该 view 添加到 root 参数指定的 ViewGroup 当中。第二种，attachToRoot 参数决定了返回值到底返回什么，如果 attachToRoot 为 true，那么 inflate()方法的返回值就是 root 参数传递的值，如果 attachToRoot 为 false，那么返回值就是 resource 文件生成的 view。如果 root 参数为 null，

就代表已经忽略 attachToRoot 参数的值了，直接返回 resource 文件生成的 view。

此时，由于引入了 Fresco 组件，因此需要做一下相关的初始化操作。为了一次性初始化好，创建一个类 MyApp 继承 Android App 真正的入口类，并且在其中初始化 Fresco，具体代码如下：

```
1   public class MyApp extends Application {
2     @Override
3     public void onCreate() {
4       super.onCreate();
5       //Fresco 设置磁盘缓存
6       DiskCacheConfig cacheConfig = DiskCacheConfig.newBuilder(this)
7           .setBaseDirectoryPath(getCacheDir())
8           .setBaseDirectoryName("/frescoimg")
9           .build();
10      //Fresco 设置磁盘缓存的配置，生成配置文件
11      ImagePipelineConfig config = ImagePipelineConfig.newBuilder(this)
12          .setMainDiskCacheConfig(cacheConfig)
13          .build();
14      //Fresco 初始化
15      Fresco.initialize(this);
16    }
17  }
```

为了使 MyApp 成为入口类，还需要配置 AndroidManifest.xml 文件，具体代码如下：

```
<application
  android:name=".MyApp"
  android:networkSecurityConfig="@xml/network_security_config"
```

下面修改 WelcomeActivity 的配置，使其成为 App 的所有 Activity 的启动入口，并且将系统自带标题栏去掉，AndroidManifest.xml 文件中这部分代码如下：

```
<activity
  android:name=".activity.WelcomeActivity"
  android:theme="@style/Theme.AppCompat.Light.NoActionBar">
<intent-filter>
<action android:name="android.intent.action.MAIN" />
<category android:name="android.intent.category.LAUNCHER" />
</intent-filter>
</activity>
```

4.10.2 实现首次打开 App 引导界面

实现首次打开 App 引导界面

前面实现了一个引导界面，下面编写一个欢迎界面。如何确定是首次打开 App 呢？这里使用 Android 轻量级存储 SharedPreferences 技术来判断，其实现逻辑就是在存储中设置一个标记位来标记是否是第一次启动，默认是第一次启动，第一次启动 App 之后将该值更新为 false，后面每次启动 App 的时候先读取该值来判断是否是第一次启动 App。

1. SharedPreferences 写数据

（1）打开名为 conf 的配置文件（如果存在则打开它，否则创建新的名为 conf 的配置文件），代码如下：

```
SharedPreferences sharedPreferences = getSharedPreferences("conf", Context.MODE_
PRIVATE);
```

（2）让 sharedPreferences 处于编辑状态，代码如下：

```
SharedPreferences.Editor  spEditor  =  sharedPreferences.edit();
```

（3）存放数据，代码如下：

```
spEditor.putString("name","Jordan");
spEditor.putInt("age",30);
```

（4）完成提交，代码如下：

```
spEditor.commit();
```

2. SharedPreferences 读数据

（1）打开名为 conf 的配置文件，代码如下：

```
SharedPreferences sharedPreferences = getSharedPreferences("conf", Context.MODE_
PRIVATE);
```

（2）获取数据，代码如下：

```
String name = sharedPreferences.getString("name","默认值");
int age = sharedPreferences.getInt("age",0);
```

文件存储位置为：/data/data/<package name>/shared_prefs/xx。

SharedPreferences 背后使用 XML 文件保存数据，getSharedPreferences(name,mode) 方法的 name 参数用于指定该文件的名称，名称不用带后缀，后缀由 Android 自动加上；mode 参数用于指定该文件的操作模式，共有以下几种操作模式。

① Context.MODE_PRIVATE：默认操作模式，代表该文件是私有数据，在该模式下只能被 App 本身访问。

② Context.MODE_APPEND：该模式会检查文件是否存在，若存在就往文件中追加内容，否则就创建新文件。

③ Context.MODE_WORLD_READABLE 和 Context.MODE_WORLD_WRITEABLE：用于控制其他 App 是否有权限读写该文件。

- MODE_WORLD_READABLE：表示当前文件可以被其他 App 读取。
- MODE_WORLD_WRITEABLE：表示当前文件可以被其他 App 写入。

对于这种可以让其他 App 读取和写入文件的操作，仅需了解，不建议在实际开发中使用，这个变量在 API 17 以后已经不建议使用了。创建全局可写文件是一件非常危险的事，会使程序出现安全漏洞，程序之间的交互应该更多地使用正规的途径，例如 ContentProvider、BroadcastReceiver。

下面将 SharedPreferences 融入业务逻辑中。先封装一个专门用来处理 SharedPreferences 的工具类 AppSpUtils，这个工具类的代码详见本书附带源码。然后修改 WelcomeActivity 的代码，修改后的代码如下：

```
public class WelcomeActivity extends AppCompatActivity {
  private static final String TAG = "WelcomeActivity"; //定义 TAG，用于 Log 输出
  private ArrayList<View> aList;                       //定义 adapter 的数据源
  private ViewPager guideVp;                           //定义 ViewPager 控件
  private SimpleDraweeView guideSdv;                   //定义 SimpleDraweeView 控件
  private ImageView experienceIv;                      //定义 ImageView 控件
  private boolean isFirstRun;                          //是否是第一次运行，true 代表是
  @Override
```

```
    protected void onCreate(Bundle savedInstanceState) {
      super.onCreate(savedInstanceState);
      setContentView(R.layout.activity_welcome);
      isFirstRun = AppSpUtils.getValueFromPrefrences(Constant.SP_IsFirstRun, true);
      initView();                                                //初始化视图
    }
    //定义初始化视图方法
    private void initView() {
       //给相关控件赋值
       guideVp = (ViewPager) findViewById(R.id.guide_vp);
       guideSdv = (SimpleDraweeView) findViewById(R.id.guide_sdv);
       experienceIv = (ImageView) findViewById(R.id.experience_iv);
       if (isFirstRun) {
          AppSpUtils.setValueToPrefrences(Constant.SP_IsFirstRun, false);
          //首次启动App的时候隐藏guideSdv，显示guideVp
          guideSdv.setVisibility(View.GONE);
          guideVp.setVisibility(View.VISIBLE);
          //加载数据源，将子布局加载到adapter的数据源中
          aList = new ArrayList<View>();
          LayoutInflater li = getLayoutInflater();
          aList.add(li.inflate(R.layout.view_one, null, false));
          aList.add(li.inflate(R.layout.view_two, null, false));
          aList.add(li.inflate(R.layout.view_three, null, false));
          aList.add(li.inflate(R.layout.view_four, null, false));
          MyPagerAdapter adapter = new MyPagerAdapter(aList, this);
          //使用数据源渲染ViewPager，即可呈现ViewPager滑动界面效果
          guideVp.setAdapter(adapter);
       } else{
          guideVp.setVisibility(View.GONE);
          guideSdv.setVisibility(View.VISIBLE);
          //欢迎界面可采用网络加载也可采用本地加载，可根据需要进行二选一
          guideSdv.setImageURI(UrlConstant.SERVER_URL+"Public/images/welcome.jpg");
          //网络加载
          guideSdv.setImageResource(R.mipmap.welcome);  //本地加载
       }
    }
  }
```

下面可以测试效果了，第一次启动 App 的时候进入滑动引导界面，以后每次启动 App 的进入启动界面。

3. 查看设备的文件存储结构

利用 Android Studio 可以查看设备的文件存储结构，这里可以找到使用 SharedPreferences 创建的数据存储文件，如图 4-32 所示。

只有在终端设备开启 root 的情况下才能导出或者打开这个文件，模拟器可以执行 adb root 命令进行 root，如图 4-33 所示。

可以在手机设置中清除该 App 的数据，或者手动将该存储数据的 XML 文件删除掉，这样再启动 App 时就又被认为是第一次启动了。

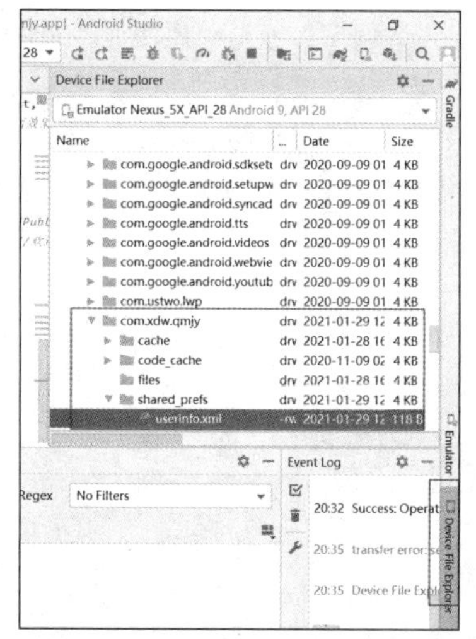

图 4-32　XML 数据存储文件

```
Microsoft Windows [版本 10.0.18363.1316]
(c) 2019 Microsoft Corporation。保留所有权利。

C:\Users\issuser>adb shell
generic_x86_64:/ $ ^C
130|generic_x86_64:/ $ exit

C:\Users\issuser>adb root
restarting adbd as root

C:\Users\issuser>adb shell
generic_x86_64:/ #
```

图 4-33　adb 命令操作

4.10.3　实现倒计时跳转界面

实现倒计时跳转界面

1. 设置事件监听

在之前的任务中已经创建了好几个 Activity，下面需要设置在首次启动 App 进入滑动界面的时候，滑动到最后一个界面并点击“立即体验”按钮来进入主界面 MainActivity，该按钮默认是隐藏的，滑动到最后一个界面的时候才会显示出来，因此除设置按钮点击事件监听之外，还需要添加对 ViewPager 的界面改变事件监听。

（1）添加监听接口，代码如下：

```
Public class WelcomeActivity extends AppCompatActivity implements ViewPager.
OnPageChangeListener,View.OnClickListener {}
```

（2）绑定监听事件，代码如下：

```
//初始化事件
public void initEvent(){
  guideVp.addOnPageChangeListener(this);
  experienceIv.setOnClickListener(this);
}
```

（3）在 onPageSelected()方法中实现按钮的显示，代码如下：

```
@Override
public void onPageSelected(int position) {
  //滑动到最后一个界面的时候显示"立即体验"按钮，其他时候隐藏该按钮
if (position == 3) {
     experienceIv.setVisibility(View.VISIBLE);
  } else {
     experienceIv.setVisibility(View.GONE);
  }
}
```

（4）实现 Activity 界面跳转，代码如下：

```
@Override
public void onClick(View v) {
```

```
    //跳转到主界面
    startActivity(new Intent(WelcomeActivity.this, MainActivity.class));
    //关闭当前界面
    finish();
}
```

2. 实现启动界面 3 秒倒计时后自动跳转到主界面

（1）先定义一个 Handler，代码如下：

```
//定义一个 Handler，用来接收子进程定时器的消息
private Handler handler = new Handler() {
    @Override
    public void handleMessage(Message msg) {
        super.handleMessage(msg);
        startActivity(new Intent(WelcomeActivity.this, MainActivity.class));
    }
};
```

（2）定义一个子进程定时器的方法，代码如下：

```
// 两秒后发送消息给主线程
private void childThreadSendMsgDelay() {
    new Thread(new Runnable() {
        @Override
        public void run() {
            try {
                Thread.sleep(2000);
                handler.sendEmptyMessage(0);
            } catch (InterruptedException e) {
                e.printStackTrace();
            }
        }
    }).start();
}
```

（3）在启动界面加载的地方调用这个子线程定时器，代码如下：

```
else {
    guideVp.setVisibility(View.GONE);
    guideSdv.setVisibility(View.VISIBLE);
    //欢迎界面可采用网络加载也可采用本地加载，可根据需要进行二选一
guideSdv.setImageURI(UrlConstant.SERVER_URL+"Public/images/welcome.jpg");  //网络加载
    guideSdv.setImageResource(R.mipmap.welcome);  //本地加载
    childThreadSendMsgDelay();
}
```

4.11 任务 12：图书资源 App 主界面开发

前面两个任务已经完成了登录界面和引导界面的开发，主界面还是空白的，本任务将完成主界面的开发，最终效果如图 4-34 所示。

本任务是设计主界面，使用的是目前市面上的 App 常用的一个布局，底部是一个导航栏菜单，通过导航栏菜单可以切换不同的子界面。

图 4-34　主界面效果图

绘制底部导航栏

1. 绘制底部导航栏

图 4-35 所示是 App 中非常常见的一个底部导航栏设计。底部导航栏是采用 RadioButton+selector 的方式实现的，单独采用一个布局文件进行编写，然后在 activity_main.xml 文件的主界面布局中通过 include 标签引入这个子布局。

图 4-35　底部导航栏

编写底部导航栏中 4 个按钮的特效对应的 selector 文件，在 drawable 目录下创建 4 个文件，文件名分别是 slt_app_menu_real_info、slt_app_menu_book、slt_app_menu_scan、slt_app_menu_me，这些文件用于控制按钮图标的选中状态的切换。这里只列举导航栏第一个按钮的 drawable 代码，其他的请参考源码。

slt_app_menu_real_info.xml 的代码如下：

```
<?xml version="1.0" encoding="utf-8"?>
<selector xmlns:android="http://schemas.android.com/apk/res/android">
<item android:state_checked="true">
<layer-list>
<item android:width="28dp" android:height="28dp" android:drawable="@mipmap/b1_b"/>
</layer-list>
</item>
<item>
<layer-list>
<item android:width="28dp" android:height="28dp" android:drawable="@mipmap/b1_a"/>
</layer-list>
</item>
</selector>
```

在 res 目录下创建一个 color 目录，并在下面创建一个 XML 文件 slt_app_menu_txt.xml，该文件用于控制导航中按钮文字的选中状态的颜色切换，代码如下：

```
<?xml version="1.0" encoding="utf-8"?>
<selector xmlns:android="http://schemas.android.com/apk/res/android">
<item android:color="@color/app_status_bar" android:state_checked="true" />
<item android:color="@color/app_menu_txt_normal"/>
</selector>
```

下面在 layout 目录下创建一个导航栏菜单的布局文件 widget_app_menu.xml，代码如下：

```
1  <RadioGroup
2    android:id="@+id/app_menu_rg"
3    android:layout_width="match_parent"
4    android:layout_height="wrap_content"
5    android:layout_centerVertical="true"
6    android:background="@color/app_menu_bg"
7    android:orientation="horizontal">
8
9    <RadioButton
10     android:id="@+id/real_info_rb"
11     style="@style/Widget.App_Menu"
12     android:drawableTop="@drawable/slt_app_menu_real_info"
13     android:text="首页" />
14
15   <RadioButton
16     android:id="@+id/book_rb"
17     style="@style/Widget.App_Menu"
18     android:drawableTop="@drawable/slt_app_menu_book"
19     android:text="图书" />
20
21   <RadioButton
22     android:id="@+id/msg_rb"
23     style="@style/Widget.App_Menu"
24     android:drawableTop="@drawable/slt_app_menu_scan"
25     android:text="活动" />
26
27   <RadioButton
28     android:id="@+id/me_rb"
29     style="@style/Widget.App_Menu"
30     android:drawableTop="@drawable/slt_app_menu_me"
31     android:text="我的" />
32   </RadioGroup>
```

之前的代码中添加了一组单选按钮（RadioButton），为了实现单独选中的效果，必须将单选按钮放到一个单选按钮组（RadioGroup）里面。一个单选按钮默认由图标和文字两部分组成，默认的单选按钮图标是一个圆圈并且在文字部分的左侧。第 12 行代码设置单选按钮图标的样式，这里底部导航栏中的单选按钮都用自己添加的图片作为图标，drawableTop 表示图标处于文字部分的上侧，这里通过@drawable 指定图标文件，因为该图标文件是自己编写的 selector 文件，所以放到了 drawable 目录下而不是 mipmap 目录下。

第 11 行代码引用了一个自定义样式，所以需要在 values 目录下的 styles.xml 文件中添加一个自定义样式 Widget.App_Menu，代码如下：

```
<style name="Widget">
<item name="android:button">@null</item>
<item name="android:layout_width">0dp</item>
<item name="android:layout_height">wrap_content</item>
<item name="android:gravity">center</item>
<item name="android:layout_weight">1</item>
```

```
</style>
<style name="Widget.App_Menu" parent="Widget">
<item name="android:background">@color/app_menu_bg</item>
<item name="android:textSize">10sp</item>
<item name="android:textColor">@color/slt_app_menu_txt</item>
</style>
```

注意　style 文件是样式表文件，用来统一定义控件和布局的样式，以便进行复用。

在 activity_main.xml 文件中使用 include 标签引入该布局，代码如下：

```
<include
    android:id="@+id/app_menu"
    layout="@layout/widget_app_menu"
    android:layout_width="wrap_content"
    android:layout_height="wrap_content"
    android:layout_centerVertical="true"
    android:background="@color/app_menu_bg"
    android:layout_alignParentBottom="true" />
```

2. 编写子界面与切换

前面实现了底部导航栏的菜单项，但是点击每个菜单项的按钮切换到不同的界面这一功能还没有实现，这里的界面切换与之前的 Activity 跳转有所不同，这里是在同一个 Activity 中进行切换，需要引入 Fragment（碎片）。

编写子界面与切换

需要先创建 4 个 Fragment，然后通过单击导航栏中不同的按钮切换不同的 Fragment。

（1）新建第一个 Fragment。

① 创建 fragment 包。

在工程中创建一个名为 fragment 的包，然后在 fragment 包下创建一个 Fragment，如图 4-36 和图 4-37 所示。

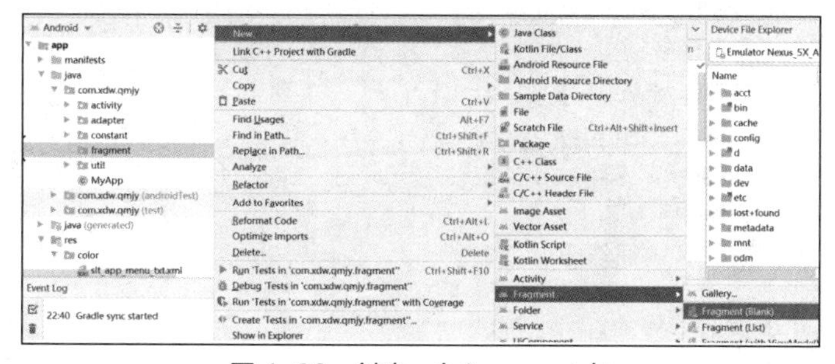

图 4-36　创建一个 fragment 包

注意　这里创建 Fragment 的时候需要让 SDK 大于等于 16，于是在 build.gradle 中将 minSdkVersion 设置为 19。

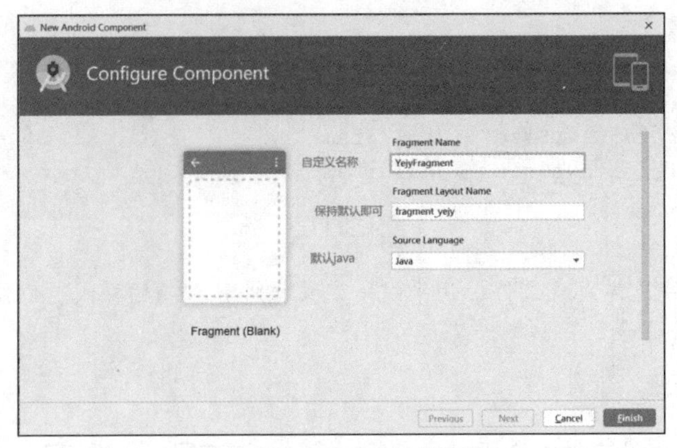

图4-37　Fragment的配置

② 修改自动生成的YejyFragment的Java代码。

这里只是去掉了一些后面不用的自动生成的代码，具体代码如下：

```
public class YejyFragment extends Fragment {
  public YejyFragment() {
  }
  @Override
  public void onCreate(Bundle savedInstanceState) {
    super.onCreate(savedInstanceState);
  }
  @Override
  public View onCreateView(LayoutInflater inflater, ViewGroup container,
                  Bundle savedInstanceState) {
    // Inflate the layout for this fragment
    return inflater.inflate(R.layout.fragment_yejy, container, false);
  }
}
```

③ 编写对应的布局文件fragment_yejy.xml的代码。

这里只是替换了自动生成的布局里面的文本内容，代码如下：

```
<?xml version="1.0" encoding="utf-8"?>
<FrameLayout xmlns:android="http://schemas.android.com/apk/res/android"
  xmlns:tools="http://schemas.android.com/tools"
  android:layout_width="match_parent"
  android:layout_height="match_parent"
  tools:context=".fragment.YejyFragment">

<!-- TODO: Update blank fragment layout -->
<TextView
    android:layout_width="match_parent"
    android:layout_height="match_parent"
    android:text="首页" />
</FrameLayout>
```

（2）完成其他3个Fragment。

参照创建第一个Fragment的流程创建其他3个Fragment，分别命名为BookFragment、ActivityPlanFragment、MeFragment。

（3）修改 MainActivity 的代码。

创建了 4 个 Fragment 之后，需要修改 MainActivity 的代码，实现通过点击导航栏中的 RadioButton 切换 Fragment 显示的逻辑，代码如下：

```
1         public class MainActivity extends AppCompatActivity implements RadioGroup
.OnCheckedChangeListener {
2     private List<Fragment> fragmentList = new ArrayList<>();
3     private RadioGroup menuRg;  //底部导航栏单选按钮组
4     private int currentTab = -1;//当前 Fragment 的索引为-1，代表当前没有加载 Fragment
5     private FragmentManager fm; //用来管理 Fragment 的关键类
6
7     @Override
8     protected void onCreate(Bundle savedInstanceState) {
9       super.onCreate(savedInstanceState);
10        setContentView(R.layout.activity_main);
11        initFragment();   //初始化所有 Fragment
12        initView();       //初始化视图
13        initEvent();      //初始化事件
14    }
15
16    //定义初始化视图方法
17    private void initView() {
18        menuRg = (RadioGroup) findViewById(R.id.app_menu_rg);
19    }
20
21    //定义初始化事件方法
22    private void initEvent() {
23      //绑定单选按钮的监听事件
24      menuRg.setOnCheckedChangeListener(this);
25      //主界面打开的时候默认选中第一个单选按钮
26      ((RadioButton) menuRg.getChildAt(0)).setChecked(true);
27    }
28
29    //定义初始化所有 Fragment 的方法
30    private void initFragment() {
31        fragmentList.add(new YejyFragment());
32        fragmentList.add(new BookFragment());
33        fragmentList.add(new ActivityPlanFragment());
34        fragmentList.add(new MeFragment());
35        fm = getSupportFragmentManager();
36    }
37
38    //在单选按钮切换的事件回调中实现 Fragment 切换的逻辑
39    @Override
40    public void onCheckedChanged(RadioGroup group, int checkedId) {
41      FragmentTransaction ft = fm.beginTransaction(); //开启 Fragment 操作的事务
42      //单选按钮被选中时的索引
43      int radioIndex = group.indexOfChild(group.findViewById(checkedId));
44      Fragment fragment = fragmentList.get(radioIndex);
45      if (!fragment.isAdded()) {
```

```
46          ft.add(R.id.fragment_container, fragment, null);
47       }
48          //如果 currentTab 和单选按钮的索引不一致，则隐藏之前的 Fragment 并显示最新的 Fragment，
然后设置 currentTab 为最新
49       if (currentTab != radioIndex) {
50          if (currentTab != -1) {
51             ft.hide(fragmentList.get(currentTab)); //隐藏之前的 Fragment
52          }
53          ft.show(fragment);  //显示最新的 Fragment
54          currentTab = radioIndex;     //更新 currentTab
55       }
56       ft.commit();    //提交事务，只有执行了这个方法，最终操作才会生效
57    }
58 }
```

知识拓展 RadioButton 要放在 RadioGroup 里面统一管理才能实现有且只有一个能被选中，当按钮 RadioButton 被选中时，产生的监听事件回调的是 RadioGroup.OnCheckedChangeListener 接口。将 Fragment 加载到 Activity 中需要用到 FragmentManager 和 FragmentTransaction 两个核心 API，先要将相关 Fragment 添加到 Activity 中，每个只添加一次，然后单击 RadioButton 切换的时候，显示最新的 Fragment，隐藏之前的 Fragment，从而实现切换子界面的效果。

此步骤完成之后，单击底部导航栏中的不同按钮，分别呈现的效果如图 4-38 所示。

图 4-38　底部导航栏效果

3. 编写基于 RecyclerView 的列表

编写基于 RecyclerView 的列表

引入已经封装好了下拉刷新效果和上拉加载效果的第三方开源库 pullloadmorerecyclerview 的依赖，而为了加载 RecyclerView 的数据，还会用到 adapter，同时引入另外一个第三方开源库 base-rvadapter，build.gradle (Module)文件的代码如下：

```
implementation 'com.wuxiaolong.pullloadmorerecyclerview:library:1.1.2'
implementation 'com.zhy:base-rvadapter:3.0.3'
```

最近，由于 Android Studio 的 gradle 文件中默认配置的 JCenter 远程仓

库停服，导致 Android Studio 将无法从 JCenter 仓库获取任何代码库，间接导致项目无法编译。而很多第三方框架基本都放在 JCenter 仓库中，本项目第三方开源库 base-rvadapter 便是如此。对于第三方库使用者来说，如果 JCenter 仓库用不了，可换成 JCenter 的镜像仓库，如阿里云云效 Maven 库、华为开源镜像站、JitPack 远程仓库、MavenCentral 远程仓库等，在本项目中，可以修改本书配套源代码的 build.gradle(Project)文件代码，修改如下：

```
allprojects {
    repositories {
        //注释掉默认的远程仓库，增加阿里云的镜像仓库
        //google()
        //jcenter()
         maven { url 'https://maven.aliyun.com/repository/jcenter' }
         maven { url 'https://maven.aliyun.com/repository/google' }
    }
}
```

在图书列表对应的 Fragment 所在的布局文件 fragment_book.xml 中添加第三方开源库 pullloadmorerecyclerview 中的一个组件，代码如下：

```
<LinearLayout
    android:layout_width="match_parent"
    android:layout_height="match_parent"
    android:layout_below="@id/app_status_bar">
<com.wuxiaolong.pullloadmorerecyclerview.PullLoadMoreRecyclerView
      android:id="@+id/prv_book"
      android:layout_width="match_parent"
      android:layout_height="wrap_content"
      />
</LinearLayout>
```

注意  上述代码在布局中引入了第三方组件 com.wuxiaolong.pullloadmorerecyclerview.PullLoadMoreRecyclerView，这里是使用完整类名进行引入的。

编写一个 RecyclerView 中需要加载的子布局文件 layout\item_rv_book.xml，代码如下：

```
1 <?xml version="1.0" encoding="utf-8"?>
2 <FrameLayout xmlns:android="http://schemas.android.com/apk/res/android"
3   xmlns:app="http://schemas.android.com/apk/res-auto"
4   xmlns:tools="http://schemas.android.com/tools"
5   android:layout_width="match_parent"
6   android:layout_height="wrap_content"
7   android:foreground="@drawable/shape_book_rv"
8   >
9   <RelativeLayout
10    android:layout_width="match_parent"
11    android:layout_height="match_parent">
12    <ImageView
13      android:id="@+id/item_book_icon"
14      android:layout_width="match_parent"
```

```
15      android:layout_height="wrap_content"
16      android:scaleType="fitXY"
17      android:adjustViewBounds="true"
18      />
19    <RelativeLayout
20      android:id="@+id/rl_txt"
21      android:layout_below="@id/item_book_icon"
22      android:layout_width="match_parent"
23      android:layout_height="wrap_content">
24      <TextView
25        android:layout_width="wrap_content"
26        android:layout_height="wrap_content"
27        android:id="@+id/item_book_name"
28        android:layout_centerVertical="true"
29        tools:text="语文"
30        android:layout_margin="5dp"
31        android:textSize="14sp"
32        android:textColor="@color/blue"/>
33      <TextView
34        android:layout_width="wrap_content"
35        android:layout_height="wrap_content"
36        android:layout_centerVertical="true"
37        android:id="@+id/item_gkcs"
38        android:layout_alignParentRight="true"
39        tools:text="100 人已观看"
40        android:layout_margin="5dp"
41        android:textSize="14sp"
42        android:textColor="#1d1d1c"/>
43    </RelativeLayout>
44  </RelativeLayout>
45</FrameLayout>
```

由于图书列表要呈现数据，所以后期会对接服务端接口进行数据渲染。此处先使用静态数据进行展示，会用到 Java 中经典的 get 和 set 方法封装相应的数据实体类。这里创建一个 model 包，并在下面创建一个 BookType 实体类，代码如下：

```
package com.xdw.qmjy.model;
public class BookType {
  private int book_type_id;                    //图书类型 id
  private String name;                         //图书名称
  private int pid;                             //图书分类 pid
  private int depth;                           //图书分类层级
  private String icon_url;                     //图书分类的封面
  private int sort;                            //图书分类排序标记
  private String book_type_code;               //图书分类 code
  private int gkcs;                            //观看次数
  //省略 get 方法、set 方法、构造方法
}
```

下面编写 BookFragment 中的代码。定义相关变量，代码如下：

```
private List<BookType> mData_booktype = new ArrayList<BookType>();//定义图书类型的数据源
private CommonAdapter commonAdapter_book_type;  //加载图书使用的 adapter
private int currentPage = 0;                    //当前界面支持上拉加载、下拉刷新
private PullLoadMoreRecyclerView prv_book;      //图书列表控件
```

定义初始化视图的方法，代码如下：

```
private void initViewBook(View view) {
    prv_book = (PullLoadMoreRecyclerView) view.findViewById(R.id.prv_book);
    prv_book.setLinearLayout(); //将 RecyclerView 设置成线性布局
    //创建 RecyclerView 需要的 adapter，第二个参数为 RecyclerView 对应的子布局，第三个参数为数据源
    commonAdapter_book_type = new CommonAdapter<BookType>(getActivity(), R.layout.
item_rv_book, mData_booktype) {
        @Override
        //在该方法中渲染子布局的各个控件
        protected void convert(ViewHolder holder, BookType bookType, int position) {
            //设置图书分类名称
            holder.setText(R.id.item_book_name, bookType.getName());
            //设置观看次数
            holder.setText(R.id.item_gkcs, String.valueOf(bookType.getGkcs()) + "人已观看");
            //获取封面图片控件对象
            ImageView ivBookIcon = (ImageView) (holder.getConvertView().findViewById
(R.id.item_book_icon));
            //获取 appInfo
            ApplicationInfo appInfo = getActivity().getApplicationInfo();
            //拼接得到资源 id
            int resID = getResources().getIdentifier(bookType.getIcon_url(), "mipmap",
 appInfo.packageName);
            ivBookIcon.setImageResource(resID);
        }
    };
    //给 RecyclerView 绑定 adapter
    prv_book.setAdapter(commonAdapter_book_type);
    //设置 RecyclerView 中间的间距
    prv_book.addItemDecoration(new SpaceItemDecoration(30));
}
```

上述代码中使用了一个自定义的 SpaceItemDecoration 类，它主要用于设置列表内部元素的间距，具体代码请参考本书附带源码。

在实际业务中，列表中的数据通常都是从服务端动态加载的。这里为了更好地完成 UI 部分，可以先模拟生成一串静态数据进行列表的渲染。编写一个生成静态数据的工具类，在里面编写生成相关静态数据的方法，后期对接服务端接口之后将不再使用此类，具体代码如下：

```
public class StaticDataGenerate {
  public static List<BookType> getBookTypeList(){
    List<BookType> bookList = new ArrayList<>();
  bookList.add(new BookType(1,"图书 1","booktype01",1));
  bookList.add(new BookType(1,"图书 1","booktype01",1));
  bookList.add(new BookType(2,"图书 2","booktype02",1));
  bookList.add(new BookType(3,"图书 3","booktype03",1));
  bookList.add(new BookType(4,"图书 4","booktype04",1));
  bookList.add(new BookType(5,"图书 5","booktype05",1));
```

```
    bookList.add(new BookType(6,"图书 6","booktype06",1));
    bookList.add(new BookType(7,"图书 7","booktype07",1));
    bookList.add(new BookType(8,"图书 8","booktype08",1));
    bookList.add(new BookType(9,"图书 9","booktype09",1));
    bookList.add(new BookType(10,"图书 10","booktype10",1));
      return bookList;
    }
}
```

在 BookFragment 中编写与加载数据相关的业务逻辑代码，代码如下：

```
//初始化图书列表的数据
private void initDataBook() {
    //数据初始化
    currentPage = 0;
    //设置静态数据，后期改为对接服务端数据
    setStaticInitData();
}
//设置静态数据，对接服务端 API 之后废弃该方法
private void setStaticInitData() {
    if (currentPage == 0) {
        mData_booktype.clear();
    }
    List<BookType> bookTypeList = StaticDataGenerate.getBookTypeList();
    mData_booktype.addAll(bookTypeList);
    //记录数据更新前的位置
    int start = mData_booktype.size();
    //加载第一页的时候使用 notifyDataSetChanged()方法，加载其他页的时候使用
notifyItemRangeChanged()方法
    //防止在使用 Glide 加载第二页数据的时候自动跳到第一页
    if(currentPage==0){
        commonAdapter_book_type.notifyDataSetChanged();
    }else{
        commonAdapter_book_type.notifyItemRangeChanged(start-1,bookTypeList.size());
    }
    prv_book.setPullLoadMoreCompleted();      //设置数据加载完成，实现下拉刷新和上拉加载功能
之后都必须设置此语句
    prv_book.setPullRefreshEnable(false);     //禁用下拉刷新功能
    prv_book.setPushRefreshEnable(false);     //禁用上拉加载功能
}
```

在 Fragment 生命周期 onViewCreated()方法中调用视图和数据加载的方法，BookFragment 中的代码如下：

```
@Override
public void onViewCreated(@NonNull View view, @Nullable Bundle savedInstanceState) {
    super.onViewCreated(view, savedInstanceState);
    //初始化图书类型的视图
    initViewBook(view);
    //加载图书类型的数据
    initDataBook();
}
```

此时运行主界面代码，效果如图 4-39 所示。

图 4-39　主界面效果

下拉刷新与上拉加载列表数据

4．下拉刷新与上拉加载列表数据

在加载大量数据的时候，往往会使用分页按需加载数据来提高性能。移动 App 使用的分页加载技术常常是下拉刷新与上拉加载，而上一步中引入的 PullLoadMoreRecyclerView 就可以实现该功能，下面将上一步实现的功能进行简单修改。

注释掉之前编写的禁用下拉刷新和上拉加载功能的代码，代码如下：

```
//  prv_book.setPullRefreshEnable(false);    //禁用下拉刷新功能
//  prv_book.setPushRefreshEnable(false);    //禁用上拉加载功能
```

编写一个加载更多数据的方法，代码如下：

```
//加载更多数据的方法
private void loadMoreData(){
    currentPage++;
    List<BookType> bookTypeList = StaticDataGenerate.getBookTypeList();
    //记录数据更新前的位置
    int start = mData_booktype.size();
    mData_booktype.addAll(bookTypeList);
    //加载第一页的时候使用 notifyDataSetChanged()方法，加载其他页的时候使用
notifyItemRangeChanged()方法
    //防止在使用 Glide 加载第二页数据的时候自动跳到第一页
    if(currentPage==0){
        commonAdapter_book_type.notifyDataSetChanged();
    }else{
        commonAdapter_book_type.notifyItemRangeChanged(start-1,bookTypeList.size());
    }
}
```

在之前创建的 onViewCreated()方法中添加对下拉刷新和上拉加载功能的调用，代码如下：

```
@Override
public void onViewCreated(@NonNull View view, @Nullable Bundle savedInstanceState) {
  super.onViewCreated(view, savedInstanceState);
  //初始化图书类型的视图
  initViewBook(view);
```

```
    //加载图书类型的数据
    initDataBook();
    //实现上拉加载和下拉刷新功能
    prv_book.setOnPullLoadMoreListener(new PullLoadMoreRecyclerView.PullLoadMoreListener() {
        @Override
        public void onRefresh() {
            //下拉刷新，重新初始化数据
            initDataBook();
        }

        @Override
        public void onLoadMore() {
            //上拉加载，添加数据源，并通过 adapter 更新 RecyclerView
            loadMoreData();
            prv_book.setPullLoadMoreCompleted();//实现下拉刷新和上拉加载功能之后都必须设置此语句
        }
    });
}
```

这个时候下拉刷新和上拉加载的界面效果如图 4-40 所示，数据加载完成之后等待框会消失。

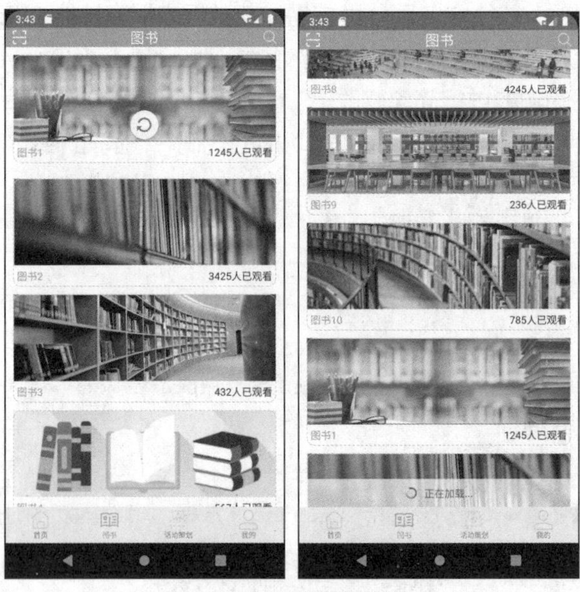

图 4-40　加载图标效果

5. 加载网络图片

上一步使用的图片是本地工程中的图片，而在实际项目中，App 中的图片资源大都来自服务端，那么应如何快速地进行网络图片加载呢？

加载网络图片

这里使用一个专门用来加载图片的优秀第三方库 Glide，下面就详细讲解如何使用 Glide 实现加载网络图片的需求，主要需求如下。

（1）加载网络图片。

（2）将图片顶端的两个角设置成圆角。

引入 Glide 相关的第三方库，添加 Glide 依赖，代码如下：

```
implementation 'com.github.bumptech.glide:glide:4.8.0'
annotationProcessor 'com.github.bumptech.glide:compiler:4.8.0'
implementation 'jp.wasabeef:glide-transformations:3.0.1'
```

将前面创建的生成静态数据的工具类 StaticDataGenerate 中的图片地址修改为网络地址，代码如下：

```
public static List<BookType> getBookTypeList() {
    List<BookType> bookList = new ArrayList<>();
    bookList.add(new BookType(1, "图书1", "http://192.168.1.3:5555/Public/images/booktype/
2022-04-06/624cf18007681.jpg", 1));
    bookList.add(new BookType(2, "图书2", "http://192.168.1.3:5555/Public/images/booktype/
2022-04-06/624cf18d2a3ba.jpg", 1));
    bookList.add(new BookType(3, "图书3", "http://192.168.1.3:5555/Public/images/booktype/
2022-04-06/624cf197523d8.jpg", 1));
    bookList.add(new BookType(4, "图书4", "http://192.168.1.3:5555/Public/images/booktype/
2022-04-06/624cf1a2ee8f7.jpg", 1));
    bookList.add(new BookType(5, "图书5", "http://192.168.1.3:5555/Public/images/booktype/
2022-04-06/624cf1ae3b175.jpg", 1));
    bookList.add(new BookType(6, "图书6", "http://192.168.1.3:5555/Public/images/booktype/
2022-04-06/624cf1b8c7a61.jpg", 1));
    bookList.add(new BookType(7, "图书7", "http://192.168.1.3:5555/Public/images/booktype/
2022-04-06/624cf1c72bfc6.jpg", 1));
    bookList.add(new BookType(8, "图书8", "http://192.168.1.3:5555/Public/images/booktype/
2022-04-06/624cf1d32ca78.jpg", 1));
    bookList.add(new BookType(9, "图书9", "http://192.168.1.3:5555/Public/images/booktype/
2022-04-06/624cf1df61557.jpg", 1));
    bookList.add(new BookType(10, "图书10", "http://192.168.1.3:5555/Public/images/booktype/
2022-04-06/624cf1ec4dabb.jpg", 1));
    return bookList;
}
```

注意　上面代码和后续章节中使用的“http：//192.168.1.3……”只是本书用于示例的 IP 地址，主要是为了告知此处调用网站上的资源，该地址是无法直接访问的。在实际项目实践时，要用实际的网络地址进行替换。

修改 BookFragment 中 adapter 中的设置图片部分的代码，原来直接使用 Image 控件加载图片，现在修改为用 Glide 加载图片，并且设置图片上面的两个角为圆角，代码如下：

```
//ivBookIcon.setImageResource(resID);    //原生的本地图片加载方法
//使用 Glide 加载图片
//防止出现异常 java.lang.IllegalArgumentException: You cannot start a load for a
destroyed activity
if (getActivity() != null && !getActivity().isDestroyed()) {
    //加载网络图片
    Glide.with(getActivity()).load(bookType.getIcon_url())
        .apply(RequestOptions.bitmapTransform(new MultiTransformation(new FitCenter(),
        //设置圆角
            new RoundedCornersTransformation(DensityUtil.dip2px(getActivity(), 10),
 0, RoundedCornersTransformation.CornerType.TOP))))
```

```
            //设置硬盘缓存
            .apply(RequestOptions.diskCacheStrategyOf(DiskCacheStrategy.AUTOMATIC))
            .into(ivBookIcon);
    }
```

这里使用了一个自己编写的工具类 DensityUtil，该工具类用于控制 dp 和 px 的互相转换，代码如下：

```
public class DensityUtil {
  // 根据手机的分辨率，将单位从 dp 转换为 px
  public static int dip2px(Context context, float dpValue) {
    final float scale = context.getResources().getDisplayMetrics().density;
    return (int) (dpValue * scale + 0.5f);
  }

  // 根据手机的分辨率，将单位从 px 转换为 dp
  public static int px2dip(Context context, float pxValue) {
    final float scale = context.getResources().getDisplayMetrics().density;
    return (int) (pxValue / scale + 0.5f);
  }
}
```

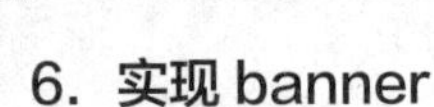

注意　　Glide 的使用方法十分简单，这里引用的是 Glide 4.x，与 Glide 3.x 的使用方法有些差别。如果要加载网络图片，则一定要记得申请网络访问权限和 http 支持。除加载网络图片之外，也可以在 load()方法中直接使用 resid 参数加载本地图片。

6. 实现 banner

实现 banner

下面实现主界面中第一个标签页对应的 YejyFragment 中的内容，该界面的效果如图 4-41 所示。

图 4-41　滚动 banner 的效果

这里顶部有一个 App 开发中常见的滚动 banner，下方是一个网格状的列表，该列表的实现方式在前面已经介绍过了，只不过前面的列表采用的是线性布局方式，这里采用的是网格布局方式，网格列数为 2，因此将之前的代码做如下简单变动即可，即将 RecyclerView 设置成网格布局，代码如下：

```
//prv_book.setLinearLayout(); //将 RecyclerView 设置成线性布局
prv_book.setGridLayout(2); //将 RecyclerView 设置成网格布局，网格列数为 2
```

视频对应的列表展示功能留给大家自行实现，这里主要讲解滚动 banner 如何实现。

使用一个专门用于实现滚动 banner 的第三方库进行快速实现。引入 banner 控件对应的第三方开源库的依赖，代码如下：

```
implementation 'com.bigkoo:ConvenientBanner:2.1.4'
```

编写布局文件 layout\fragment_yejy.xml 的代码，在其中添加 ConvenientBanner 控件，代码如下：

```
<FrameLayout
    android:layout_width="match_parent"
    android:layout_height="wrap_content">
<com.bigkoo.convenientbanner.ConvenientBanner
      android:id="@+id/convenientBanner"
      android:layout_width="match_parent"
      android:layout_height="180dp"
      app:autoTurningTime="3000"
      app:canLoop="true" />
</FrameLayout>
```

知识拓展　该布局中的 com.bigkoo.convenientbanner.ConvenientBanner 就是 banner 的控件，autoTurningTime 属性用于设置图片自动轮播时间，canLoop 设置为 true 表示无限循环轮播。

下面编写 YejyFragment 中的代码来实现 banner 的渲染、指示器、单击事件等相关功能。声明相关成员变量，代码如下：

```
//声明头部的 banner
private ConvenientBanner mConvenientBanner;
```

在 YejyFragment 的 onViewCreated()方法中添加 banner 的业务实现代码，代码如下：

```
//初始化 mConvenientBanner，与布局文件关联
mConvenientBanner =view.findViewById(R.id.convenientBanner);
//获取存储广告图片的列表
List<String> imageList = StaticDataGenerate.getBannerImgUriList();
//给 banner 绑定布局和数据源
mConvenientBanner.setPages(new CBViewHolderCreator() {
  @Override
  public Holder createHolder(View itemView) {
    return new NetImageHolderView(itemView, getActivity());
  }
  @Override
  public int getLayoutId() {
   return R.layout.item_banner_image;
  }
}, imageList);
//设置小圆点切换显示器
mConvenientBanner.setPageIndicator(new int[]{R.mipmap.dot_light, R.mipmap.dot_white})
      .setPageIndicatorAlign(ConvenientBanner.PageIndicatorAlign.CENTER_HORIZONTAL)
      //设置指示器是否可见
```

```
        .setPointViewVisible(true);
//设置 banner 的点击事件，在 onItemClick()方法中根据实际需求编写相应业务代码，例如界面跳转等
mConvenientBanner.setOnItemClickListener(new OnItemClickListener() {
  @Override
  public void onItemClick(int position) {
    Toast.makeText(getActivity(), "广告" + position + "被点击", Toast.LENGTH_SHORT).show();
  }
});
```

设置 banner 的自动翻页功能，代码如下：

```
@Override
public void onResume() {
  super.onResume();
  //开始自动翻页
  mConvenientBanner.startTurning();
}

@Override
public void onPause() {
  super.onPause();
  //停止翻页
  mConvenientBanner.stopTurning();
}
```

此时的运行结果如图 4-42 所示，banner 会自动滚动。

这里采用第三方库实现 banner 功能的操作比较简单，必须要设置的就是给 banner 绑定子布局和数据源，切换指示器和自动翻页功能可以灵活设置。视频展示的内容作为拓展内容，大家可以根据现在的 UI 效果图自行实现一个静态数据板块，也可以在后面根据服务接口文档自行拓展实现完整版功能。

实现对话框

7. 实现对话框

此步骤完成一个 App 中常用的对话框提醒功能，这里以点击“资源下载”按钮后弹出的对话框为例，如图 4-43 所示。

图 4-42　滚动广告 banner 运行结果

图 4-43　对话框效果

声明相关控件对应的成员变量，代码如下：

```
//声明视频资源、图书介绍、图书配套、分享交流、资源下载等按钮对应的控件
private LinearLayout ll_spzy,ll_tsjs,ll_tspt, ll_fxjl,ll_zyxz;
```

定义一个初始化相关控件的方法，并且添加单击事件，代码如下：

```
private void initView(View view) {
  ll_spzy = (LinearLayout)view.findViewById(R.id.ll_spzy);
  ll_tsjs = (LinearLayout)view.findViewById(R.id.ll_tsjs);
  ll_tspt = (LinearLayout)view.findViewById(R.id.ll_tspt);
  ll_fxjl = (LinearLayout)view.findViewById(R.id.ll_fxjl);
  ll_zyxz = (LinearLayout)view.findViewById(R.id.ll_zyxz);
  ll_spzy.setOnClickListener(this);
  ll_tsjs.setOnClickListener(this);
  ll_tspt.setOnClickListener(this);
  ll_fxjl.setOnClickListener(this);
  ll_zyxz.setOnClickListener(this);
}
```

在 onViewCreated()方法中调用 initView()方法，代码如下：

```
initView(view);
```

实现点击事件的 onClick()方法，在该方法中设置当点击"资源下载"按钮的时候，弹出对话框，代码如下：

```
……
case R.id.ll_zyxz:    //选择"资源下载"按钮进行点击
  // 构造对话框
  AlertDialog.Builder alert = new AlertDialog.Builder(getActivity());
  //构造对话框的主题内容，设置"确定"按钮和"取消"按钮的点击事件
  alert.setTitle("资源下载")
        .setMessage("资源下载 App 端功能还未完成，待实现")
        .setPositiveButton("确定", new DialogInterface.OnClickListener() {
           public void onClick(DialogInterface dialog, int which) {
             Toast.makeText(getActivity(),"点击了确定",Toast.LENGTH_SHORT).show();
             dialog.dismiss();    //清除对话框
           }
        })
        .setNegativeButton("取消", new DialogInterface.OnClickListener() {
           public void onClick(DialogInterface dialog, int which) {
             Toast.makeText(getActivity(),"点击了取消",Toast.LENGTH_SHORT).show();
             dialog.dismiss();    //清除对话框
           }
        });
  //显示对话框
  alert.create().show();
  break;
```

4.12 任务 13：图书资源 App 资讯详情界面开发

前面 3 个任务分别开发了不同类型的界面，运用了各种不同的 UI 组件及第三方开源库。本任务将完成另外一种类型的界面的开发，会用到一个非常重要的控件——WebView。上一个任务中已经实现了主界面的相关布局，本任务先利用之前所学的布局知识实现一个"图书介绍"中的资讯列

表展示功能，如图 4-44 所示。该界面如何实现此处不再重复讲解，可以参考本书附带源码，编号为 P-QMJY-4-4-0。

下面来实现点击资讯列表中的一个 item 跳转到资讯详情界面的展示，可以使用本书附带的编号为 P-QMJY-4-4-0 的源码继续本任务的开发。

资讯详情界面的效果如图 4-45 所示。这里的资讯详情界面就是非常常见的一个类似新闻界面的 Web 界面，可以由管理员在后台管理网站通过富文本进行编辑。本任务实现该功能重点要用到 WebView 控件来加载 Web 界面。

WebView 是 Android 系统中的原生控件，主要用于与前端界面进行交互，快捷省时地实现相应的功能，相当于增强版的内置浏览器。使用时需要在配置文件里设置网络权限，定义布局大小和样式，以及绑定和操作控件。

加载 WebView 控件与控制生命周期

1. 加载 WebView 控件与控制生命周期

使用 Android Studio 新建一个 Activity，命名为 RealInfoWebViewActivity，该 Activity 的布局文件 layout\activity_real_info_web_view.xml 的代码如下：

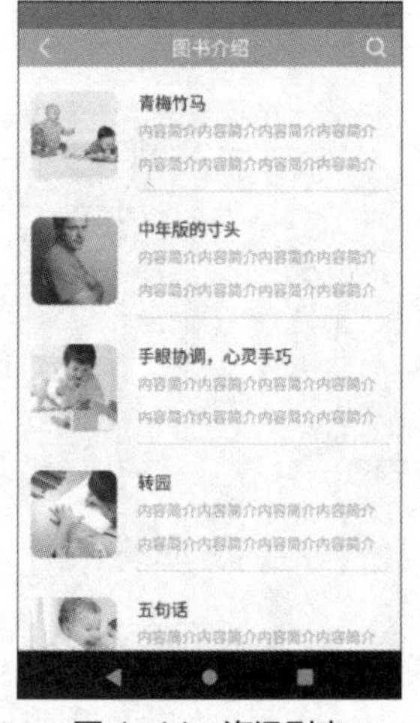

图 4-44　资讯列表

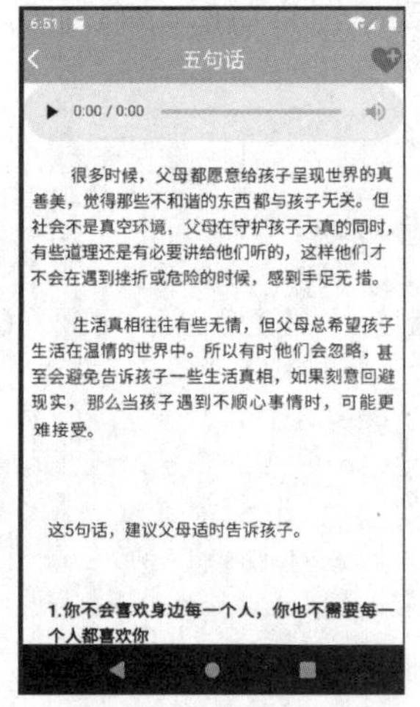

图 4-45　资讯详情界面

```
1   <?xml version="1.0" encoding="utf-8"?>
2   <LinearLayout xmlns:android="http://schemas.android.com/apk/res/android"
3     xmlns:app="http://schemas.android.com/apk/res-auto"
4     xmlns:tools="http://schemas.android.com/tools"
5     android:layout_width="match_parent"
6     android:layout_height="match_parent"
7     android:orientation="vertical"
8     tools:context=".activity.RealInfoWebViewActivity">
9
10    <RelativeLayout
11      android:id="@+id/root"
12      android:layout_width="match_parent"
13      android:layout_height="44dp"
14      android:background="@color/app_status_bar">
15
16      <ImageView
```

```
17          android:id="@+id/left_image"
18          android:layout_width="wrap_content"
19          android:layout_height="wrap_content"
20          android:layout_alignParentLeft="true"
21          android:layout_centerVertical="true"
22          android:scaleType="center"
23          android:src="@mipmap/arrow_left" />
24
25        <TextView
26          android:id="@+id/title"
27          android:layout_width="wrap_content"
28          android:layout_height="wrap_content"
29          android:layout_centerInParent="true"
30          android:layout_marginLeft="50dp"
31          android:layout_marginRight="50dp"
32          android:gravity="center"
33          android:singleLine="true"
34          android:textColor="#ffffff"
35          android:textSize="20sp" />
36
37        <ImageView
38          android:id="@+id/iv_shoucang"
39          android:layout_width="32dp"
40          android:layout_height="32dp"
41          android:layout_alignParentRight="true"
42          android:layout_centerVertical="true"
43          android:scaleType="center"
44          android:src="@mipmap/shoucang" />
45      </RelativeLayout>
46
47      <WebView
48       android:id="@+id/real_info_wv"
49       android:layout_width="match_parent"
50       android:layout_height="match_parent"></WebView>
51    </LinearLayout>
```

第 47 行到第 50 行代码就是添加的 WebView 控件，第 10 行到第 45 行代码实现了顶部标题导航栏。

编写 RealInfoWebViewActivity 中的代码，代码如下：

```
1    public class RealInfoWebViewActivity extends AppCompatActivity {
2      private WebView webView;     //定义 WebView 控件对象
3      private TextView tv_title;   //定义与标题对应的文本控件
4
5      @Override
6      protected void onCreate(Bundle savedInstanceState) {
7        super.onCreate(savedInstanceState);
8        setContentView(R.layout.activity_real_info_web_view);
9        initView();
10         initData();
11     }
12
```

```
13    private void initView() {
14      tv_title = (TextView) findViewById(R.id.title);
15      webView = (WebView) findViewById(R.id.real_info_wv);
16    }
17
18    private void initData() {
19        //接收上一个界面传递过来的 real_info_id 参数，注意这个参数名称必须和上一个界面中传递
的参数名称保持一致
20        Intent intent = this.getIntent();
21        int real_info_id = -1;
22        if (intent != null) {
23           real_info_id = intent.getIntExtra("real_info_id", -1);
24        }
25         webView.loadUrl(UrlConstant.SERVER_URL + "Home/RealInfo?real_info_id=" +
 real_info_id);
26    }
27
28    //销毁 Activity 的时候销毁 webView
29    @Override
30    protected void onDestroy() {
31      super.onDestroy();
32      webView.loadUrl("about:blank");
33      webView.stopLoading();
34      webView.setWebChromeClient(null);
35      webView.setWebViewClient(null);
36      webView.destroy();
37      webView = null;
38    }
39  }
```

注意 这里使用了 webView.loadUrl 这个核心 API 去加载服务端的 Web 界面，Web 界面加载需要一个 real_info_id 参数，该参数由在上一个界面中点击的时候传递过来。另外，在销毁 Activity 的时候需要销毁 webView。

2. 设置 item 的点击事件跳转到资讯详情界面并传参

设置 item 的点击事件跳转到资讯详情界面并传参

编写界面 YesqActivity 的代码，在 initView()方法的最后添加 item 的点击事件跳转到 RealInfoWebViewActivity 界面并且传参的代码，代码如下：

```
  //给 adapter 下的每个 item 设置点击事件
  commonAdapter.setOnItemClickListener(new MultiItemTypeAdapter.OnItemCl
ickListener()
  {
    @Override
    public void onItemClick(View view, RecyclerView.ViewHolder viewHolder, int i) {
      //跳转界面并且传递 real_info_id 参数，注意这个参数名称必须和下一个界面中的接收参数名称保持一致
      int real_info_id = mData.get(i).getReal_info_id();
      Bundle bundle = new Bundle();
      bundle.putInt("real_info_id", real_info_id);
```

```
        Intent intent = new Intent(YesqActivity.this, RealInfoWebViewActivity.class);
        intent.putExtras(bundle);
        startActivity(intent);
    }
    @Override
    public boolean onItemLongClick(View view, RecyclerView.ViewHolder viewHolder, int i) {
        return false;
    }
});
```

注意　代码中传递的参数是一个整数，是 App 服务器里新闻咨询的逻辑位置。另外，这里的音频链接 audio_url 是由服务端逻辑进行判断的，如果有 audio_url 存在，则服务端会在 Web 界面中嵌入一个 audio 播放器；如果没有，则不嵌入 audio 播放器。在静态数据中是否添加 audio_url 并不影响逻辑，后端代码通过 real_info_id 这个主键去查询数据库，然后通过确认真实的 audio_url 是否存在进行逻辑判断。

这里的启动 Activity 并且传递参数，主要用到了 intent 和 bundle 两个对象，bundle 对象绑定参数的方式类似于一个 HashMap 操作。

【项目小结】

本项目介绍了 Android 的常用布局之线性布局与相对布局的特征与属性、常用控件（包括 TextView、EditText、Button、ImageView）的常用属性与使用、RecyclerView 控件的使用、WebView 控件的基础使用、Activity 生命周期与跳转方法、数据存储方案、线程通信、Fragment 碎片、Toast 消息提示与 Log 输出等知识。

在掌握了这些基础知识之后，首先使用常用 UI 控件进行界面布局、通过开发实现底部导航栏、开发 RecyclerView 的各种列表、使用 WebView 控件等，最终完成了图书资源 App 的登录界面、引导界面与欢迎界面、主界面、资讯详情界面的开发，为后面的项目开发做好了准备工作。

【知识巩固】

1. 单选题

（1）在 Android 中，android:color 是（　　）标签的属性。

A. solid　　B. RadioGroup
C. ImageView　　D. TextView

（2）下面是 Android 中的日志级别，当 App 出现错误时需要使用的日志级别是（　　）。

A. logi　　B. logd　　C. logw　　D. loge

（3）在 Android 开发中，如果一个界面需要在网页、微信、公众号、App 中重复使用，在 Android App 中需要使用（　　）控件来实现。

A. WebView　　B. TextView　　C. ImageView　　D. GridView

2. 填空题

（1）Android 布局和控件的宽高常用________、________这两个属性值，分别表示占满父容器和根据内容自适应。

（2）Android 中文字大小的单位通常使用________。

（3）Activity 的 Java 代码中给控件关联的变量赋值，使用________方法。

3. 简答题

（1）Android 中常见的布局有哪些？请列举 3 个。

（2）请简单描述给一个按钮添加点击事件的流程。

（3）Activity 从启动到启动完成会经历哪些生命周期？按 Home 键会执行哪些？再切换回 Activity 会执行哪些？点击返回按钮退出 Activity 会执行哪些？

（4）请简述使用 ViewPager 实现一个滑动界面的流程。

（5）实现在资讯列表详情界面中点击任意一个条目，跳转到资讯条目详情界面，在 Logcat 日志中输出该条资讯条目的 id 值。

（6）请简述 RecyclerView 的 item 点击事件与 ListView 的 item 点击事件有何不同。

【项目实训】

（1）利用之前所学的知识，自行完成注册界面的编写，效果如图 4-46 所示。

（2）实现“首页”界面中的视频列表展示功能，效果如图 4-47 所示。

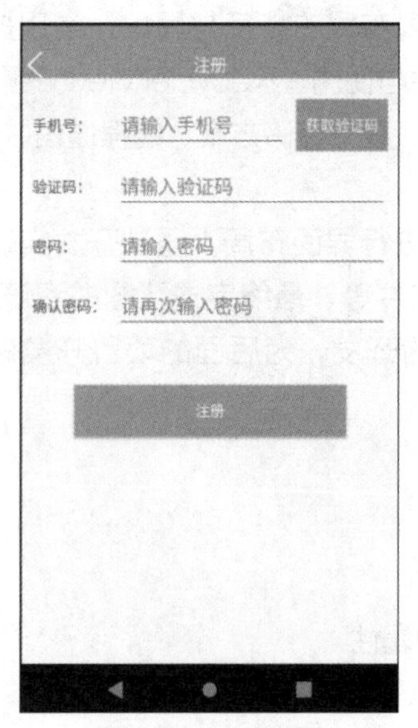

图 4-46　注册界面

图 4-47　视频列表展示效果

项目5 移动App UI交互开发能力提升

【学习目标】

1. 知识目标

（1）学习 ijkPlayer 的集成步骤。

（2）学习判断用户登录状态的流程。

（3）学习 Android 动态运行时的权限。

2. 技能目标

（1）具备通过 sp 文件和内存全局变量记录用户登录状态的能力。

（2）具备操作动态权限申请对话框的能力。

（3）具备调用系统相机和相册组件的能力。

（4）具备开发图片裁剪功能的能力。

3. 素养目标

（1）培养团队协同开发的合作精神。

（2）培养良好的代码书写习惯，具备 App 开发的专业知识、技术及操作经验。

（3）培养勤勉的工作态度，提高职业技能，培养敬业精神。

（4）通过代码开发解决人民需求，培养数字化思维，树立数字强国信念。

（5）注重实践创新，紧密结合实践进行创新。

【项目概述】

上一个项目完成了图书资源 App 部分核心界面的开发，包括登录界面、引导界面与欢迎界面、主界面、资讯详情界面，本项目将完成视频在线播放的开发、用户权限逻辑的实现、个人中心的功能开发，重点介绍视频播放功能及相册功能的开发。

【思维导图】

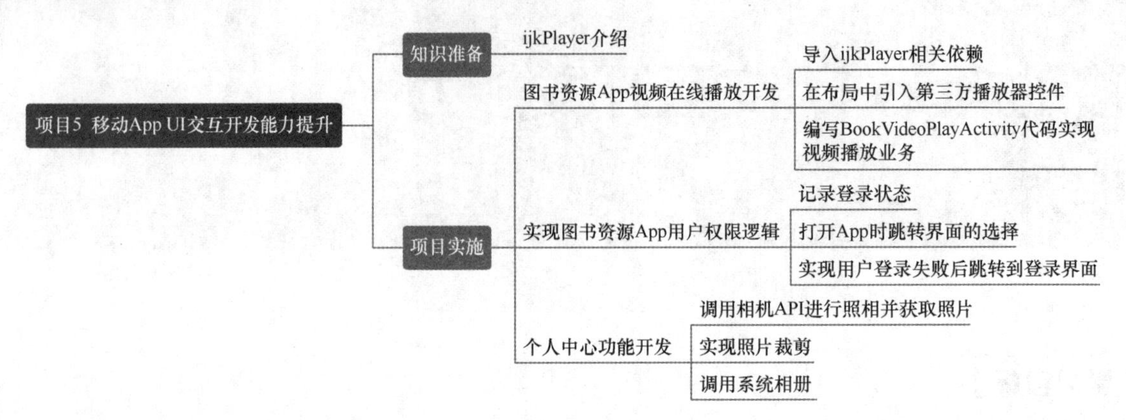

【知识准备】

本项目后面要使用 ijkPlayer 进行在线开发，所以先简单了解一下什么是 ijkPlayer。

5.1 ijkPlayer 介绍

ijkPlayer 是 bilibili 基于 FFMpeg 开发并开源的轻量级视频播放器，支持播放本地、网络视频，也支持流媒体播放，支持 Android 系统与 iOS，主要具有如下特点。

ijkPlayer 支持本地全媒体格式，突破 iOS 平台对视频格式的限制，支持目前大部分主流的媒体格式；支持多种格式文件渐进式和流式播放（如 HLS、RTMP、HTTP Pseudo-Streaming）；其资源 CPU/内存占用率低，视频加载速度快；提供了与系统播放器 MPMoviePlayerController 高度相似的调用接口，便于开发者快速开发媒体播放应用，所以 ijkPlayer 使用门槛低、灵活度高；另外，ijkPlayer 还弥补了系统播放器在媒体支持格式上的不足，具有高兼容性、高稳定性和快速响应等性能。

【项目实施】

5.2 任务 14：图书资源 App 视频在线播放开发

本任务需要实现与图书配套的视频的播放功能，这些视频都存储在服务端。在 Android 中并不存在能直接播放网络视频的控件，往往需要自己编写代码做一定的封装来实现。本任务中引入了一个优秀的第三方播放器 ijkPlayer 来快速实现网络视频播放功能。视频播放的 UI 效果如图 5-1 和图 5-2 所示。

1. 导入 IjkPlayer 相关依赖

build.gradle 中的代码如下：

```
implementation 'com.dou361.ijkplayer:jjdxm-ijkplayer:1.0.6'
implementation 'com.dou361.ijkplayer-armv7a:jjdxm-ijkplayer-armv7a:1.0.0'
```

```
implementation 'com.dou361.ijkplayer-armv5:jjdxm-ijkplayer-armv5:1.0.0'
implementation 'com.dou361.ijkplayer-arm64:jjdxm-ijkplayer-arm64:1.0.0'
implementation 'com.dou361.ijkplayer-x86:jjdxm-ijkplayer-x86:1.0.0'
implementation 'com.dou361.ijkplayer-x86_64:jjdxm-ijkplayer-x86_64:1.0.0'
```

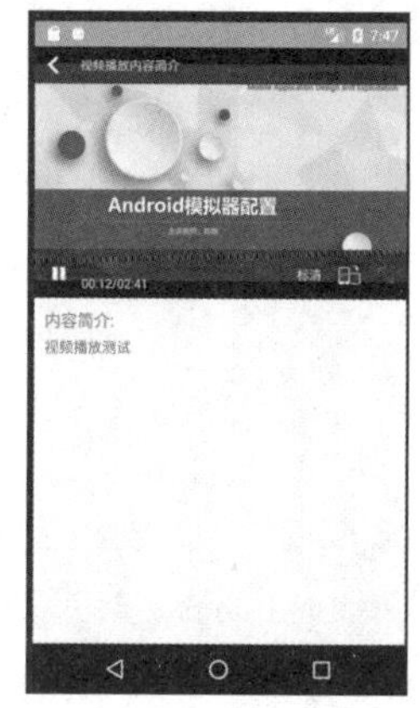

图 5-1　竖屏进行视频播放的 UI 效果

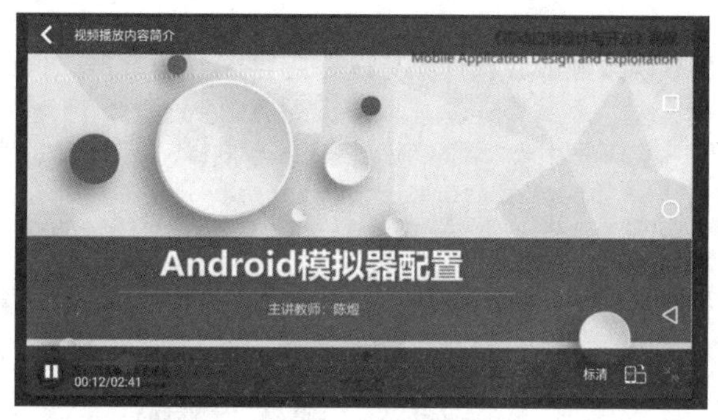

图 5-2　横屏进行视频播放的 UI 效果

2. 在布局中引入第三方播放器控件

新建一个用来播放视频的 Activity，取名为 BookVideoPlayActivity，它对应的布局文件的代码如下：

```
1   <LinearLayout xmlns:android="http://schemas.android.com/apk/res/android"
2     xmlns:tools="http://schemas.android.com/tools"
3     android:layout_width="match_parent"
4     android:layout_height="match_parent"
5     android:orientation="vertical"
6     tools:context=".fragment.BookFragment">
7
8     <include
9       layout="@layout/simple_player_view_player"
10      android:layout_width="match_parent"
11      android:layout_height="240dp"/>
12    <TextView
13      android:layout_width="wrap_content"
14      android:layout_height="wrap_content"
15      android:layout_marginLeft="10dp"
16      android:layout_marginTop="10dp"
17      android:text="内容简介:"
18      android:textSize="16sp"/>
19    <TextView
20      android:layout_width="wrap_content"
21      android:layout_height="wrap_content"
22      android:layout_marginLeft="10dp"
23      android:layout_marginTop="5dp"
24      android:id="@+id/tv_content"/>
25  </LinearLayout>
```

第 8 行到第 11 行代码就采用 include 标签导入了一个视频播放器控件，该控件对应的布局文件 simple_player_view_player.xml 是第三方库 ijkPlayer 中定义好的，不能自行更换，同时这里必须指定该播放器组件的高度。

3．编写 BookVideoPlayActivity 代码实现视频播放业务

定义相关成员变量，代码如下：

```
private PlayerView player;   //定义 ijkPlayer 中的 player 控件
private TextView tv_title, tv_content;   //定义标题、内容简介对应的文本控件
private String m_video_url; //定义视频播放地址
private Context mContext;    //定义 Context 对象
```

获取视频播放源和视频标题、内容简介等数据，代码如下：

```
tv_content = (TextView) findViewById(R.id.tv_content);
        //获取上一个界面传递过来的视频内容、视频播放地址等数据
        /*Intent intent = getIntent();
        tv_content.setText(intent.getStringExtra("content"));
        m_video_url = intent.getStringExtra("video_url");
        String title = intent.getStringExtra("name");*/
        //--start-集成视频功能测试代码，在正式获取视频资源的时候删除，改成上面的动态获取视频标题、
播放地址等参数
        tv_content.setText("视频播放测试");
        m_video_url = "http://192.168.1.3/Public/Home/video/test.mp4";
        String title = "视频播放内容简介";
        //--end-集成视频功能测试代码，在正式获取视频资源的时候删除，改成上面的动态获取视频标题、播
放地址等参数
```

调用 ijkPlayer 的相关核心 API 实现视频播放器的菜单栏、控制栏、自动播放等功能，代码如下：

```
player = new PlayerView(this)
      .setTitle(title)                              //设置标题栏
      .setScaleType(PlayStateParams.fitparent) //设置视频源缩放类型
      .hideMenu(true)                               //隐藏菜单栏
      .forbidTouch(false)                           //设置是否禁止触摸
      .hideCenterPlayer(true)                       //隐藏中央的播放按钮
      .showThumbnail(new OnShowThumbnailListener() {
         @Override
         public void onShowThumbnail(ImageView ivThumbnail) {
               if (mContext != null) {
                  if (mContext instanceof Activity && !((Activity) mContext)
.isDestroyed()) {
                     Glide.with(mContext)
                     .load(UrlConstant.SERVER_URL + "Public/images/video_default.jpg")
                     .apply(RequestOptions.diskCacheStrategyOf(DiskCacheStrategy.
AUTOMATIC)) .into(ivThumbnail);
                     }
                  }
               }
            })                                     //设置视频播放前的占位图片
            .setPlaySource(m_video_url)         //设置视频播放源
   .startPlay();   //开始播放
```

为了实现播放器全屏切换功能，需要在清单文件 AndroidManifest.xml 中对该 Activity 进行配置，代码如下：

```
<activity
  android:name=".BookVideoPlayActivity"
  android:configChanges="orientation|keyboardHidden|screenSize"></activity>
```

为了播放网络视频，除了添加之前的网络访问权限，还要添加一个获取网络信息状态的权限，代码如下：

```
<uses-permission android:name="android.permission.ACCESS_NETWORK_STATE" />
```

如果不添加，则会报错，如图 5-3 所示。

```
Caused by: java.lang.SecurityException: ConnectivityService: Neither user 10093 nor current process has android.permission.ACCESS_NETWORK_STATE.
    at android.os.Parcel.createException(Parcel.java:1950)
    at android.os.Parcel.readException(Parcel.java:1918)
    at android.os.Parcel.readException(Parcel.java:1868)
    at android.net.IConnectivityManager$Stub$Proxy.getActiveNetworkInfo(IConnectivityManager.java:1207)
    at android.net.ConnectivityManager.getActiveNetworkInfo(ConnectivityManager.java:883)
    at com.dou361.ijkplayer.utils.NetworkUtils.getNetworkType(NetworkUtils.java:38)
    at com.dou361.ijkplayer.widget.PlayerView.startPlay(PlayerView.java:1018)
    at com.xdw.qmjy.BookVideoPlayActivity.onCreate(BookVideoPlayActivity.java:68)
    at android.app.Activity.performCreate(Activity.java:7136)
    at android.app.Activity.performCreate(Activity.java:7127)
    at android.app.Instrumentation.callActivityOnCreate(Instrumentation.java:1271)
    at android.app.ActivityThread.performLaunchActivity(ActivityThread.java:2893) <8 more...> <1 internal call> <2 more...>
```

图 5-3　未添加获取网络信息状态的权限时会报错

修改 BookFragment 的代码，给其中的列表添加点击事件，用户点击列表的时候跳转到视频播放界面，代码如下：

```
//设置图书类型列表的点击事件，此处用来启动图书视频播放测试界面，在后期正式设置时应该启动图书分册展示界面
commonAdapter_book_type.setOnItemClickListener(new MultiItemTypeAdapter.OnItemClickListener() {
    @Override
    public void onItemClick(View view, RecyclerView.ViewHolder viewHolder, int i) {
        startActivity(new Intent(getActivity(), BookVideoPlayActivity.class));
    }
    @Override
    public boolean onItemLongClick(View view, RecyclerView.ViewHolder viewHolder, int i) {
        return false;
    }
});
```

5.3 任务 15：实现图书资源 App 用户权限逻辑

前几个任务实现了登录界面、主界面、资讯详情界面、图书列表界面、视频播放界面等，并且使用静态数据进行了界面渲染，本任务不再编写界面，而是为之前编写好的界面编写相应的用户权限控制。在 App 开发中，编写权限控制是非常重要的一个环节。

在图书资源 App 中，大部分功能是不需要用户登录就能使用的，但是像教案、图书视频播放等功能需要用户登录之后才能使用。并且 App 会记录用户的登录状态，在一定时间之内（例如设置为 3 天）用户打开 App，不需要再重复登录账号，这个逻辑要配合服务端接口共同实现。由于本任务中还未整合服务端接口，因此无法直接实现真实的用户登录校验与用户登录状态是否过期校验功能，但是可以先使用假数据进行模拟，后期与服务端对接后，再简单做一下修改。

1. 记录登录状态

记录登录状态

设置一个假数据，用户名默认为 test，密码默认为 123456，用户 id 为 1，只有符合该用户名及密码才能登录成功。

此任务中先实现登录校验和登录成功之后的状态记录功能，可以暂时先将 App 的启动 Activity 切换为 LoginActivity。修改清单文件 AndroidManifest.xml 的配置代码，代码如下：

```
<activity android:name=".activity.LoginActivity">
<intent-filter>
<action android:name="android.intent.action.MAIN" />
<category android:name="android.intent.category.LAUNCHER" />
</intent-filter>
</activity>
```

下面编写点击登录按钮对应的逻辑，在里面进行用户名和密码的校验，校验成功之后记录用户登录状态并且跳转到主界面。

创建一个用户对应的实体类 User，它的核心代码如下：

```
public class User {
  private int user_id;          //用户 id
  private String username;      //用户名
  private String password;         //用户密码
  private String nickname;         //用户昵称
  private String sex;              //用户性别
  private String portrait_url;     //用户头像
  private int reg_time;            //用户注册时间
  private String token;            //用户 token
  private String yry;              //用户所属幼儿园
    //省略 get 和 set，构造函数代码
}
```

用户的登录状态需要用之前讲过的 SharedPreferences 进行保存，同时在 App 的内存中使用一个全局变量来保存用户相关信息，这样就不用每次都去读写 SharedPreferences 文件了。

在 MyApp 类中创建一个 user 全局变量，代码如下：

```
public static User user;//保存用户信息的全局变量
```

在 LoginActivity 中定义相关控件对应的成员变量，代码如下：

```
private Button login_tv;//定义一个 Button 变量
private EditText username_et, user_pwd_et; //定义用户名和密码输入框控件
```

给相关控件赋值并设置登录按钮点击事件，代码如下：

```
username_et = (EditText) findViewById(R.id.username_et);
user_pwd_et = (EditText) findViewById(R.id.user_pwd_et);
//给 login_tv 变量赋值，通过 id 关联布局文件中的控件
login_tv = findViewById(R.id.login_tv);
//给 login_tv 按钮绑定监听事件
login_tv.setOnClickListener(this);
```

在按钮点击事件的回调方法 onClick()中实现相关逻辑，代码如下：

```
@Override
public void onClick(View v) {
  switch (v.getId()) {
    case R.id.login_tv:
      if ("test".equals(username_et.getText().toString()) &&"123456".equals(user_
pwd_et.getText().toString())) {
         //在内存中记录用户信息，这里任意定义一个假数据，后期对接服务端接口
         MyApp.user = new User(1, "test", "123456", "测试账号", "男", null, 0,
"token001", null);
         //在 SharedPreferences 中记录用户 id 和 token，用于在下次打开 App 时进行免登录判断
         AppSpUtils.setValueToPrefrences("userid", MyApp.user.getUser_id());
```

```
            AppSpUtils.setValueToPrefrences("token", MyApp.user.getToken());
            //启动主界面并且关闭当前界面
            Intent intent = new Intent(LoginActivity.this, MainActivity.class);
            startActivity(intent);
            finish();    //关闭登录界面
            Toast.makeText(LoginActivity.this, "登录成功", Toast.LENGTH_SHORT).show();
        } else {
            Toast.makeText(LoginActivity.this, "用户名或者密码错误", Toast.LENGTH_
SHORT).show();
        }
        break;
    }
}
```

此时，输入正确的用户名和密码，则跳转到主界面，否则提示“用户名或者密码错误”。登录成功之后，可以在 Android Studio 侧边的 Device File Explorer 标签中查看生成的 SharedPreferences 文件，如图 5-4 所示。

打开 App 时跳转界面的选择

2. 打开 App 时跳转界面的选择

上一步将启动界面修改成了登录界面，而实际打开 App 时的流程如图 5-5 所示。

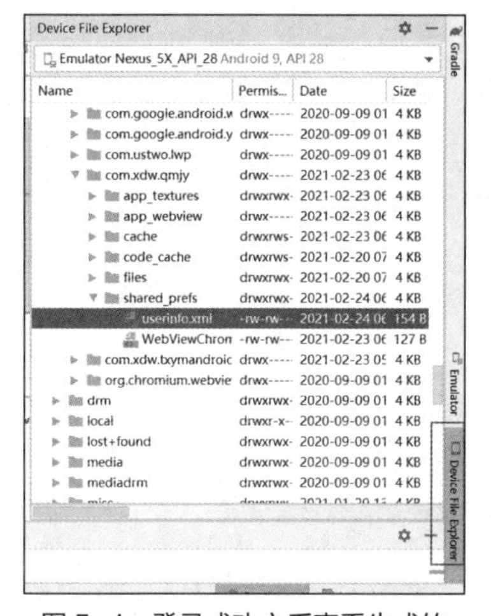

图 5-4　登录成功之后查看生成的 SharedPreferences 文件

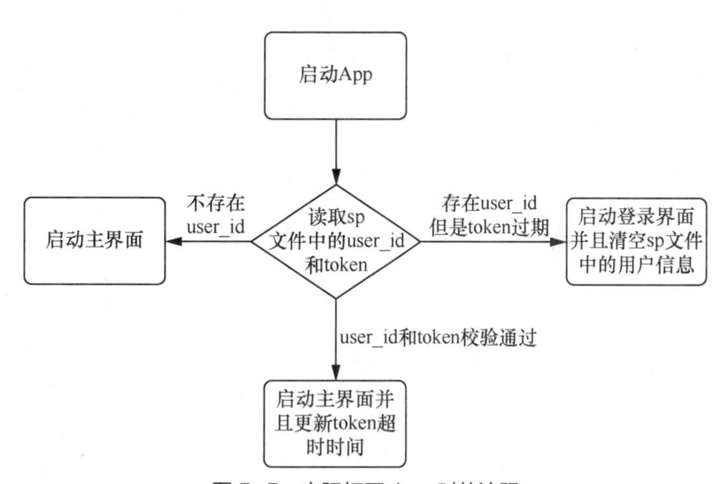

图 5-5　实际打开 App 时的流程

这里判断 token 是否超时，token 的更新都是通过对接服务端接口，由服务端实现的。但本阶段还未对接服务端，可以简单写个空方法来模拟 token 校验和更新功能。

将 App 的默认启动界面切换成 WelcomeActivity，修改 AndroidManifest.xml 文件的代码，代码如下：

```
<activity
    android:name=".activity.WelcomeActivity"
    android:theme="@style/Theme.AppCompat.Light.NoActionBar">
<intent-filter>
<action android:name="android.intent.action.MAIN" />
<category android:name="android.intent.category.LAUNCHER" />
```

```
</intent-filter>
</activity>
```

在引入用户登录体系之前，WelcomeActivity 中已经实现了跳转到 MainActivity 的代码逻辑，代码如下：

```
//定义一个 Handler，用于接收子进程定时器的消息
private Handler handler = new Handler() {
   @Override
   public void handleMessage(Message msg) {
     super.handleMessage(msg);
     startActivity(new Intent(WelcomeActivity.this, MainActivity.class));
   }
};
```

这里需要简单修改，在启动 MainActivity 之前添加一些逻辑控制。

定义几个业务逻辑方法，代码如下：

```
1//方法返回值为 0，代表 sp 文件中不存在 user_id；返回值为 1，代表 token 校验通过；返回值为 2，代表
token 校验失败
2  private int checkToken(){
3      //获取 sp 文件中存储的 user_id 和 token
4      int user_id = AppSpUtils.getValueFromPrefrences("user_id",0);
5      String token = AppSpUtils.getValueFromPrefrences("token","");
6      if(user_id==0){
7         return 0;
8      } else if (user_id == 1 &&"token001".equals(token)){
9         return 1;  //未对接服务端接口的时候，用假数据模拟 token 校验
10     } else {
11        return 2;
12     }
13  }
14
15   //更新 token 业务方法，在未对接服务端的时候，该方法会虚构一个假数据
16   private void updateToken(){
17      if(MyApp.user!=null){
18         MyApp.user.setUser_id(AppSpUtils.getValueFromPrefrences("userid",0));
19      }else{
20         MyApp.user = new User(1, "test", "123456", "测试账号", "男", null, 0,
"token001", null);
21   }
22   Log.i(TAG, "updateToken: ");
23  }
24
25  //清空 sp 文件中与 user 相关的信息
26  private void clearUserSp(){
27      Log.i(TAG, "clearUserSp: ");
28      MyApp.user = null;
29      AppSpUtils.clean();
30  }
```

第 16 行到第 23 行代码是在当前未对接服务端接口时，虚构出来用于模拟 token 校验的逻辑，这种数据模拟思维在开发中非常重要。

修改之前的跳转界面逻辑代码，添加 token 校验的逻辑，代码如下：

```
//定义一个 Handler，用来接收子进程定时器的消息
private Handler handler = new Handler() {
   @Override
   public void handleMessage(Message msg) {
     super.handleMessage(msg);
     switch (checkToken()){
       //方法返回值为 0，代表 sp 文件中不存在 user_id；返回值为 1，代表 token 校验通过；返回值为
2，代表 token 校验失败
       case 0:
         break;
       case 1:
         updateToken();
         break;
       case 2:
         clearUserSp();
         break;
     }
     finish(); //关闭当前界面
     startActivity(new Intent(WelcomeActivity.this, MainActivity.class));
   }
};
```

3. 实现用户登录失败后跳转到登录界面

实现用户登录失败后跳转到登录界面

前面已经实现了视频播放功能，之前跳转到视频播放界面的时候是直接跳转的，现在在跳转之前，需要先进行登录状态判断，决定能否跳转，如果用户未登录则跳转到登录界面，已登录则正常跳转到视频播放界面。

修改 BookFragment 中的点击列表 item 跳转界面的功能代码，加入对用户是否登录的判断逻辑，代码如下：

```
//设置图书类型列表的点击事件，此处用来启动图书视频播放测试界面，在后期正式设置时应该启动图书分册
展示界面
commonAdapter_book_type.setOnItemClickListener(new MultiItemTypeAdapter.OnItemCli
ckListener() {
   @Override
   public void onItemClick(View view, RecyclerView.ViewHolder viewHolder, int i) {
     //如果用户已登录则跳转到视频播放界面，否则跳转到登录界面
     if(MyApp.user!=null && MyApp.user.getUser_id()!=0){
       startActivity(new Intent(getActivity(), BookVideoPlayActivity.class));
     }else{
       startActivity(new Intent(getActivity(), LoginActivity.class));
     }


   }

   @Override
   public boolean onItemLongClick(View view, RecyclerView.ViewHolder viewHolder, int i) {
     return false;
   }
});
```

5.4 任务 16：个人中心功能开发

本任务将讲解移动 App 开发中的一个常用模块——个人中心功能的开发，对该功能的 UI 布局只做简单介绍，重点讲解该功能涉及的相机的调用及敏感权限的动态申请操作。本任务将完成个人中心功能的开发，“我的”界面对应的 UI 效果如图 5-6 所示，包含已登录与未登录两种状态。

在“我的”界面中，如果用户已登录，则显示用户的昵称和头像，并且显示“注销登录”按钮；如果用户没有登录，则显示默认图片、“游客”昵称和“登录”按钮。点击头像，会跳转到“我的资料”界面，如图 5-7 所示。

图 5-6 “我的”界面对应的 UI 效果

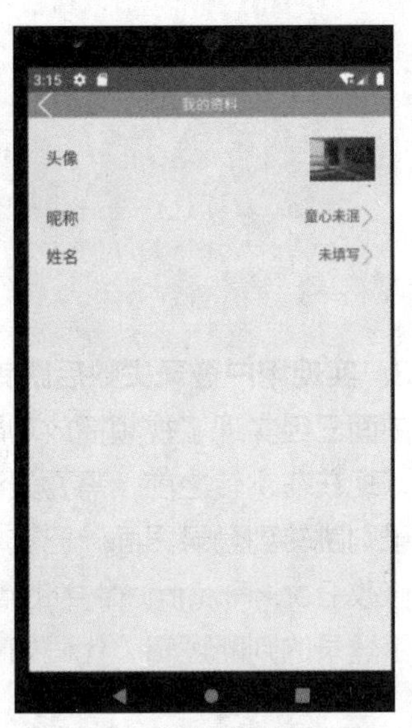

图 5-7 “我的资料”界面

该界面布局和逻辑代码的实现所需的技术之前都已经介绍过，大家可以自行完成该界面的开发，也可以直接利用本书附带的已经实现了这个界面的功能的源码（编号为 P-Qmjy-5-3-0）继续进行后面的开发任务。下面重点讲解实现“我的资料”界面中的修改头像的功能。

修改头像的流程相对复杂，在开始编码之前先通过它的运行效果来讲解一下修改流程。

点击头像，会弹出一个动态权限申请确认对话框，动态权限申请是 Android 6.0 之后添加的一个重要特性，如图 5-8 所示。

点击“ALLOW”按钮之后，弹出一个上传方式选择对话框，可以选择“手机相册”和“相机拍照”两种方式，如图 5-9 所示。点击“手机相册”按钮之后会进入相册，如图 5-10 所示，用户可选取系统相册中的照片进行上传。若图 5-9 中，点击“相机拍照”按钮，会打开相机进行拍照，如图 5-11 所示。拍照完成之后，如图 5-12 所示，需要对照片进行裁剪，如图 5-13 所示。裁剪完成之后，点击“DONE”按钮，然后将裁剪完成的图片上传到服务端，待上传完成，就完成了头像的修改，并且会更新 App 中的用户头像。

图 5-8 动态权限申请确认对话框

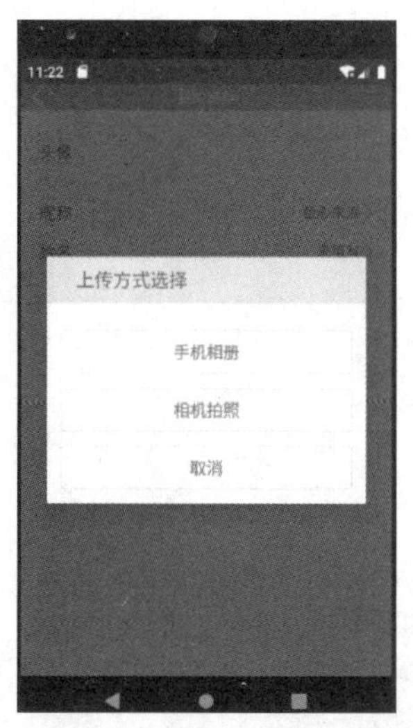

图 5-9 上传方式选择对话框

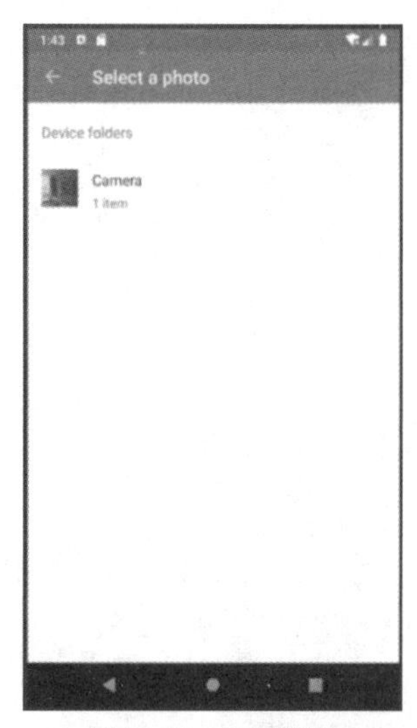

图 5-10 访问相册

图 5-11 调用相机

图 5-12 完成拍照

图 5-13 裁剪照片

1. 调用相机 API 进行照相并获取照片

调用相机 API 进行照相并获取照片

接着以 P-Qmjy-5-3-0 源码进行开发，打开“我的资料”界面对应的 MyInfoActivity 代码，实现上传方式选择对话框。

（1）实现自定义对话框。

创建该对话框对应的布局文件 dialog_upload_layout.xml，代码如下：

```
<?xml version="1.0" encoding="utf-8"?>
<LinearLayout xmlns:android="http://schemas.android.com/apk/res/android"
  android:layout_width="match_parent"
  android:background="@color/white"
  android:layout_height="wrap_content"
  android:orientation="vertical">

<TextView
    android:layout_width="match_parent"
    android:layout_height="wrap_content"
    android:background="@color/diversion"
```

```
    android:gravity="center_vertical"
    android:paddingBottom="10dp"
    android:paddingLeft="20dp"
    android:paddingTop="10dp"
    android:text="  上传方式选择"
    android:textSize="18sp" />
<TextView
    android:id="@+id/dialog_photo_tv"
    style="@style/AlertDialog_UploadImage"
    android:layout_marginTop="26dp"
    android:text="手机相册" />
<TextView
    android:id="@+id/dialog_camera_tv"
    style="@style/AlertDialog_UploadImage"
    android:text="相机拍照" />
<TextView
    android:id="@+id/dialog_cancel"
    style="@style/AlertDialog_UploadImage"
    android:text="取消" />
</LinearLayout>
```

在 MyInfoActivity 的代码中定义一个对话框的成员变量并且定义一个显示对话框的方法，代码如下：

```
private AlertDialog dialog; //定义一个对话框
// 弹出上传方式选择对话框
private void showSelectDialog() {
  View uploadView = LayoutInflater.from(this).inflate(R.layout.dialog_upload_layout, null);
  dialog = new AlertDialog.Builder(this)
       .setView(uploadView)
       .show();
  uploadView.findViewById(R.id.dialog_photo_tv).setOnClickListener(this);
  uploadView.findViewById(R.id.dialog_camera_tv).setOnClickListener(this);
  uploadView.findViewById(R.id.dialog_cancel).setOnClickListener(this);
}
```

在 onClick()方法中调用上面定义好的显示对话框的方法，代码如下：

```
@Override
public void onClick(View v) {
  switch (v.getId()){
    case R.id.sdv_userhead:
      showSelectDialog();
      break;
  }
}
```

（2）自定义对话框中各个按钮的业务逻辑。

给弹出的对话框中的“相机拍照”和“取消”按钮添加点击事件，代码如下：

```
1  @Override
2  public void onClick(View v) {
3    switch (v.getId()) {
4      //点击用户头像弹出上传方式选择对话框
5      case R.id.sdv_userhead:
6        showSelectDialog();
```

```
7          break;
8        //点击上传方式选择对话框中的“取消”按钮
9        case R.id.dialog_cancel:
10          dialog.dismiss();
11          break;
12       //点击“相机拍照”按钮启动相机
13       case R.id.dialog_camera_tv:
14          dialog.dismiss();
15          if (Build.VERSION.SDK_INT >= 23) {
16               //当用户拒绝授权时，弹出 App 自定义的对话框提醒用户需要动态权限申请，用户确认后
弹出系统自带的动态权限申请对话框
17               if (ActivityCompat.shouldShowRequestPermissionRationale(this,
18                    Manifest.permission.CAMERA)) {
19                   AlertDialog dialog = new AlertDialog.Builder(this).setTitle("请先
申请相机和存储权限").setPositiveButton("确定", new DialogInterface.OnClickListener() {
20                    @Override
21                    public void onClick(DialogInterface dialog, int which) {
22                       //系统自带的动态权限申请，会弹出对话框
23                       //相应的相机权限还需要在清单文件中添加，否则不会弹出对话框
24                       ActivityCompat.requestPermissions(MyInfoActivity.this,
25                                                  new String[]{Manifest.permission.CAMERA,
 Manifest.permission.READ_EXTERNAL_STORAGE, Manifest.permission.WRITE_EXTERNAL_STORAGE},
26                                               REQ_EXTERNAL_STORAGE_AND_CAMERA);
27                    }
28                 }).setNegativeButton("取消", new DialogInterface.OnClickListener() {
29                    @Override
30                    public void onClick(DialogInterface dialog, int which) {
31                                         Toast.makeText(MyInfoActivity.this, "放弃权限
申请", Toast.LENGTH_SHORT).show();
32                    }
33                 }).show();
34            } else {
35                //App 首次进行动态权限申请，会弹出对话框
36                //相应的相机权限还需要在清单文件中添加，否则不会弹出对话框
37                ActivityCompat.requestPermissions(MyInfoActivity.this,
38                                           new String[]{Manifest.permission.CAMERA,
 Manifest.permission.READ_EXTERNAL_STORAGE, Manifest.permission.WRITE_EXTERNAL_STORAGE},
39                       REQ_EXTERNAL_STORAGE_AND_CAMERA);
40            }
41         } else {
42            startCamera();
43         }
44         break;
45   }
46  }
```

启动相机需要申请 Manifest.permission.CAMERA 权限，由于后面还需要将拍的照片进行本地存储，因此还需要申请 Manifest.permission.READ_EXTERNAL_STORAGE 和 Manifest.permission.WRITE_EXTERNAL_STORAGE 权限，这些权限属于敏感权限，在 Android 6.0 之前，这些权限只需要在清单文件中配置即可，但是在 Android 6.0 之后需要动态申请这些权限，

同时也要在清单文件中进行配置。

第 13 行代码会调用系统相机。第 15 行代码用于对手机 SDK 版本进行判断，如果大于等于 23（对应 Android 6.0），则进行动态权限申请；如果小于 23，则跳过权限申请直接调用 startCamera()方法启动相机。第 16 行到第 40 行代码为动态申请权限的流程，详情见代码注释，如果申请的权限通过用户确认，则启动相机，因此还需要添加一个用户确认权限的回调方法，在该方法中启动相机，代码如下：

```
@Override
//在系统自带动态权限申请对话框中做出选择之后的回调方法，配合申请权限时自定义的识别码进行判断
public void onRequestPermissionsResult(int requestCode, String[] permissions, int[]
grantResults) {
    super.onRequestPermissionsResult(requestCode, permissions, grantResults);
    switch (requestCode) {
        //requestCode 即所声明的权限获取码，在检查权限是否授予时传入
        case REQ_EXTERNAL_STORAGE_AND_CAMERA:
            //如果用户同意了相机和存储权限的申请，则启动相机进行拍照
            if (grantResults[0] == PackageManager.PERMISSION_GRANTED) {
                startCamera();
            } else {
                //如果没有获取到权限，则进行提示
                Toast.makeText(this, "未开启摄像头和存储的权限", Toast.LENGTH_SHORT).show();
            }
            break;
    }
}
```

（3）自定义 startCamera()方法启动相机，代码如下：

```
private void startCamera() {
    cameraFile = new File(Environment.getExternalStorageDirectory() + "/DCIM/Camera",
FileUtils.getImageNameByTime() + ".jpg");
    if (Build.VERSION.SDK_INT >= Build.VERSION_CODES.N) {
        imgUri = FileProvider.getUriForFile(MyInfoActivity.this,
"com.xdw.qmjy.fileprovider", cameraFile);
    } else {
        imgUri = Uri.fromFile(cameraFile);
    }
    Intent intent = new Intent(MediaStore.ACTION_IMAGE_CAPTURE);
    intent.putExtra(MediaStore.EXTRA_OUTPUT, imgUri);
    //Android 7.0 中的添加临时权限标记，此步千万别忘了
    intent.addFlags(Intent.FLAG_GRANT_WRITE_URI_PERMISSION);
    startActivityForResult(intent, REQUESTCODE_CAREMA);
}
```

（4）配置照片存储。

设置一个 Provider 存储拍好的照片，该 Provider 需要在清单文件中定义，代码如下：

```
<provider
    android:name="androidx.core.content.FileProvider"
    android:authorities="com.xdw.qmjy.fileprovider"
    android:exported="false"
    android:grantUriPermissions="true">
<meta-data
        android:name="android.support.FILE_PROVIDER_PATHS"
```

```
    android:resource="@xml/file_paths" />
</provider>
```

同时还需要在 xml 文件夹下创建一个 file_paths.xml 文件，代码如下：

```
<?xml version="1.0" encoding="utf-8"?>
<paths xmlns:android="http://schemas.android.com/apk/res/android">
<!--files-path  相当于 getFilesDir()-->
<files-path name="my_images" path="images"/>
<!--cache-path  相当于 getCacheDir()-->
<cache-path name="lalala" path="cache_image"/>
<!--external-path  相当于 Environment.getExternalStorageDirectory()-->
<external-path  name="hahaha" path="/DCIM/Camera"/>
<external-path  name="apk" path="/DCIM/apk"/>
<!--external-files-path  相当于 getExternalFilesDir("") -->
<external-files-path name="paly" path="freeSoft"/>
<!--external-cache-path  相当于 getExternalCacheDir() -->
<external-cache-path  name="lei" path="."/>
  ...
</paths>
```

（5）拍完照之后进行回调处理。

这里用于启动相机的 Activity 是 startActivityForResult，它可以在拍照完成之后将结果回传，之前自定义了一个启动标记位 REQUESTCODE_CAREMA，拍完照之后，在 onActivityResult() 回调方法中根据自定义的启动标记位更新用户头像，代码如下：

```
/**
 * 当前 Activity 通过 startActivityForResult()方法打开一个新的 Activity，新的 Activity 关闭时，当前 Activity 会回调到这个方法中执行返回结果的处理
 * @param requestCode 请求码，当前 Activity 启动时传入
 * @param resultCode 结果码，新的 Activity 关闭时传入
 * @param data Intent 意图对象，可存储数据，新的 Activity 关闭时传入
 */
@Override
protected void onActivityResult(int requestCode, int resultCode, Intent data) {
  switch (requestCode) {
    //相机拍完照之后的回调处理
    case REQUESTCODE_CAREMA:
      Toast.makeText(MyInfoActivity.this, "拍照完成", Toast.LENGTH_SHORT).show();
      sdv_userhead.setImageURI(imgUri);
      break;
    default:
      break;
  }
  super.onActivityResult(requestCode, resultCode, data);
}
```

注意　这里的头像更新，只是拍完照之后将结果回调时更新成最新头像了，但下一次进来还是旧的头像，因为还没有对接服务端。后期会将头像上传到服务端，然后用户头像直接加载服务端图片的 URI 地址。

2. 实现照片裁剪

将上一步中的代码进行修改，在调用相机拍完照之后，并不是直接返回照片，而是打开一个系统裁剪窗口进行照片裁剪。

修改一下之前的照片拍摄完成之后的回调代码，这里应该在回调的时候启动裁剪照片的窗口，代码如下：

```
@Override
protected void onActivityResult(int requestCode, int resultCode, Intent data) {
  switch (requestCode) {
    //相机拍完照之后的回调处理，启动裁剪窗口
    case REQUESTCODE_CAREMA:
      /*Toast.makeText(MyInfoActivity.this, "拍照完成", Toast.LENGTH_SHORT).show();
      sdv_userhead.setImageURI(imgUri);*/
      if (cameraFile != null) {
          //启动裁剪 Activity
          FileUtils.startPhotoZoom(this,imgUri);
      }
      break;
    default:
      break;
  }
  super.onActivityResult(requestCode, resultCode, data);
}
```

这里具体的启动裁剪窗口的代码封装在 FileUtils 的工具类中，代码如下：

```
public static void startPhotoZoom(Context context, Uri uri) {
  Intent intent = new Intent("com.android.camera.action.CROP");
  intent.setDataAndType(uri, "image/*");
  intent.putExtra("crop", "true");
  intent.putExtra("aspectX", 1);
  intent.putExtra("aspectY", 1);
  intent.putExtra("outputX", 300);
  intent.putExtra("outputY", 300);
  //重点:针对 Android 7.0 以上的操作
  if (Build.VERSION.SDK_INT >= Build.VERSION_CODES.N) {
      //开启临时权限
      intent.addFlags(Intent.FLAG_GRANT_WRITE_URI_PERMISSION | Intent.FLAG_GRANT_
READ_URI_PERMISSION);
      intent.putExtra(MediaStore.EXTRA_OUTPUT, uri);
  }
  intent.putExtra("return-data", true);
  intent.putExtra("noFaceDetection", true);
  ((Activity) context).startActivityForResult(intent, REQUESTCODE_CUTTING);
}
```

此时更新用户头像的回调代码应该改为在裁剪完成的回调中编写，自定义一个裁剪完成的标记位 REQUESTCODE_CUTTING，根据该标记位编写裁剪完成的回调处理代码，代码如下：

```
@Override
protected void onActivityResult(int requestCode, int resultCode, Intent data) {
  switch (requestCode) {
    //相机拍完照之后的回调处理，启动裁剪窗口
```

```
        case REQUESTCODE_CAREMA:
          /*Toast.makeText(MyInfoActivity.this, "拍照完成", Toast.LENGTH_SHORT).show();
          sdv_userhead.setImageURI(imgUri);*/
          if (cameraFile != null) {
              //启动裁剪 Activity
              FileUtils.startPhotoZoom(this, imgUri);
          }
          break;
        case FileUtils.REQUESTCODE_CUTTING:
          if (data != null) {
              Toast.makeText(MyInfoActivity.this, "拍照并且裁剪完成", Toast.LENGTH_
SHORT).show();
              sdv_userhead.setImageURI(imgUri);
          }
          break;
        default:
          break;
      }
      super.onActivityResult(requestCode, resultCode, data);
    }
```

3. 调用系统相册

上面已经完成了通过相机拍照完成头像修改的功能，用户还可以直接选取系统相册中的图片修改头像。

调用系统相册

（1）启动系统相册。

给之前的上传方式选择对话框中的“手机相册”按钮添加点击事件。启动系统相册，代码如下：

```
  //启动系统相册
  case R.id.dialog_photo_tv:
    dialog.dismiss();
    Intent pickIntent = new Intent(Intent.ACTION_PICK, null);
    pickIntent.setDataAndType(MediaStore.Images.Media.EXTERNAL_CONTENT_URI, "image/*");
    startActivityForResult(pickIntent, REQUESTCODE_PICK);
    break;
```

（2）裁剪照片。

选取完系统相册中的照片之后进行照片裁剪，代码如下：

```
  @Override
  protected void onActivityResult(int requestCode, int resultCode, Intent data) {
    switch (requestCode) {
      //相机拍完照之后的回调处理，启动裁剪窗口
      case REQUESTCODE_CAREMA:
        /*Toast.makeText(MyInfoActivity.this, "拍照完成", Toast.LENGTH_SHORT).show();
        sdv_userhead.setImageURI(imgUri);*/
        if (cameraFile != null) {
            //启动裁剪 Activity
            FileUtils.startPhotoZoom(this, imgUri);
        }
        break;
      //裁剪完图片之后的回调
```

```
        case FileUtils.REQUESTCODE_CUTTING:
          if (data != null) {
              Toast.makeText(MyInfoActivity.this, "拍照并且裁剪完成", Toast.LENGTH_
SHORT).show();
              sdv_userhead.setImageURI(imgUri);
          }
          break;
        //在系统相册选择完图片之后的回调
        case REQUESTCODE_PICK:
          if (data == null || data.getData() == null) {
              return;
          }
          FileUtils.startPhotoZoom(this, data.getData());
          break;
        default:
          break;
      }
      super.onActivityResult(requestCode, resultCode, data);
  }
```

【项目小结】

本项目重点讲解了 UI 开发中的视频播放功能和相册功能的开发，同时结合上一个项目的 UI 开发基础知识，完成了图书资源 App 的相关核心界面的开发，为后面项目的开发做好了准备工作。

目前本书的图书资源 App 里面采用的数据都是静态数据，真实 App 中的数据绝大多数都是动态的，需要与服务端进行交互，下一个项目就会具体介绍移动 App 服务端交互开发。

【知识巩固】

1．单选题

（1）使用 ijkplayer 播放网络视频，需要在 Androidmainfest.xml 清单文件中添加的权限是（　　）。

A．android.permission.ACCESS_NETWORK_STATE

B．android.permission.INTERNET

C．android.permission.ACCESS_WIFI_STATE

D．android.permission.ACCESS_FINE_LOCATIONs

（2）使用 Android 系统进行拍照会用到的类是（　　）。

A．SurfaceView　　B．SurfaceHolder

C．CallBack　　D．Camera

2．填空题

（1）在调用系统拍照功能时，判断当前系统版本 Build.VERSION.SDK_INT 大于________需要进行动态权限申请。

（2）调用 startActivityForResult 方法调用系统相机程序执行拍照，拍照完成之后可以将结果回传回来，通过重写________回调方法，在这个回调方法中可以获取拍照回传的结果并做出相应逻辑处理。

3. 问答题

（1）请简述 startActivityForResult 方法中的第二个参数请求码有何意义。

（2）简单手绘用户登录权限逻辑中 token 的实现机制流程图。

【项目实训】

请参考【知识准备】5.1 中的内容，通过 ijkPlayer 集成，完成图书资源 App 主界面中视频展示列表的视频在线播放功能，实现效果如图 5-14～图 5-16 所示。

图 5-14　实现效果（1）

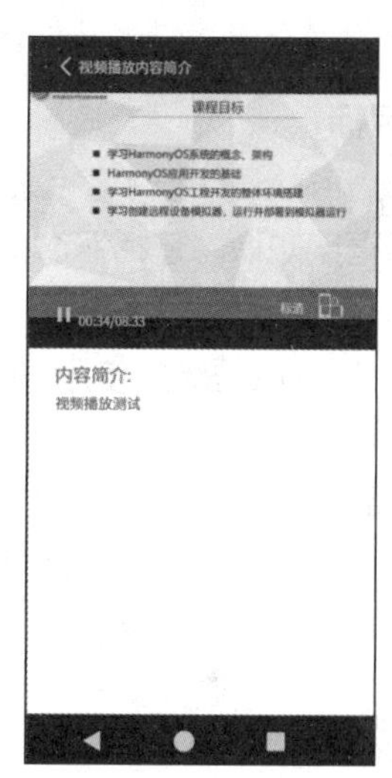

图 5-15　实现效果（2）

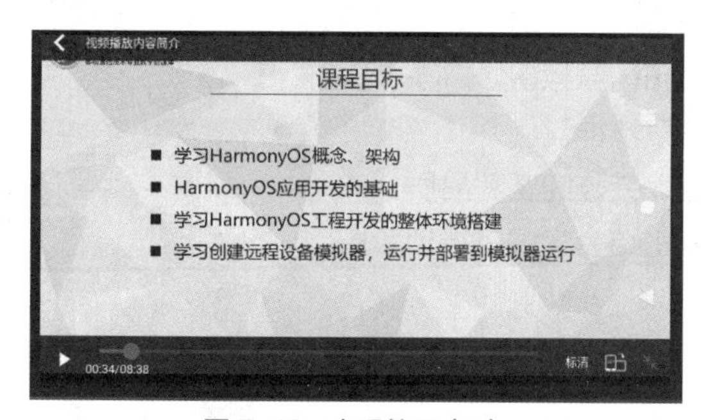

图 5-16　实现效果（3）

项目6 移动App服务端交互开发

06

【学习目标】

1. 知识目标

（1）学习服务端通信技术，包括 HTTP、Json 数据格式、API 文档等知识。

（2）学习框架知识，包括 Retrofit 框架、MVP 设计模式、RxJava 等内容。

（3）学习 Json 数据定义与解析的方法。

（4）学习 Retrofit 框架的使用，用 RxJava 编写 HelloWorld 案例，以及 Retrofit+MVP+RxJava 框架整合使用等。

2. 技能目标

（1）了解服务端通信技术，包括 HTTP、Json 数据格式、API 文档等知识。

（2）掌握框架知识，包括 Retrofit 框架、MVP 设计模式、RxJava 等内容。

（3）掌握 Json 数据定义与解析的方法。

（4）掌握 Retrofit 框架的使用，掌握使用 RxJava 框架实现 HelloWorld 的方法和步骤，掌握 Retrofit+MVP+RxJava 框架整合使用方法。

3. 素养目标

（1）培养创新思维能力和创新意识。

（2）培养积极进取的开拓精神。

（3）培养攻坚克难、自我突破的坚毅品质。

（4）注重实践创新，紧密结合实践进行创新。

【项目概述】

前面的项目已经实现了图书资源 App 相关需求的 UI，并且使用了静态数据进行渲染。但是实际 App 中的数据是动态的，且数据往往存储在服务端的数据库中。如果要将动态的数据导入 App 中，则 App 需要与服务端进行数据交互。本项目将介绍当前最主流的交互方式——基于 HTTP/HTTPS 进行 RESTful API 的数据交互，实现 App 中数据的动态化。

【思维导图】

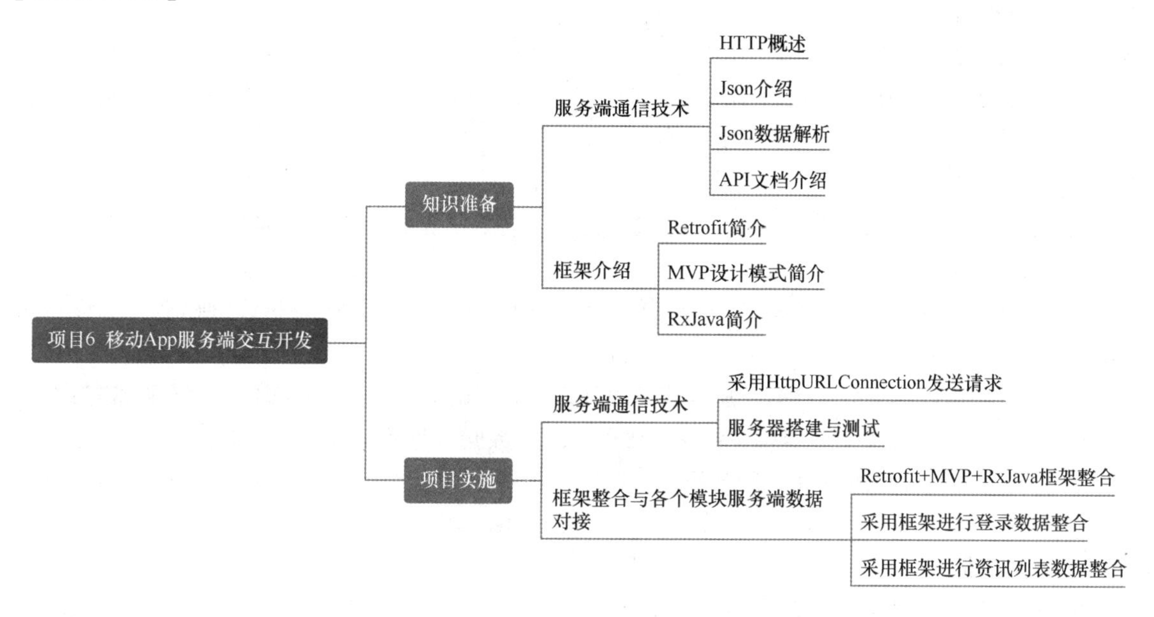

【知识准备】

日常使用的 App 都需要服务端的支持，所以服务端开发是 Android 开发工程师的基本技能。在进行具体的服务端开发之前需要了解 HTTP、Json 数据格式、API 等概念；为了能顺利进行服务端开发，需要学习 Retrofit 框架、MVP 设计模式以及 RxJava 库，并掌握 Retrofit+RxJava+MVP 组合开发。

6.1 服务端通信技术

服务端负责对数据进行存储与管理，其主要作用是基于客户端的请求进行业务处理并响应客户端请求。数据接口负责定义客户端与服务端的数据通信规范。下面将介绍进行 Android 服务端开发必须掌握的基础知识，包括 HTTP、Json 数据格式、API 等。

6.1.1 HTTP 概述

HTTP 的全称为 Hyper Text Transfor Protocol，即超文本传输协议，是一个基于请求与响应模式的、无状态的、应用层的协议。HTTP 主要用于客户端和服务端之间的通信，当在浏览器中输入任何一个地址信息并搜索时，都是在发送一次 HTTP 请求。

1. HTTP 的特点

HTTP 使用非常广泛，其特点可总结如下。

- 模式全：支持客户端/服务端模式。
- 简单快速：客户端向服务端请求服务时，只需传送请求方法和路径，由于协议简单，所以通信速度很快。
- 灵活：HTTP 允许传输任意类型的数据对象。

- 无连接、无状态：无连接的含义是限制每一次连接只处理一个请求，无状态是指协议对于事务处理没有记忆能力。

2. HTTP 请求与响应

HTTP 采用请求/响应模型，一次请求对应一次响应，服务端不主动响应，每一次请求都包含请求头和请求实体信息，每一次响应也是一样的。

（1）请求方式。

在发送 HTTP 请求的时候，必须指定请求方式，HTTP 的请求方式有很多种，比较常用的是 GET、PUT、POST、DELETE。

- GET：向数据库发送获取数据的请求，从而获取信息，类似数据库的 Select 操作，该方式不会修改、增加数据，不会影响数据的内容。
- PUT：向服务端发送数据，从而改变信息，类似数据库的 Update 操作，用于修改数据。
- POST：与 PUT 请求类似，都是向服务端发送数据，但是该请求会改变数据的种类等，类似数据库的 Insert 操作，用于新增数据。
- DELETE：用于删除数据，类似数据库的 Delete 操作。

（2）状态码。

对 HTTP 请求的每一次响应都伴随一个状态码，每一个状态码都表示了每一次请求的响应状态，常见的状态码有 200、404、500 等。

- 200：响应成功，服务端返回数据。
- 404：找不到资源。
- 500：服务端内部出错。

提示：通过 Fiddler 或者其他 HTTP 捕获工具，可以捕获每一次 HTTP 请求，从而查看每一次请求的具体内容，对于调试问题很有帮助。

6.1.2 Json 介绍

Json 介绍

Json 全称为 JavaScript Object Notation，即 JavaScript 对象表示法，是一种基于文本、独立于语言的轻量级数据交换格式。简单理解就是一段具有特定结构的字符串，易于人阅读和编写，同时也易于机器解析和生成。

1. Json 的特点

Json 数据在网络数据传输中的应用越来越广泛，在实际移动 App 开发当中，很多企业都使用 Json 作为服务端的返回数据格式，其特点可总结如下。

- 特定结构：能表示对象或者数组的字符串形式，{}表示对象，[]表示数组。
- 轻量级：只用字符串去描述数据的所有信息。
- 独立语言：所有支持字符串的编程语言都能够解析和使用 Json。

2. Json 数据定义

Json 是一个无序的“名称/值”对的集合（也可理解为“键值对”），有两种结构，即对象和数组。

（1）Json 对象。

一个 Json 对象以“{”（左大括号）开始，以“}”（右大括号）结束，每一对“名称/值”后跟一个

":"（冒号），"名称/值"对之间使用","（逗号）分隔，如，{ "name"： "zhangsan"， "sex"： "男" }。

（2）Json 数组。

一个 Json 数组以"["（左中括号）开始，以"]"（右中括号）结束，值（value）之间使用","（逗号）分隔。值可以是双引号括起来的字符串（String）、数值（Number）、true、false、null、对象（Object）或者数组（Array）。

- 值是字符串：["zhangsan","lisi","wangwu"]。
- 混合形式：["zhangsan",2,true,null]。
- 值是对象：{"username":"zhangsan","password":"123456","sex":"男"}。
- 值是数组（包含了两个数组）：[{"username":"zhangsan","sex":"男"},{"username":"lisi","sex":"男"},{"username":"小红","sex":"女"}]。

（3）Json 对象和数组的嵌套。

关于 Json 对象和数组的嵌套方式，举例如下：

```
{
"code":1,
"msg":"success",
"data":[
     {
"real_info_id":"1",
"title":"aaa",
"content":"yyyy",
"time":"1",
"img_url":"http:\/\/10.1.1.194\/Public\/Home\/images\/kefu.png",
"audio_url":"a",
"real_info_type_id":"1"
     },
     {
"real_info_id":"2",
"title":"bbb",
"content":"mmm",
"time":"555",
"img_url":"http:\/\/10.1.1.194\/Public\/Home\/images\/kefu.png",
"audio_url":"b",
"real_info_type_id":"1"
     },
     {
"real_info_id":"3",
"title":"ccc",
"content":"tttt",
"time":"666",
"img_url":"http:\/\/10.1.1.194\/Public\/Home\/images\/kefu.png",
"audio_url":"c",
"real_info_type_id":"1"
     }
  ]
}
```

（4）Json 在线验证。

可以将 Json 字符串复制到 Json 官方网站来检验该 Json 格式是否正确。

3. Json 与 XML

在网络中进行数据传输，目前有两种比较流行的数据格式，一种是 Json，另一种是 XML。下面比较一下 Json 和 XML。

- 可读性：Json 数据和 XML 数据的可读性都很强，但是当描述的数据结构层级太复杂时，XML 数据可读性会更好。
- 可扩展性：Json 数据和 XML 数据的可扩展性都很好，任意增加元素节点都不会影响原有的逻辑，但是 Json 对 JavaScript 的支持非常方便，相对来讲，Json 的可扩展性更好。
- 运行效率：Json 数据定义更加简单并且占用的带宽资源更少，解析 Json 数据比解析 XML 数据快，数据越多，这一点体现得越明显。

所以，本项目将采用 Json 数据格式进行数据传输。例如本项目中的“视频展示”数据接口返回的 Json 数据代码如下：

```
{
code":1,
 "msg":"success",
 "data":[
     {
       "id":"8",
       "name":"视频 1",
     "img_url":"http:\/\/192.168.1.3:5555\/Public\/images\/realinfo\/2021-07-30\/
61035148b7dc9.png",
       "video_url":null,
       "gkrs":"12",
       "sort":"1"
     },
     {
       "id":"7",
       "name":"视频 2",
     "img_url":"http:\/\/192.168.1.3:5555\/Public\/images\/realinfo\/2020-01-15\/
5e1eaf10e6791.jpg",
       "video_url":null,
       "gkrs":"777",
       "sort":"1"
     },
     {
       "id":"6",
       "name":"视频 3",
     "img_url":"http:\/\/192.168.1.3:5555\/Public\/images\/realinfo\/2020-01-15\/
5e1eacac5ed6a.JPG",
       "video_url":null,
       "gkrs":"2300",
       "sort":"1"
     },
     {
       "id":"5",
       "name":"视频 4",
     "img_url":"http:\/\/192.168.1.3:5555\/Public\/images\/realinfo\/2020-01-15\/
5e1eae9295635.jpg",
```

```
         "video_url":null,
         "gkrs":"1333",
         "sort":"1"
       },
       {
         "id":"2",
         "name":"视频 5",
       "img_url":"http:\/\/192.168.1.3:5555\/Public\/images\/realinfo\/2019-05-16\/
5cdd3a4e64c50.jpg",
         "video_url":null,
         "gkrs":"8888",
         "sort":"1"
       },
       {
         "id":"1",
         "name":"视频 6",
       "img_url":"http:\/\/192.168.1.3:5555\/Public\/images\/realinfo\/2019-05-16\/
5cdd3a36791cf.jpg",
         "video_url":null,
         "gkrs":"555",
         "sort":"1"
       }
     ]
   }
```

该数据接口的具体描述请查看本书附带的 API 文档。

6.1.3 Json 数据解析

1. 原生 Json 数据解析案例

（1）一个对象的解析，代码如下：

```
"{"firstName": "zhangsan","lastName": "lisi"}";
JSONObject person = new JSONObject(jsonString);//最外层的 JSONObject 对象
String firstName = person.getString("firstName");//通过 firstName 字段获取其包含的字符串
Log.i(TAG, "firstName: "+firstName);
```

（2）多个对象的解析，代码如下：

```
"[{"name": "zhangsan","age": "20","sex": "男"},{"name": "lisisi","age": "30",
"sex": "女"},{"name": "wangzhuzhu","age": "40","sex": "女"}]";
JSONArray jsonArray = new JSONArray(jsonArrayString);
//遍历这个 Json 格式的数组
for (int i=0;i<jsonArray.length();i++){
String string = jsonArray.getString(i);
//遍历之后得到的 string 如果是 Json 对象格式，则可以继续使用 JSONObject 进行转换
}
```

2. Gson 解析

Gson 是一个 json 解析的第三方工具包。Json 解析的第三方工具包有很多，例如 FastJson、Gson 等。Gson 是 Google 公司研发出来的，下面介绍一下 Gson 解析。

Gson 解析步骤简单总结如下。

（1）导入 Gson 的 jar 包。

（2）根据 Json 文件定义结构一致的 bean 对象。

（3）构造 Gson 对象，调用 gson.fromJson()完成解析。

（4）fromJson()与 toJson()方法可实现 Json 数据到对象、对象到 Json 数据的互转。

3. Gson 解析案例

（1）一个对象的解析，代码如下：

```
String jsonStr1 = "{"firstName": "zhangsan","lastName": "lisi"}";
Gson gson = new Gson();
TempBean fromJson = gson.fromJson(jsonStr1, TempBean.class);
```

（2）多个对象的解析，代码如下：

```
"[{"name": "zhangsan","age": "20","sex": "男"},{"name": "lisisi","age": "30",
"sex": "女"},{"name": "wangzhuzhu","age": "40","sex": "女"}]";
Gson gson = new Gson();
Type type = new TypeToken<List<Person>>() {}.getType();
List<Person> list = gson.fromJson(jsonStr2, type);
```

（3）将 Java 对象转换成 Json 字符串，代码如下：

```
List<Person> persons  = new ArrayList<Person>();
gson.toJson(persons);
```

6.1.4 API 文档介绍

API 文档介绍

1. API 介绍

API 全称为 Application Programming Interface，即应用程序接口，是一些预先定义的接口（如函数、HTTP 接口），也就是通道，负责一个程序和其他软件的沟通，它的本质是预先定义的函数。

以顾客去餐厅就餐为例，桌子上的菜单可以为顾客提供多种菜式，但顾客不会直接和后厨联系，而是由服务员告诉后厨顾客选的菜，点餐之后的过程顾客不需要去了解，服务员会将菜带到顾客的桌子上，此时的服务员就相当于 API。

同理，在 Android 开发过程中，业务涉及方方面面，如果要一家公司或者一个系统把所有业务都做完，则工作量巨大，此时如果其他系统或公司有更好的运算逻辑，那么在设计功能的时候可以考虑利用接口进行开发。例如某项目组要开发一个打车 App，需要在界面上展现地图，对于该项目组而言，从头开发地图功能的成本过高，此时可以选择调用公开的地图 API，以快速实现地图功能。

2. API 文档

以下是 API 的核心点，所有的说明文档都离不开这几个核心点。

（1）接口地址。

例如，在图书资源 App 中点击“登录”按钮，需要联系服务端进行数据交互，那么必须先知道服务端地址，这样才能将数据送达目的地。本书中示例用的服务端地址就是 http://192.168.1.3:5555。

（2）请求参数（报文）。

继续以用户登录为例，在知道服务端地址之后，需要将用户名和密码数据送达服务端进行校验，这里的用户名和密码就是请求参数。一般 API 文档中会体现请求参数的名称和类型，如图 6-1 所示。

（3）请求方式。

常见的 HTTP 请求方式前文已介绍过了，此处不再赘述。

（4）返回结果。

客户端将用户名和密码数据发送给服务端，服务端校验完数据之后需要告知客户端用户登录是否成功，那么这个时候需要返回一个结果给客户端。当今移动 App 开发中返回结果的主流格式就是 Json，返回结果如图 6-2 所示。

图 6-2 所示是开发时定义的一个数据结构，code 为 1，代表 API 请求成功，其他为异常；msg 为提示信息，例如登录失败的时候为“用户名或者密码错误”；data 里面封装的是返回的实体类的数据，最后可以使用它取代之前 App 中构造的静态数据来渲染 App 界面，从而实现服务端动态数据的对接。

API 文档往往还会定义返回结果的错误标识码，如图 6-3 所示。

客户端发送请求参数与参数类型
username 类型：string password 类型：string

图 6-1　API 文档中的请求参数说明

```
{
    "code":1,
    "msg":"success",
    "data":{
        "user_id":1,
        "username":"13437124333",
        "token":"5ea735d939e7a90791cf8a5cc40d04d5"
    }
}
```

图 6-2　服务端返回结果

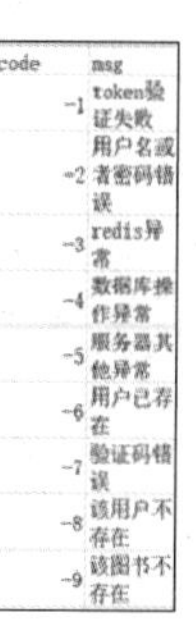

code	msg
-1	token验证失败
-2	用户名或者密码错误
-3	redis异常
-4	数据库操作异常
-5	服务器其他异常
-6	用户已存在
-7	验证码错误
-8	该用户不存在
-9	该图书不存在

图 6-3　错误标识码

6.2 框架介绍

Android 开发中有很多优秀的网络请求框架，比较常用的有 Volley、OkHttp 和 Retrofit，而 Retrofit 是目前最主流、应用最多的。MVP 是一种在 Android 开发中应用较多的设计模式，RxJava 是一个异步操作库，开发过程中结合使用 Retrofit、RxJava、MVP 将提高开发效率，达到事半功倍的效果。

6.2.1 Retrofit 简介

Retrofit 是 Square 公司出品的默认基于 OkHttp 封装的一套 RESTful 的 HTTP 网络请求框架，其底层网络请求可以使用不同的网络库来处理，例如 OkHttp、HttpClient。

1. Retrofit 的特点

Retrofit 的特点可总结如下。

- Retrofit 专注于接口的封装，功能非常强大，支持同步和异步网络请求、支持多种数据格式的解析和序列化格式（Gson、Json、XML、Protobuf）、支持 RxJava。
- 可以通过注解直接配置网络请求的参数。
- 有良好的可扩展性，功能模块高度封装、解耦合彻底，例如可自定义 Converters 等。
- 应用场景广泛，在任何网络请求的需求场景下都优先选择 Retrofit，特别是在后台 API 遵循了 RESTful API 设计风格和项目当中用到 RxJava 时。

2. Retrofit 的工作过程

Retrofit 的工作过程如图 6-4 所示。

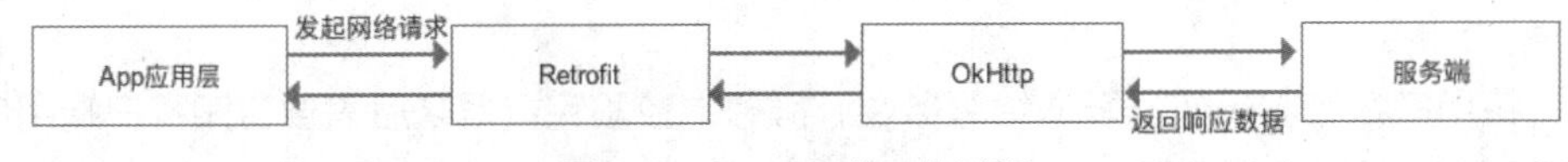

图6-4　Retrofit的工作过程

App通过Retrofit请求网络，实际上是使用Retrofit接口层封装请求参数、Header、URL等信息，之后由OkHttp完成后续的请求操作，在服务端返回数据之后，OkHttp将原始的结果交给Retrofit，Retrofit根据用户的需求对结果进行解析。使用Retrofit的步骤如下。

① 添加Retrofit库的依赖。

② 创建接收服务端返回数据的类。

③ 创建用于描述网络请求的接口。

④ 创建Retrofit实例。

⑤ 创建网络请求接口实例。

⑥ 发送网络请求（异步/同步）并处理返回的数据。

接下来将一步步进行具体的讲解。

（1）添加Retrofit库的依赖。

在Gradle文件中加入Retrofit库的依赖，由于Retrofit基于OkHttp，所以还需要添加OkHttp库依赖。

```
dependencies {
  //Retrofit库
  implementation 'com.squareup.retrofit2:retrofit:2.3.0'
  //Retrofit库Gson解析
  implementation 'com.squareup.retrofit2:converter-gson:2.3.0'
  //OkHttp库
  implementation 'com.squareup.okhttp3:okhttp:3.1.2'
}
```

同时还需要添加网络权限，在AndroidManifest.xml文件中添加如下代码：

```
<uses-permission android:name="android.permission.INTERNET"/>
```

（2）创建接收服务端返回数据的类。

新建一个HttpResult.java文件，使用HttpResult<T>封装一个通用类，代码如下【代码中的code和msg代表的含义（协议规则）可以根据实际情况来制订】：

```
package com.xdw.httpurlconnectionpostdemo;
public class HttpResult<T> {
  private int code;//返回结果识别码，200为正常，其他代表错误码，例如202代表用户名或者密码错误
  private String msg;  //消息提示
  private T data;      //返回结果携带的数据，这里写成泛型，不同的请求返回的数据结构不一样
  public int getCode() {
    return code;
  }
  public void setCode(int code) {
    this.code = code;
  }
  public String getMsg() {
    return msg;
  }
```

```
    public void setMsg(String msg) {
      this.msg = msg;
    }
    public T getData() {
      return data;
    }
    public void setData(T data) {
      this.data = data;
    }
    @Override
    public String toString() {
      return "HttpResult{" +
  "code=" + code +
  ", msg='" + msg + '\'' +
  ", data=" + data +
          '}';
    }
  }
```

（3）创建用于描述网络请求的接口。

Retrofit 将 HTTP 请求抽象成 Java 接口，采用注解描述网络请求参数和配置网络请求参数，用动态代理将该接口的注解“翻译”成一个 HTTP 请求，再执行 HTTP 请求。新建一个 RetrofitApiService 接口，代码如下：

```
  public interface RetrofitApiService {
    // @GET 注解的作用为采用 get 方法发送网络请求
    // getUser()为接收网络请求数据的方法
    // 其中返回类型为 Call<*>，*是接收数据的类，即上面定义的 Result 类
    @GET("user/{id}")
    Call<Result<User>> getUser(@Path("id") String id);
  }
```

注意，接口中的每个方法的参数都需要使用注解标注，否则会报错。上面的代码中注解的类型主要有 3 类，下面对所用的注解进行详细讲解。

① 第一类：网络请求方法。

网络请求方法类注解有 8 个，如表 6-1 所示。

表 6-1　网络请求方法类注解说明

类　型	注解名称	解　释	作用域
网络请求方法	@GET	所有方法分别对应 HTTP 中的网络请求方法，都接收一个网络地址 URL（也可以不指定，通过 @HTTP 设置）	网络请求接口的方法
	@POST		
	@PUT		
	@DELETE		
	@PATH		
	@HEAD		
	@OPTIONS		
	@HTTP	用于替换以上 7 个注解的作用及拓展更多功能	

@GET、@POST、@PUT、@DELETE、@PATH、@HEAD、@OPTIONS 方法分别对应 HTTP 中的网络请求方法。

此处特意说明 URL 的组成，Retrofit 把网络请求的 URL 分成了两部分进行设置，代码如下：

```
//第 1 部分：在网络请求接口的注解设置
@GET("user/{id}")
Call<Result<User>> getUser(@Path("id") String id);
//第 2 部分：在创建 Retrofit 实例时通过.baseUrl()设置
Retrofit retrofit = new Retrofit.Builder() .baseUrl("http://192.168.1.100:8080/")
 //设置网络请求的 URL 地址，服务器的 IP 地址为 192.168.1.100
.addConverterFactory(GsonConverterFactory.create()) //设置数据解析器
.build();
//从上面可以看出：一个请求的 URL 可以通过替换块和请求方法的参数来进行动态的 URL 更新
//替换块由被{}包裹起来的字符串构成
//即 Retrofit 支持动态改变网络请求根目录
```

网络请求的完整 URL 等于在创建 Retrofit 实例时通过调用.baseUrl()方法设置统一访问域名及在网络请求接口的注解设置，具体整合的规则如表 6-2 所示。

表 6-2　URL 整合规则

类　型	具 体 使 用
path=完整的 URL	URL="http://host:port/aa/apath", 如果不设置 baseUrl, 则 path="http://host:port/aa/apath", 例如，若接口里的 URL 是一个完整的网址，则在创建 Retrofit 实例时可以不设置 URL
path=绝对路径	URL="http://host:port/a/apath", 如果设置 baseUrl="http://host:port/a", 则 path="/apath"
path=相对路径 baseUrl=目录形式	URL="http://host:port/a/b/apath", 如果设置 baseUrl="http://host:port/a/b/", 则 path="apath"

@HTTP 用于替换@GET、@POST、@PUT、@DELETE、@HEAD、@PAIH、@OPTIONS 注解及拓展更多功能。

具体使用：通过属性 method、path、hasBody 进行设置。代码如下：

```
public interface GetRequest_Interface {
  /**
   * method：网络请求的方法（区分大小写）
   * path：网络请求地址路径
   * hasBody：是否有请求体
   */
  @HTTP(method = "GET", path = "user/{id}", hasBody = false)
  Call<User> getUser2(@Path("id") int id);
  //{id} 表示一个变量
  //Retrofit 不会对 method 的值做处理，所以要保证准确
}
```

② 第二类：标记。

标记类注解有 3 个，如表 6-3 所示。

表 6-3　标记类注解说明

<table>
<tr><th>类　型</th><th>注解名称</th><th>解　释</th><th>作用域</th></tr>
<tr><td rowspan="3">标记</td><td>@FormUrlEncoded</td><td>表示请求体是一个 Form 表单</td><td rowspan="3">网络请求接口的方法</td></tr>
<tr><td>@Multipart</td><td>表示请求体是一个支持文件上传的 Form 表单</td></tr>
<tr><td>@Streaming</td><td>表示数据以流的形式返回;
适用于返回数据较大的场景;
如果没有使用该注解,则默认把数据全部载入内存，之后获取数据也从内存中读取</td></tr>
</table>

- @FormUrlEncoded 的作用：表示发送 form-encoded 的数据。

每个键值对需要用@Filed 来注解键名，随后的对象需要提供值。

- @Multipart 的作用：表示发送 form-encoded 的数据（适用于有文件上传的场景）。

每个键值对需要用@Part 来注解键名，随后的对象需要提供值。具体使用代码如下：

```
public interface GetRequest_Interface {
    /**
     *表明是一个表单格式的请求（Content-Type:application/x-www-form-urlencoded）
     * <code>Field("username")</code> 表示将后面的 <code>String name</code> 中 name 的取值作为 username 的值
     */
     @POST("/form")
     @FormUrlEncoded
     Call<ResponseBody> testFormUrlEncoded1(@Field("username") String name, @Field("age") int age);
    /**
     * {@link Part} 后面支持 3 种类型，即{@link RequestBody}、{@link okhttp3.MultipartBody.Part} 、任意类型
     * 除 {@link okhttp3.MultipartBody.Part} 以外，其他类型都必须带上表单字段（{@link okhttp3.MultipartBody.Part} 中已经包含了表单字段的信息）
     */
     @POST("/form")
     @Multipart
     Call<ResponseBody> testFileUpload1(@Part("name") RequestBody name, @Part("age") RequestBody age, @Part MultipartBody.Part file);
}
```

该接口的具体调用代码如下：

```
GetRequest_Interface service = retrofit.create(GetRequest_Interface.class);
    // @FormUrlEncoded
    Call<ResponseBody> call1 = service.testFormUrlEncoded1("Carson", 24);
    //  @Multipart
    RequestBody name = RequestBody.create(textType, "Carson");
    RequestBody age = RequestBody.create(textType, "24");
    MultipartBody.Part filePart = MultipartBody.Part.createFormData("file", "test.txt", file);
    Call<ResponseBody> call3 = service.testFileUpload1(name, age, filePart);
```

③ 第三类：网络请求参数。

网络请求参数类注解有 11 个，如表 6-4 所示。

表 6-4　网络请求参数类注解说明

类　型	注解名称	解　释	作用域
网络请求参数	@Headers	添加请求头	网络请求接口的方法
	@Header	添加不固定值的 Header	网络请求接口的方法的参数（例如 Call<> getcall(*)中的*）
	@Body	非表单请求体	
	@Field	向 Post 表单传入键值对	
	@FieldMap		
	@Part	用于表单字段；适用于有文件上传的情况	
	@PartMap		
	@Query	用于表单字段；功能同@ Field 与 @FieldMap，区别在于@ Query 和@ QueryMap 的数据体现在 URL 上，@ Field 和@FieldMap 的数据体现在请求体上，但生成的数据是一致的	
	@QueryMap		
	@Path	URL 默认值	
	@URL	URL 设置	

- @Header & @Headers 的作用：添加请求头，代码如下：

```
//@Header
@GET("user")
Call<User> getUser(@Header("Authorization") String authorization)
//@Headers
@Headers("Authorization: authorization")
@GET("user")
Call<User> getUser()
//以上效果是一致的
//区别在于使用场景和使用方式
//使用场景：@Header 用于添加不固定的请求头，@Headers 用于添加固定的请求头
//使用方式：@Header 作用于方法的参数，@Headers 作用于方法
```

- @Body 的作用：以 Post 方式传递自定义数据类型给服务端。

特别注意：如果提交的是一个 Map，那么@Body 的作用相当于@Field。

不过 Map 要经过 FormBody.Builder 类处理成符合 OkHttp 格式的表单，代码如下：

```
FormBody.Builder builder = new FormBody.Builder();
builder.add("key","value");
```

- @Field & @FieldMap 的作用：发送 Post 请求时提交请求的表单字段。

具体使用：与@FormUrlEncoded 注解配合使用，代码如下：

```
/**
    *表明是一个表单格式的请求（Content-Type:application/x-www-form-urlencoded）
    * <code>Field("username")</code> 表示将后面的 <code>String name</code> 中 name 的
取值作为 username 的值
    */
    @POST("/form")
    @FormUrlEncoded
    Call<ResponseBody> testFormUrlEncoded1(@Field("username") String name, @Field
```

```
("age") int age);
   /**
      * Map 的 key 作为表单的键
      */
      @POST("/form")
      @FormUrlEncoded
      Call<ResponseBody> testFormUrlEncoded2(@FieldMap Map<String, Object> map);
```

具体调用方式如下:

```
   // @Field
        Call<ResponseBody> call1 = service.testFormUrlEncoded1("Carson", 24);
        // @FieldMap
        // 实现的效果与上面相同，但要传入 Map
        Map<String, Object> map = new HashMap<>();
        map.put("username", "Carson");
        map.put("age", 24);
        Call<ResponseBody> call2 = service.testFormUrlEncoded2(map);
```

- @Part & @PartMap 的作用：发送 Post 请求时提交请求的表单字段。

与@Field 的区别：功能相同，但携带的参数类型更加丰富，包括数据流，所以适用于有文件上传的场景。

具体使用：与@Multipart 注解配合使用。代码如下：

```
   /**
      * {@link Part} 后面支持 3 种类型，即{@link RequestBody}、{@link okhttp3.MultipartBody.
Part}、任意类型
      * 除 {@link okhttp3.MultipartBody.Part} 以外，其他类型都必须带上表单字段（{@link
okhttp3.MultipartBody.Part} 中已经包含了表单字段的信息）
      */
      @POST("/form")
      @Multipart
      Call<ResponseBody> testFileUpload1(@Part("name") RequestBody name, @Part("age")
RequestBody age, @Part MultipartBody.Part file);
      /**
       * @PartMap 注解支持一个 Map 作为参数，支持 {@link RequestBody } 类型
       * 如果有其他的类型，会被{@link retrofit2.Converter}转换，如后面会介绍的使用{@link com.
google.gson.Gson} 的 {@link retrofit2.converter.gson.GsonRequestBodyConverter}
       * 此时{@link MultipartBody.Part} 就不适用了，所以文件只能用<b> @Part MultipartBody.
Part </b>
       */
       @POST("/form")
       @Multipart
       Call<ResponseBody> testFileUpload2(@PartMap Map<String, RequestBody> args,
@Part MultipartBody.Part file);
       @POST("/form")
       @Multipart
       Call<ResponseBody> testFileUpload3(@PartMap Map<String, RequestBody> args);
```

具体调用方法如下:

```
  MediaType textType = MediaType.parse("text/plain");
      RequestBody name = RequestBody.create(textType, "Carson");
      RequestBody age = RequestBody.create(textType, "24");
```

```
        RequestBody file = RequestBody.create(MediaType.parse("application/octet-stream"),
"这里是模拟文件的内容");
        //@Part
        MultipartBody.Part filePart = MultipartBody.Part.createFormData("file", "test.
txt", file);
        Call<ResponseBody> call3 = service.testFileUpload1(name, age, filePart);
        ResponseBodyPrinter.printResponseBody(call3);
        // @PartMap
        // 实现和上面同样的效果
        Map<String, RequestBody> fileUpload2Args = new HashMap<>();
        fileUpload2Args.put("name", name);
        fileUpload2Args.put("age", age);
        //这里并不会被当成文件，因为没有文件名（包含在 Content-Disposition 请求头中），但上面的
filePart 有文件名。
        //fileUpload2Args.put("file", file);
        Call<ResponseBody> call4 = service.testFileUpload2(fileUpload2Args, filePart);
 //单独处理文件
        ResponseBodyPrinter.printResponseBody(call4);
```

- @Query 和@QueryMap 的作用：用于@GET 方法的查询参数（Query = URL 中“?”后面的 key-value）。

例如，URL = http://www.println.net/?cate=android，其中，Query = cate。

具体使用：配置时只需要在接口方法中增加一个参数即可。代码如下：

```
@GET("/")
 Call<String> cate(@Query("cate") String cate);
}
//其使用方式同 @Field 与@FieldMap，这里不做过多描述
```

- @Path 的作用：URL 地址的默认值。

具体使用方法如下：

```
@GET("users/{user}/repos")
   Call<ResponseBody>  getBlog(@Path("user") String user );
   //访问的 API 是 https://{ip}/users/{user}/repos
   //在发起请求时，{user} 会被替换为方法的第一个参数 user（被@Path 注解作用）
```

- @Url 的作用：直接传入一个请求的 URL 变量用于 URL 设置。

具体使用方法如下：

```
@GET
   Call<ResponseBody> testUrlAndQuery(@Url String url, @Query("showAll") boolean
showAll);
   //当有 URL 注解时，@GET 传入的 URL 就可以省略
   //当 GET、POST、HTTP 等方法中没有设置 URL 时，必须使用 {@link Url}提供 URL
```

（4）创建 Retrofit 实例。

可以直接在 Activity 中创建 Retrofit 实例，也可以在 Application 类中创建 Retrofit 实例，还可以自行编写工具类创建 Retrofit 实例，例如本项目在自行创建的工具类 RetrofitUtil.java 中创建 Retrofit 实例。代码如下：

```
Retrofit retrofit = new Retrofit.Builder()
            .baseUrl("http://xxx.xxx.com/") //设置网络请求的 URL 地址
            .addConverterFactory(GsonConverterFactory.create()) //设置数据解析器
```

```
            .addCallAdapterFactory(RxJavaCallAdapterFactory.create()) // 支持RxJava 平台
            .build();
```

Retrofit 支持多种数据解析方式，如果要使用数据解析器（Converter），需要在 Module 中的 Gradle 文件中添加如下依赖：

```
implementation 'com.squareup.retrofit2:converter-gson:2.3.0'
```

（5）创建网络请求接口实例。

要创建网络请求接口实例，可以直接在 Activity 中创建，也可以在 Application 类中创建，还可以自行编写工具类创建，例如本项目在自行创建的工具类 RetrofitUtil.java 中创建。代码如下：

```
//创建网络请求接口实例
  RetrofitApiService request = retrofit.create(RetrofitApiService.class);
```

（6）发送网络请求（异步 / 同步）并处理返回的数据。

采用异步方式发送网络请求，可以在具体业务触发时调用异步发送网络请求的 API，例如在 Activity 的按钮点击回调中进行创建。代码如下：

```
//对发送请求进行封装
Call<Result<User>> call = request.getUser(1);
//发送网络请求（异步）
    call.enqueue(new Callback<Result<User>>() {
      //请求成功时的回调
      @Override
      public void onResponse(Call<Result<User>> call, Response<Result<User>> response) {
        //请求处理，输出结果
        Log.e("xdw",response.body().toString());
      }
      //请求失败时的回调
      @Override
      public void onFailure(Call<Result<User>> call, Throwable throwable) {
        System.out.println("连接失败");
      }
    });
```

上述代码中使用 response 类的 body()方法对返回的数据进行处理。

6.2.2 MVP 设计模式简介

1. MVP 模式与 MVC 模式

MVP 是 Model（模型）-View（视图）-Presenter（呈现）的简写，是由 MVC【Model（模型）-View（视图）-Controller（控制器）】设计模式派生出来的。MVP 模式经常用于渲染界面。

从图 6-5 中的左图可以看出，MVC 模式将应用程序划分为以下 3 部分。

- Model 是应用程序的核心，用于封装与应用程序的业务逻辑相关的数据以及处理数据的方法。
- View 用于渲染界面，显示效果。
- Controller 是 Model 和 View 之间的连接器，是应用程序中处理用户交互的部分，用于控制应用程序的流程以及界面的业务逻辑。

应用程序的模型、控制器、视图是相互独立的，改变其中一个不会影响其他两个，所以遵循这种设计思想能够使应用程序的耦合性降低。例如，更改 View 层代码不需要重新编译 Model 层和 Controller 层代码，同样，改变应用的业务流程或者业务规则只需要改动 Model 层即可。MVC 模式允许使用各种视图访问同一个服务端的代码，因为多个视图能共享一个模型，而且模型返回的数据没有进行格式化，所以同样的构件能够被不同的界面使用。由于已经将数据和业务规则从表示层分开，因此大大地提高了代码重用性、可扩展性以及灵活性。

但是由于 MVC 模式的大部分逻辑都集中在 Controller 层，大量的代码也都集中在 Controller 层，因此 Controller 层的压力很大，而可以独立处理事件的 View 层却被忽视了。Controller 层和 View 层之间是一一对应的，使得 View 层没有复用的可能，从而产生大量的冗余代码。为了解决这个问题，在此基础上提出了 MVP 模式。

从图 6-5 中的右图可以看出，在 MVP 模式中，View 层不能直接访问 Model 层，必须通过 Presenter 层提供的接口，然后再由 Presenter 层访问 Model 层。Presenter 是一个“中间人”，也就是说 Model 层和 View 层都必须通过 Presenter 层来传递信息，这样就完全分离了 View 层和 Model 层，它们完全不知道彼此的存在，跟它们有联系的只有 Presenter 层。由于 View 层和 Model 层没有关系，所以可以将 View 层抽离出来做成组件，与 MVC 模式相比，复用性会有很大的提高。

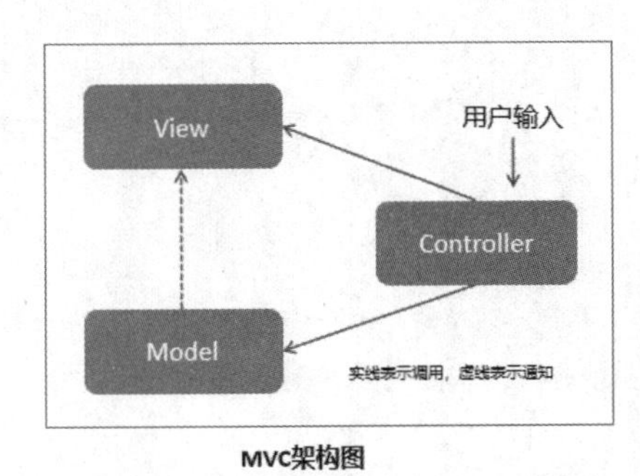

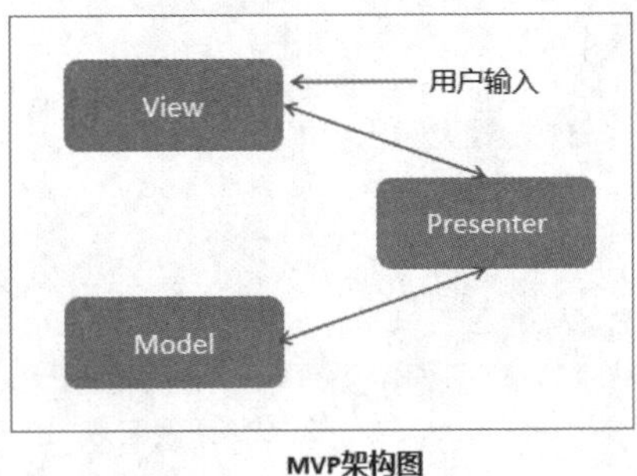

图 6-5　MVC 和 MVP 架构图

以 Activity 和 Fragment 为例，在 MVC 模式中，Activity 和 Fragment 应该属于 View 层，主要功能是展示界面，以及接收用户输入的数据，此外还要承担一些生命周期的工作。Activity 不仅承担了 View 的角色，还承担了一部分 Controller 的角色，这样 View 和 Controller 就耦合在一起了，因此很有必要在 Activity 中把 View 和 Controller 抽离开来。综上，MVP 模式的适用性更强。

2. MVP 模式的核心思想

MVP 模式把 Activity 中的视图逻辑抽象成 View 接口，把业务逻辑抽象成 Presenter 接口，Model 类不变。

因此，Activity 的工作变得简单了，只响应生命周期，其他工作都由 Presenter 完成。从图 6-5 中的右图可以看出，Presenter 是 Model 和 View 之间的桥梁，View 并不能直接对 Model 进行操作，这也是 MVP 模式与 MVC 模式最大的不同之处。

3. MVP 模式的作用

MVP 模式将视图逻辑和业务逻辑分别抽象到了 View 和 Presenter 中，可降低耦合，并提高代码的可阅读性；Activity 只处理生命周期的任务，使得代码变得更加简洁；把业务逻辑抽象到 Presenter 中，可避免后台线程引用 Activity 导致 Activity 的资源无法被系统回收引起内存泄漏和 OOM（OOM 即 java.lang.OutOfMemoryError，当堆内存中没有足够空间存放新创建的对象时，就会抛出此异常）；Presenter 被抽象成接口后，可以有多种具体的实现，因此也方便进行单元测试。

4. MVP 模式的使用

从使用 MVP 模式的简单过程图（图 6-6）可以看出，使用 MVP 模式至少需要完成以下步骤。

（1）设置 View 层。创建 TestView 接口，在此放置所有的视图逻辑接口，它的实现类是当前的 Activity 或 Fragment。此时的 Activity 包含一个 TestPresenter 接口，而 PresenterCompl 实现类包含一个 TestView 并且依赖了 Model 层，所以该 Activity 里只保留对 TestPresenter 的调用，其他工作都放到 PresenterCompl 中实现。

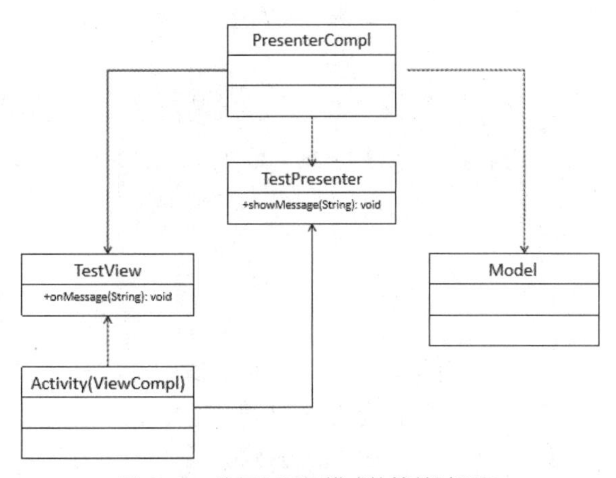

图 6-6　使用 MVP 模式的简单过程图

（2）设置 Presenter 层。创建 TestPresenter 接口，在此放置所有的业务逻辑接口，并创建它的实现类 PresenterCompl。由于接口可以有多种实现，方式多样且灵活，因此可以快速、方便地定位到业务功能和单元测试。

（3）设置 Model 层。在这一层实现业务逻辑并且进行数据存储（Model 层并不是必须存在的）。

通过上面的步骤，了解到 MVP 模式的主要特点就是把 Activity 里的许多逻辑都抽象到 View 和 Presenter 接口中，并由具体的实现类来完成。但是这种写法产生了大量的 TestView 和 TestPresenter 的接口，在一定程度上增加了开发的工作量。如果是初次使用 MVP 模式进行开发，可能会不习惯这种写法，但是多次使用之后便能够深入理解 MVP 模式的意图，发现其便捷之处。

6.2.3 RxJava 简介

RxJava 本质上是一个异步操作库，是一个支持以简洁的逻辑去处理烦琐、复杂任务的异步事件库。Android 平台为开发者提供了 AsyncTask、Handler 等用来做异步操作的库，之所以使用 RxJava，是因为其简洁。

1. RxJava 的特点

RxJava 的特点可总结如下。

- RxJava 是一个由一方发出信息，另一方响应信息并做出处理的框架。
- 支持主流的编程语言，包括.NET、JavaScript、C++等。
- 提供功能强大的操作符，几乎能完成所有的功能需求。
- 基于事件流的链式调用、逻辑简洁、使用简单。

2. RxJava 的核心

RxJava 的核心是 Observable（被观察者、事件源）和 Subscriber（观察者），Observable 用于发出事件，Subscriber 用于处理事件。Observable 可以发出 0 个或者多个事件，直到结束或者出错。每发出一个事件，就会调用一次 Subscriber 的 onNext()方法，最后调用 Subscriber.onCompleted()或者 Subscriber.onError()结束。

RxJava 看起来很像设计模式中的观察者模式，但是明显有一点不同，那就是如果一个 Observable 没有任何的 Subscriber，那么这个 Observable 是不会发出任何事件的。

下面简单介绍一个用 RxJava 编写的简单案例。

创建一个 Observable 对象，直接调用 Observable.create()即可，代码如下：

```
Observable<String> myObservable = Observable.create(
  new Observable.OnSubscribe<String>() {
    @Override
    public void call(Subscriber<? super String> sub) {
      sub.onNext("Hello, world!");
      sub.onCompleted();
    }
  }
);
```

这里定义的 Observable 对象仅发出一个“Hello,world!”字符串就结束了。接着在同一文件下，创建一个 Subscriber 来处理 Observable 对象发出的字符串，代码如下：

```
Subscriber<String> mySubscriber = new Subscriber<String>() {
  @Override
  public void onNext(String s) { System.out.println(s); }
  @Override
  public void onCompleted() { }
  @Override
  public void onError(Throwable e) { }
};
```

这里 Subscriber 仅输出 Observable 发出的字符串。通过 subscribe()函数就可以将定义的 myObservable 对象和 mySubscriber 对象关联起来，这样就完成了 Subscriber 对 Observable 的订阅，代码如下：

```
myObservable.subscribe(mySubscriber);
```

一旦 mySubscriber 订阅了 myObservable，myObservable 就调用 mySubscriber 对象的 onNext()和 onCompleted()方法，mySubscriber 就会输出“Hello,world!”。

目前虽然实现了想要的功能，但是代码还不够简化，接下来进一步优化代码。

（1）简化代码。

是不是觉得仅仅为了输出一个“Hello,world!”写这么多代码太烦琐？RxJava 其实提供了很多便捷的函数来帮助减少代码。

先来看看如何简化 Observable 对象的创建。RxJava 内置了很多简化创建 Observable 对象的函数，例如 Observable.just()就是用来创建只发出一个事件就结束的 Observable 对象，上面创建 Observable 对象的代码可以简化为一行：

```
Observable<String> myObservable = Observable.just("Hello, world!");
```

接下来看看如何简化 Subscriber。上面的例子中，其实并不关心 OnCompleted()和 OnError()，只需要在 onNext()方法中做一些处理，这时候就可以使用 Action 类，代码如下：

```
Action1<String> onNextAction = new Action1<String>() {
  @Override
  public void call(String s) {
    System.out.println(s);
  }
};
```

Subscribe()函数有一个重载版本，接受 3 个 Action1 类型的参数，分别对应 OnNext()、OnCompleted()、OnError()，代码如下：

```
myObservable.subscribe(onNextAction, onErrorAction, onCompleteAction);
```

这里并不关心 onError()和 onCompleted()，只需要第一个参数，代码如下：

```
myObservable.subscribe(onNextAction);
```

上面的代码最终可以写成：

```
Observable.just("Hello, world!")
  .subscribe(new Action1<String>() {
     @Override
     public void call(String s) {
        System.out.println(s);
     }
});
```

使用 Java 8 的 Lambda 表达式可以使代码更简洁：

```
Observable.just("Hello, world!")
  .subscribe(s -> System.out.println(s));
```

（2）变换。

RxJava 提供了对事件序列进行变换的支持，这是它的核心功能之一，也是说 RxJava 好用的最大原因。所谓变换，就是将事件序列中的对象或整个序列进行加工处理，转换成不同的事件或事件序列。

这里看一个 map()的例子，map 操作符不必返回 Observable 对象返回的类型，可以使用 map 操作符返回一个发出新的数据类型的 Observable 对象。例如改写上面的例子，之前的 Subscriber 获取的是字符串，现在可以不获取字符串，而是通过 map 变换获取字符串的 hash 值。具体代码如下：

```
Observable.just("Hello, world!")
  .map(new Func1<String, Integer>() {
     @Override
     public Integer call(String s) {
       return s.hashCode();
     }
  })
  .subscribe(i -> System.out.println(Integer.toString(i)));
```

初始的 Observable 返回的是字符串，这里通过变换之后，最终的 Subscriber 收到的数据就变成了 Integer 类型，然后还可以使用 Lambda 表达式进一步简化代码，代码如下：

```
Observable.just("Hello, world!")
  .map(s -> s.hashCode())
  .subscribe(i -> System.out.println(Integer.toString(i)));
```

3. RxJava 使用总结

上面的案例只是介绍了 RxJava 的使用过程，在实现项目开发时 RxJava 与 Retrofit、MVP 结合使用，可以发挥框架的最大优势，大幅提升开发速度。

（1）Observable 和 Subscriber 可结合使用。

- Observable 可以是一个数据库查询，Subscriber 用于显示查询结果。
- Observable 可以是屏幕上的一个点击事件，Subscriber 用于响应点击事件。
- Observable 可以是一个网络请求，Subscriber 用于显示请求结果。

（2）Observable 和 Subscriber 是独立于中间的变换过程的。

在 Observable 和 Subscriber 中间可以增减任何数量的 map。整个系统是高度可组合的，操作数据是一个很简单的过程。

【项目实施】

项目实施主要分为两部分，第一部分将介绍进行 Android 服务端开发必须掌握的开发基础，第二部分将介绍框架整合应用。

6.3 任务 17：服务端通信技术

为了动态地调用数据，【知识准备】中介绍了 HTTP、Json 数据格式、API 文档等一些服务端的数据通信规范。接下来要介绍 HttpURLConnection 的使用、Json 数据解析等开发基础。

1. 采用 HttpURLConnection 发送请求

HttpURLConnection 是一种多用途、轻量级的 HTTP 客户端，可以使用它进行 HTTP 操作，适用于大多数的 App，使用 HttpURLConnection 的步骤总结如下。

（1）创建一个 URL 对象（URL url = new URL("URL 地址"); ）。

（2）调用 URL 对象的 openConnection()来获取 HttpURLConnection 对象实例（HttpURLConnection conn = (HttpURLConnection) url.openConnection(); ）。

（3）设置 HTTP 请求使用的方法（conn.setRequestMethod("GET"); ）。

（4）设置连接超时、服务端希望得到的消息头等。

（5）调用 getInputStream()方法获得服务端返回的输入流，然后利用输入流进行读取操作（InputStream in = conn.getInputStream(); ）。

（6）调用 disconnect()方法将 HTTP 连接关掉（conn.disconnect(); ）。

关于使用 HttpURLConnection 发送 GET 请求和 POST 请求的具体代码请从人邮教育社区下载查看，并请自行实现发送 PUT 请求和 DELETE 请求。

2. 服务端搭建与测试

本项目主要讲解移动 App 服务端交互开发，服务端源码不在此讲解。服务端具体部署方法请参考本书附赠的教学资源，附赠的教学资源中提供了完整的服务端部署程序和文档，请在部署好服务端之后，将本书中用到的服务端 IP 和端口切换成自己部署的服务端 IP 和端口。同时，本书附赠的教学资源中有完整的 API 文档和数据库脚本，大家可以根据 API 文档和数据库脚本自行开发后端代码。

6.4 任务 18：框架整合与各个模块服务端数据对接

上一个任务简单介绍了 App 与服务端之间的交互，讲解了原生的发送 GET 请求和 POST 请求与服务端进行交互的方式，以及使用 Gson 库进行 Json 数据解析，可以发现 Android 系统原生的 HTTP 请求方式使用起来比较烦琐，在实际项目开发中，往往会使用集成度更高的第三方库和设计模式进行更加快速的开发。下面主要使用当今最主流的 Retrofit+MVP+RxJava 的方式进行网络请求与数据解析，先讲解框架的基本集成流程和使用方式，然后将项目 4 中开发的 App 的静态数据全部与服务端 API 进行对接，全部以服务端动态数据进行渲染，即可完成该 App 的整体功能的开发。

Retrofit+MVP+
RxJava 框架整合

1. Retrofit+MVP+RxJava 框架整合

图 6-7 所示为封装后的网络请求示意图。

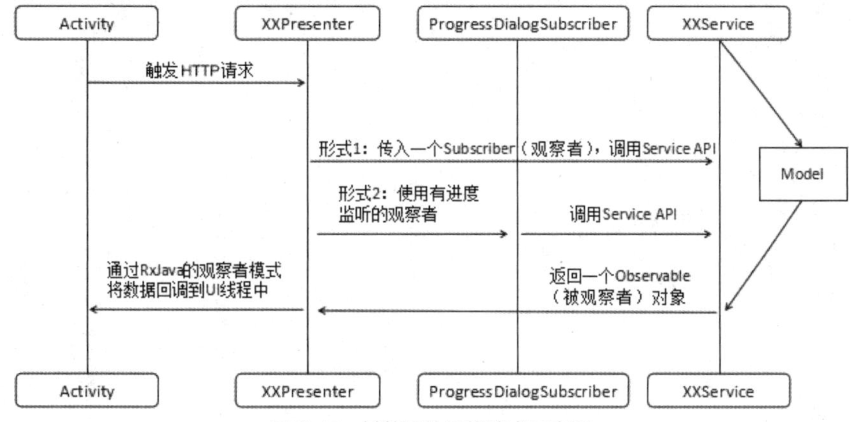

图 6-7　封装后的网络请求示意图

为了在开发时更专注于业务逻辑，可以将 API 集中化，更加匹配 API 文档，增强代码可读性，同时将服务端请求地址和端口集中化配置，增强可维护性，不用每次单独在每个接口回调中去处理异常、添加弹窗提示或做 Json 数据转对象的操作，所以可以将 Retrofit+MVP+RxJava 进行框架整合，实现更为便捷的开发，具体步骤如下。

注意　　本阶段项目集成接续本书附带的编号为 P-Qmjy-5-3-3 的源码。

（1）引入第三方库。

搭建基层网络框架。在 Module 下的 build.gradle 文件中引入第三方框架库，包括 Rotrofit、Gson、RxJava，代码如下：

```
implementation 'com.squareup.retrofit2:retrofit:2.3.0'
implementation 'com.squareup.retrofit2:converter-gson:2.3.0'
implementation 'com.squareup.retrofit2:adapter-rxjava:2.3.0'
implementation 'io.reactivex:rxandroid:1.2.1'
```

```
implementation 'com.google.code.gson:gson:2.8.2'
implementation 'com.squareup.okhttp3:logging-interceptor:3.8.0'
```

（2）封装返回数据实体类 Result。

新建 Result.java 文件，封装一个通用的 HTTP 返回数据实体类 Result，代码如下：

```
import com.xdw.qmjy.constant.Constant;
public class Result<T> {
  private int code;
  private String msg;
  private T data;

  public Result(int code, String msg, T data) {
    this.code = code;
    this.msg = msg;
    this.data = data;
  }
  //添加对返回状态是否成功的判断
  public boolean isSuccess() {
    return code == Constant.SUCCESS;
  }
  public int getCode() {
    return code;
  }
  public String getMsg() {
    return msg;
  }
  public T getData() {
    return data;
  }
}
```

（3）创建一个 RetrofitApiService。

新建一个 RetrofitApiService.java 文件，用来匹配 API，以登录接口为例，代码如下：

```
import com.xdw.qmjy.model.Result;
import com.xdw.qmjy.model.User;
import retrofit2.http.Field;
import retrofit2.http.FormUrlEncoded;
import retrofit2.http.POST;
import rx.Observable;
public interface RetrofitApiService {
  /**
   * 用户登录
   * @param username
   * @param password
   * @return
   */
  @FormUrlEncoded
  @POST("api/login")
  Observable<Result<User>> login(@Field("username") String username, @Field("password")
String password);
}
```

（4）封装 RetrofitUtil，用来处理 Retrofit 初始化配置。

新建一个 RetrofitUtil.java 文件，封装 RetrofitUtil 工具类，用于处理 Retrofit 初始化配置，代码如下：

```
package com.xdw.qmjy.http;
import android.content.Context;
import com.google.gson.GsonBuilder;
import com.xdw.qmjy.constant.Constant;
import com.xdw.qmjy.constant.UrlConstant;
import com.xdw.qmjy.util.AppSpUtils;
import java.io.IOException;
import okhttp3.Interceptor;
import okhttp3.OkHttpClient;
import okhttp3.Request;
import okhttp3.Response;
import okhttp3.logging.HttpLoggingInterceptor;
import retrofit2.Retrofit;
import retrofit2.adapter.rxjava.RxJavaCallAdapterFactory;
import retrofit2.converter.gson.GsonConverterFactory;
public class RetrofitUtil {          //添加 token 拦截
  private String token;
  private int userid;
  private Context mContext;
  //声明 Retrofit 对象
  private Retrofit mRetrofit;
  //声明 RetrofitApiService 对象
  private RetrofitApiService retrofitApiService;
  GsonConverterFactory factory = GsonConverterFactory.create(new GsonBuilder().create());
  //由于该对象会被频繁调用，因此采用单例模式，下面是一种线程安全模式的单例写法
  private volatile static RetrofitUtil instance;

  public static RetrofitUtil getInstance(Context context){
    if (instance == null) {
        synchronized (RetrofitUtil.class) {
          if (instance == null) {
              instance = new RetrofitUtil(context);
          }
        }
    }
    return instance;
  }
  private RetrofitUtil(Context mContext){
    mContext = mContext;
    init();
  }
  //初始化 Retrofit
  public void init() {
```

```
        token = AppSpUtils.getValueFromPrefrences(Constant.SP_TOKEN, "");
        userid = AppSpUtils.getValueFromPrefrences(Constant.SP_USERID, 0);
        Interceptor mTokenInterceptor = new Interceptor() {
            @Override
            public Response intercept(Chain chain) throws IOException {
              Request authorised = chain.request().newBuilder()
                      .addHeader("userid", String.valueOf(userid))
                      .addHeader("token", token)
                      .build();
              return chain.proceed(authorised);
            }
        };
        //输出请求日志
        OkHttpClient httpClient = new OkHttpClient();
        HttpLoggingInterceptor httpLoggingInterceptor = new HttpLoggingInterceptor();
        httpLoggingInterceptor.setLevel(HttpLoggingInterceptor.Level.BODY);
        httpClient = new OkHttpClient.Builder()
            .addInterceptor(httpLoggingInterceptor)
            .addInterceptor(mTokenInterceptor)
            .build();
        mRetrofit = new Retrofit.Builder()
            .baseUrl(UrlConstant.BASE_URL)
            .client(httpClient)
            .addConverterFactory(factory)
            .addCallAdapterFactory(RxJavaCallAdapterFactory.create())
            .build();
        retrofitApiService = mRetrofit.create(RetrofitApiService.class);
    }
    public RetrofitApiService getRetrofitApiService(){
        return retrofitApiService;
    }
}
```

（5）封装 DataManager。

新建一个 DataManager.java 文件，这里和原生的 Retrofit 的封装一样，该类用于管理 RetrofitApiService 中对应的各种 API，当作 Retrofit 和 Presenter 的桥梁，这样 Activity 就不用直接和 Retrofit 打交道了。RetrofitApiService 中的 getUserInfo()方法的返回值变成了 Result<UserInfo>，但是实际上最后要的数据只是 UserInfo，这时可以在 DataManager 中利用 RxJava 的 map 变换功能将返回数据剥离成 UserInfo，代码如下：

```
package com.xdw.qmjy.manager;
import android.content.Context;
import com.xdw.qmjy.http.RetrofitApiService;
import com.xdw.qmjy.http.RetrofitUtil;
import com.xdw.qmjy.model.Result;
import com.xdw.qmjy.model.User;
import com.xdw.qmjy.util.APIException;
```

```
import rx.Observable;
import rx.functions.Func1;

public class DataManager {
  private RetrofitApiService mRetrofitService;
  private volatile static DataManager instance;

  private DataManager(Context context) {
    this.mRetrofitService = RetrofitUtil.getInstance(context).getRetrofitApiService();
  }
  //由于该对象会被频繁调用，因此采用单例模式，下面是一种线程安全模式的单例写法
  public static DataManager getInstance(Context context) {
    if (instance == null) {
        synchronized (DataManager.class) {
          if (instance == null) {
              instance = new DataManager(context);
          }
        }
    }
    return instance;
  }
  //用于统一处理服务端返回的 resultCode，并将 Result 的 Data 部分剥离出来返回给 Subscriber
  //@param <T> Subscriber 真正需要的数据类型，也就是 Data 部分的数据类型
  public class ResultFunc<T> implements Func1<Result<T>, T> {
     @Override
     public T call(Result<T> result) {
        if (!result.isSuccess()) {

            throw new APIException(result.getCode(), result.getMsg());
        }
        return result.getData();
     }
  }
     //在这里对服务端返回的 resultCode 进行判断，如果返回码不是成功，则抛出自定义的 API 异常，例
如当 token 登录失败时。抛出的异常可以统一在 Subscriber 的子类 ProgressSubscriber 中进行处理，这样
就不用在每个 Activity 中进行处理
     /*public Observable<User> login(String username, String password) {
        return mRetrofitService.login(username, password).map(new ResultFunc<User>());
     //将 Retrofit 的业务方法映射到 DataManager 中，以后统一用该类来调用业务方法
     //以后在 Retrofit 中增加业务方法的时候，这里也要添加相应的方法，例如添加一个 login()方法
  }*/
}
```

这里补充一个自定义的异常类 APIException，需要新建一个 APIException.java 文件，代码如下：

```
package com.xdw.qmjy.util;
public class APIException extends RuntimeException{
```

```
    public int code;
    public String message;

    public APIException(int code, String message) {
      this.code = code;
      this.message = message;
    }
    @Override
    public String getMessage() {
      return message;
    }
    public int getCode() {
      return code;
    }
  }
```

DataManager 的封装到此完成，它的具体应用请参考 6.2.2 小节和 6.2.3 小节中的**Presenter 中的调用。

（6）创建一个 Presenter 接口。

这里引入 Presenter 接口，后面根据具体的业务创建对应的实例去实现该接口。该接口主要面向数据，后面还会创建一个 PresentView 接口（面向 View 的），然后通过 BindPresentView()方法将两个接口关联起来，从而实现对数据和 Activity 的管理。

新建一个 Presenter.java 文件，Presenter 接口的代码如下：

```
  package com.xdw.qmjy.presenter;
  import com.xdw.qmjy.pv.PresentView;
  public interface Presenter {
    //Presenter 初始化
    void onCreate();
    //销毁
    void onDestroy();
    //绑定视图
    void BindPresentView(PresentView presentView);
  }
```

新建一个 PresentView.java 文件，代码如下：

```
  package com.xdw.qmjy.pv;
  public interface PresentView {
    //定义一个最基础的接口，里面只包含一个出错信息的回调
    //如果需要对错误异常进行统一处理，这里无需定义 onError 方法，直接交给后面的 ProgressSubscriber
统一处理
    //如果用户不需要统一处理而是需要特殊处理某个错误可以在此添加一个 onError 方法，然后在对应的
activity 中去处理该回调方法
  }
```

（7）定义一个实现 Presenter 接口的基础类 BasePresenter。

新建一个 BasePresenter.java 文件，后续的具体功能类将继承它，在该类中写一些共用方法，例如 CompositeSubscription 的创建与销毁（CompositeSubscription 的具体用法可以查阅

RxJava 的资料），代码如下：

```
package com.xdw.qmjy.presenter;
import com.xdw.qmjy.pv.PresentView;
import rx.Observable;
import rx.Subscriber;
import rx.android.schedulers.AndroidSchedulers;
import rx.schedulers.Schedulers;
import rx.subscriptions.CompositeSubscription;
//定义一个 Presenter 的基础类，后续的具体功能类将继承它
public class BasePresenter implements Presenter {
  //声明一个 CompositeSubscription 对象，注意这里使用的是 protected 修饰符，便于子类进行调用
  protected CompositeSubscription mCompositeSubscription;
  @Override
  public void onCreate() {
    //在基础类中对 CompositeSubscription 进行了初始化，子类中就不用再写一次
    //如果需要在子类中对 onCreate()方法进行重写，记得先调用 super.onCreate()
    mCompositeSubscription = new CompositeSubscription();
  }
  @Override
  public void onDestroy() {
    //释放 CompositeSubscription，否则会造成内存泄漏
    if (mCompositeSubscription.hasSubscriptions()) {
        mCompositeSubscription.unsubscribe();
    }
  }
  @Override
  public void BindPresentView(PresentView presentView) {
    //与具体视图进行绑定，留个子类进行扩展
  }
  //将每次的订阅操作进行封装，简化代码
  public <T> void addSubscription(Observable<T> o, Subscriber<T> s) {
    mCompositeSubscription.add(o.unsubscribeOn(Schedulers.io())
      .subscribeOn(Schedulers.io())
      .observeOn(AndroidSchedulers.mainThread())
      .subscribe(s));
  }
}
```

（8）对“等待框”功能进行封装。

在进行网络请求的时候，常常会弹出一个等待框，在请求完成时，该框消失。这里自定义一个等待框，自定义视图组件的代码编写就不在这里讲述了，主要讲解等待框的业务封装。

新建一个 ProgressCancelListener.java 文件，创建一个等待框的监听器，代码如下：

```
package com.xdw.qmjy.http;
public interface ProgressCancelListener {
  void onCancelProgress();
}
```

新建一个 ProgressDialogHandler.java 文件，封装等待框的显示与消失的业务逻辑，代码如下：

```
package com.xdw.qmjy.http;
import android.app.Activity;
import android.content.Context;
import android.content.DialogInterface;
import android.os.Handler;
import android.os.Message;
import com.xdw.qmjy.weight.LoadDialog;
public class ProgressDialogHandler extends Handler {
  public static final int SHOW_PROGRESS_DIALOG = 1;
  public static final int DISMISS_PROGRESS_DIALOG = 2;
  private LoadDialog pd;
  private Context context;
  private boolean cancelable;
  private boolean show;
  private ProgressCancelListener mProgressCancelListener;

  public ProgressDialogHandler(Context context, ProgressCancelListener mProgressC
ancelListener, boolean cancelable,boolean show) {
    super();
    this.context = context;
    this.mProgressCancelListener = mProgressCancelListener;
    this.cancelable = cancelable;
    this.show = show;
  }
  private void initProgressDialog(){
    if (pd == null) {
        pd = new LoadDialog(context);
        pd.setCancelable(cancelable);
        if (cancelable) {
            pd.setOnCancelListener(new DialogInterface.OnCancelListener() {
               @Override
               public void onCancel(DialogInterface dialogInterface) {
                 mProgressCancelListener.onCancelProgress();
               }
            });
        }
        if (context!=null && !(((Activity)context).isFinishing()) && !pd.isShowing()
&&show) {
            pd.show();
        }
    }
  }
  private void dismissProgressDialog(){
    if (context!=null && !(((Activity)context).isFinishing()) && pd != null) {
        pd.dismiss();
        pd = null;
    }
  }
  @Override
  public void handleMessage(Message msg) {
```

```
        switch (msg.what) {
          case SHOW_PROGRESS_DIALOG:
            initProgressDialog();
            break;
          case DISMISS_PROGRESS_DIALOG:
            dismissProgressDialog();
            break;
        }
      }
    }
```

（9）封装 ProgressSubscriber。

新建一个 ProgressSubscriber.java 文件，在该类中统一处理报错（并且包括自定义的 API 异常）和网络对话框的出现与消失问题。这样可以简化大量的操作，不用再在每个界面中单独对其进行判断处理。具体代码如下：

```
    package com.xdw.qmjy.http;
    import android.content.Context;
    import android.content.Intent;
    import android.util.Log;
    import android.widget.Toast;
    import com.xdw.qmjy.MyApp;
    import com.xdw.qmjy.activity.LoginActivity;
    import com.xdw.qmjy.constant.Constant;
    import com.xdw.qmjy.pv.PresentView;
    import com.xdw.qmjy.util.APIException;
    import com.xdw.qmjy.util.ActivityCollector;
    import com.xdw.qmjy.util.AppSpUtils;
    import java.net.ConnectException;
    import java.net.SocketTimeoutException;
    import rx.Subscriber;
    /**
     * 用于在 HTTP 请求开始时，自动显示一个 ProgressDialog
     * 在 HTTP 请求结束时，关闭 ProgressDialog
     * 调用者自己对请求数据进行处理

     */
    public class ProgressSubscriber<T> extends Subscriber<T> implements ProgressCancel
Listener{

      private PresentView mPresentView;
      private ProgressDialogHandler mProgressDialogHandler;
      private Context context;

      public ProgressSubscriber(PresentView mPresentView, Context context, boolean show) {
        this.mPresentView = mPresentView;
        this.context = context;
        mProgressDialogHandler = new ProgressDialogHandler(context, this, true,show);
      }
      public ProgressSubscriber(Context context, boolean show) {
        this.context = context;
```

```
        mProgressDialogHandler = new ProgressDialogHandler(context, this, true,show);
    }
    private void showProgressDialog(){
        if (mProgressDialogHandler != null) {

    mProgressDialogHandler.obtainMessage(ProgressDialogHandler.SHOW_PROGRESS_DIALOG).
sendToTarget();
        }
    }

    private void dismissProgressDialog(){
        if (mProgressDialogHandler != null) {

    mProgressDialogHandler.obtainMessage(ProgressDialogHandler.DISMISS_PROGRESS_DIALOG).
sendToTarget();
            mProgressDialogHandler = null;
        }
    }
    /**
     * 订阅开始时调用
     * 显示 ProgressDialog
     */
    @Override
    public void onStart() {
        showProgressDialog();
    }
    /**
     * 完成，隐藏 ProgressDialog
     */
    @Override
    public void onCompleted() {
        dismissProgressDialog();
    }
    /**
     * 对错误进行统一处理
     * 隐藏 ProgressDialog
     * @param e
     */
    @Override
    public void onError(Throwable e) {
        if (e instanceof SocketTimeoutException) {
            Toast.makeText(context,"网络中断，请检查您的网络状态", Toast.LENGTH_SHORT).show();
        } else if (e instanceof ConnectException) {
            Toast.makeText(context,"网络中断，请检查您的网络状态", Toast.LENGTH_SHORT).show();
        } else if(e instanceof APIException){
            if(Constant.TOKEN_FAIL==((APIException) e).getCode()){
                MyApp.user=null;
                AppSpUtils.setValueToPrefrences("userid",0);
                AppSpUtils.setValueToPrefrences("token","0");
```

```
                RetrofitUtil.getInstance(context).init();
                ActivityCollector.finishAll();
                Intent intent = new Intent(context, LoginActivity.class);
                context.startActivity(intent);
            }
            Toast.makeText(context,e.getMessage()+",错误码"+((APIException) e).getCode(),
Toast.LENGTH_SHORT).show();
            Log.e("xdw","apiCode="+((APIException) e).getCode());
        }else{
            //在 Pv 获取完数据之后如果出现异常，例如设置图片传入某个空指针对象，则弹出“未知异常”提示，
并可用 log()方法定位，也可以用这里打印的日志定位问题
            Toast.makeText(context,"未知异常", Toast.LENGTH_SHORT).show();
            Log.e("xdw_error",e.getMessage());
        }
        dismissProgressDialog();
    }
    /**
     * 将 onNext()方法中的返回结果交给 Activity 或 Fragment 自己处理
     *
     * @param t: 创建 Subscriber 时的泛型参数
     */
    @Override
    public void onNext(T t) {

    }
    /**
     * 取消 ProgressDialog 的时候，取消对 Observable 的订阅，同时也取消了 HTTP 请求
     */
    @Override
    public void onCancelProgress() {
        if (!this.isUnsubscribed()) {
            this.unsubscribe();
        }
    }
}
```

之后可以向该项目中扩展其他业务，例如添加一个订单功能，具体操作步骤如下。

① 添加对应的 Model 类 Order。

② 在 RetrofitApiService 中添加对应的网络请求 API。

③ 将新添加的 API 映射到 DataManager 中。

④ 添加业务对应的 PresentView 实例 OrderPv。

⑤ 添加业务对应的 Presenter 实例 OrderPresenter。

⑥ 在需要该业务的 UI 线程（Activity 或 Fragment）中调用具体业务对应的 Presenter。

虽然新添加一个业务的步骤很多，但是逻辑清晰，可读性、可扩展性都很强。

2. 采用框架进行登录数据整合

前面已经集成封装了一套框架，并且介绍了后续接入业务的基本步骤。

下面将登录功能按照这个步骤整合进来，登录接口如图 6-8 所示。

接口名称	URL	HTTP 请求方式	客户端发送请求参数与参数类型	服务端返回Json数据结构

用户名密码登录接口	rest/api/login	post	username 类型：string
			password 类型：string
				{
				"code":1,
				"msg":"success",
				"data":{
				"user_id":1,
				"username":"13437124333",
				"token":"5ea735d939e7a90791cf8a5cc40d04d5"
				}
				}

图6-8　登录接口

具体整合步骤如下。

（1）添加对应业务的实体类 User，这个之前已经创建过了。

（2）在 RetrofitApiService.java 文件中添加对应的网络请求 API，代码如下：

```
/**
 * 用户登录
 * @param username
 * @param password
 * @return
 */
@FormUrlEncoded
@POST("api/login")
Observable<Result<User>> login(@Field("username") String username, @Field("password") String password);
```

（3）将 Retrofit 的业务方法映射到 DataManager 中，以后统一用该类来调用业务方法，以后在 Retrofit 中增加业务方法的时候，这里也要添加相应的方法，例如添加一个 login()方法，具体代码如下：

```
public Observable<User> login(String username, String password) {
  return mRetrofitService.login(username, password).map(new ResultFunc<User>());
}
```

（4）添加业务对应的 PresentView 实例 UserPv，代码如下：

```
package com.xdw.qmjy.pv;
import com.xdw.qmjy.model.User;
public interface UserPv extends PresentView {
  void onSuccess(User user);
}
```

（5）添加业务对应的 Presenter 实例 UserPresenter，代码如下：

```
package com.xdw.qmjy.presenter;
import android.content.Context;
import com.xdw.qmjy.http.ProgressSubscriber;
import com.xdw.qmjy.manager.DataManager;
import com.xdw.qmjy.model.User;
import com.xdw.qmjy.pv.PresentView;
import com.xdw.qmjy.pv.UserPv;
import rx.Observable;
public class UserPresenter extends BasePresenter {
  private Context mContext;
  private UserPv mUserPv;
```

```
    public UserPresenter(Context context) {
      this.mContext = context;
    }
    @Override
    public void BindPresentView(PresentView presentView) {
      mUserPv = (UserPv) presentView;
    }
    //在 Presenter 中实现业务逻辑，此处会调用前面封装好的 Retrofit 的内容
    //将处理结果绑定到对应的 PresentView 实例上，这样 Activity 和 PresentView 实例绑定好之后，
Activity→PresentView→Presenter→Retrofit 的关系就打通了
    public void login(String username, String password) {
      Observable<User> observable = DataManager.getInstance(mContext).login(username,
password);
      addSubscription(observable,new ProgressSubscriber<User>(mUserPv, mContext, true) {
        @Override
        public void onNext(User user) {
          super.onNext(user);
          mUserPv.onSuccess(user);
        }
      } );
    }
  }
```

（6）在需要该业务的 UI 线程 LoginActivity 中调用具体业务对应的 Presenter。

在 LoginActivity 中定义 Presenter 成员变量，代码如下：

```
  private UserPresenter mUserPresenter = new UserPresenter(this);
```

在 LoginActivity 中创建一个 UserPv 类型的成员变量，在它的 onSuccess()回调方法中实现网络请求结果之后的 UI 和业务逻辑相关操作，具体代码如下：

```
  //采用内部类定义 presentView 对象，该对象用于将 Activity 和 Presenter 绑定
  //绑定了以后，主线程中就可以通过回调来获取网络请求的数据
  private UserPv mUserPv = new UserPv() {
    @Override
    public void onSuccess(User user) {
      MyApp.user = user;
      AppSpUtils.setValueToPrefrences("userid",user.getUser_id());
      AppSpUtils.setValueToPrefrences("token",user.getToken());
      RetrofitUtil.getInstance(LoginActivity.this).init();
      Intent intent = new Intent(LoginActivity.this, MainActivity.class);
      Bundle bundle = new Bundle();
      bundle.putString("username", user.getUsername());
      intent.putExtras(bundle);
      startActivity(intent);
      finish();
      Toast.makeText(LoginActivity.this, "登录成功", Toast.LENGTH_SHORT).show();
    }
  };
```

用 LoginActivity 的 onCreate()方法初始化 Presenter 相关对象，代码如下：

```
  mUserPresenter.onCreate();
  //将 Presenter 和 PresentView 绑定，实际上就是将 Presenter 和 Activity 视图绑定
  mUserPresenter.BindPresentView(mUserPv);
```

现在把之前的“登录”按钮点击事件中的伪登录操作修改为真实服务端交互的登录操作，代码如下：

```
//采用静态数据做的伪登录
private void forgeLogin() {
  if ("test".equals(username_et.getText().toString()) &&"123456".equals(user_pwd_
et.getText().toString())) {
      //在内存中记录用户信息，这里任意定义一个假数据，后期对接服务端接口
      MyApp.user = new User(1, "test", "123456", "测试账号", "男", null, 0, "token001",
null);
      //在 SharedPreferences 中记录用户 id 和 token，用于在下次打开 App 时进行免登录判断
      AppSpUtils.setValueToPrefrences("userid", MyApp.user.getUser_id());
      AppSpUtils.setValueToPrefrences("token", MyApp.user.getToken());
      //启动主界面并且关闭当前界面
      Intent intent = new Intent(LoginActivity.this, MainActivity.class);
      startActivity(intent);
      finish();   //关闭登录界面
      Toast.makeText(LoginActivity.this, "登录成功", Toast.LENGTH_SHORT).show();
  } else {
      Toast.makeText(LoginActivity.this, "用户名或者密码错误", Toast.LENGTH_SHORT).show();
  }
}
//对接服务端的真实登录
private void login(){
  mUserPresenter.login(username_et.getText().toString(), user_pwd_et.getText()
.toString());
}
```

onClick()回调方法对应的代码如下：

```
@Override
public void onClick(View v) {
  switch (v.getId()) {
    case R.id.login_tv:
      login();
      break;
  }
}
```

此时可以运行 App，打开登录界面，输入测试账号 13437124333、密码 123456 进行测试。可以手动将启动界面修改为登录界面进行测试，也可以从个人中心打开登录界面。这部分功能对应本书附带的编号为 P-Qmjy-6-2-2-1 的源码。

在任务 15 实现了保存登录状态的功能，当时是使用假数据做的，那么现在也要切换成真实的服务端数据来做。要实现这个功能，需要在 WelcomeActivity 中对接“验证 token 登录”接口，该接口如图 6-9 所示。

接口名称	URL	HTTP请求方式	客户端发送请求参数与参数类型	服务端返回Json数据结构
token登录接口	rest/api/logined	post	user_id　类型：int token　类型：string	{"code":1,"msg":"success","data":{"user_id":"1","token":" 786fb60135ede20b1d56a402b92db63f"}}

图 6-9 “验证 token 登录”接口

具体对接流程和之前登录的一样，具体代码就不在这里演示了，请参考本书附带的编号为 P-Qmjy-6-2-2-2 的源码。请求登录后，正在加载的效果如图 6-10 所示。登录成功之后，在“我的”界面中可以看到用户的昵称，如图 6-11 所示，并且按钮切换成了“注销登录”。下次进入不需要重新登录，直接进入“我的”界面就可以看到是已登录状态，点击“注销登录”按钮之后，下次进入就需要重新登录，未登录时进入该界面，用户昵称显示为“游客”，如图 6-12 所示，并且按钮是“登录”。

图 6-10　用户登录效果

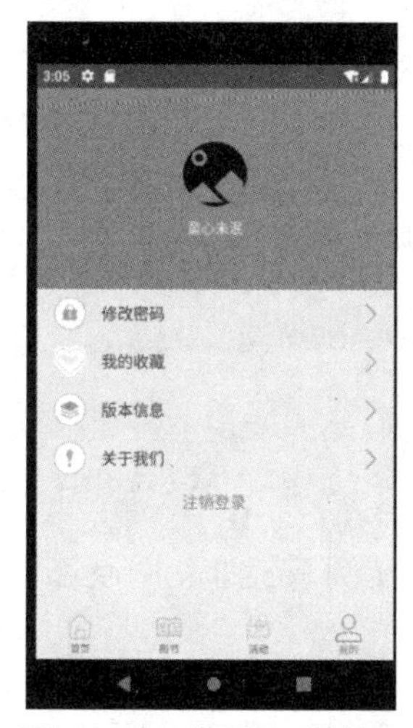

图 6-11　用户登录后的效果

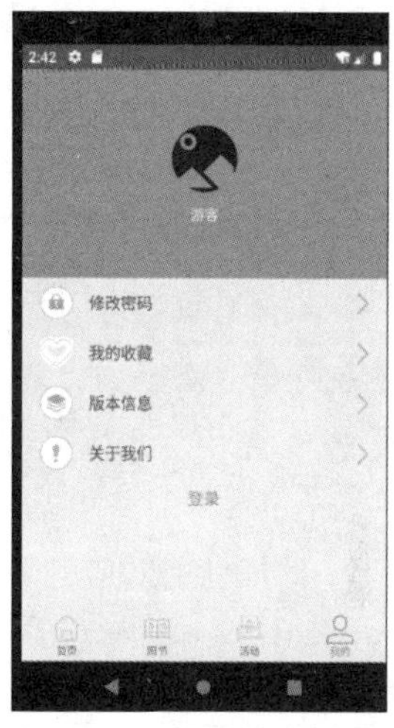

图 6-12　用户未登录的效果

3. 采用框架进行资讯列表数据整合

上一步使用框架进行了登录功能接口的对接，登录接口是一个典型的 POST 提交方法，之前已经实现了资讯列表的功能，当时使用的是假数据，下面对接该功能对应的服务端 API，实现真正的业务逻辑。这里是一个典型的 GET 方法请求，将返回的 Json 数据进行列表渲染，并且采用上拉加载、下拉刷新的分页机制，这是 App 开发中非常常见的一个功能。将该功能和登录功能都对接服务端 API 之后，其他相关的 API 对接大家可以参照 API 文档自行实现。资讯列表接口如图 6-13 所示。

接口名称	URL	HTTP请求方式	客户端发送请求参数与参数类型	服务端返回Json数据结构
获取资讯接口	rest/api/get_real_info	get	real_info_type_id 类型：int page 类型：int	rl":"http:\/\/10.1.1.194\/Public\/Home\/ images \/kefu.png","audio_url":"a","real_info_type_id":"1"},{"real_info_id":"2","title":"bbb","content":"mmm","time":"555","img_url":"http:\/\/10.1.1.194\/Public\/Home\/images\/kefu.png","audio_url":" b","real_info_type_id":"1"},{"real_info_id":"3","title":"ccc","content":"tttt","time":"666"," img_url":" http:\/\/10.1.1.194\/Public\/Home\/images\/kefu.png","audio_ur1":"

图 6-13　资讯列表接口

具体整合步骤如下。

（1）添加对应业务的实体类 RealInfo，在之前的项目源代码（P-Qmjy4-4-3）中已经编写过该类。

（2）在 RetrofitApiService.java 文件中添加对应的网络请求 API，代码如下：

```
/**
 * 获取资讯信息
 * @param real_info_type_id  资讯的类型 id
```

```
  * @param page   第几页
  * @return
  */
 @GET("api/get_real_info/{real_info_type_id}/{page}")
 Observable<Result<List<RealInfo>>> getRealInfo(@Path("real_info_type_id") int rea
l_info_type_id, @Path("page") int page);
```

（3）将新添加的 API 映射到 DataManager 中，代码如下：

```
 public Observable<List<RealInfo>>  getRealInfo(int real_info_type_id, int page){
   return mRetrofitService.getRealInfo(real_info_type_id,page).map(new ResultFunc<
List<RealInfo>>() );
 }
```

（4）添加业务对应的 PresentView 实例 RealInfoPv，代码如下：

```
 package com.xdw.qmjy.pv;
 import com.xdw.qmjy.model.RealInfo;
 import java.util.List;
 public interface RealInfoPv extends PresentView {
   void onSuccess(List<RealInfo> realInfo_list);
 }
```

（5）添加业务对应的 Presenter 实例 RealInfoPresenter，代码如下：

```
 package com.xdw.qmjy.presenter;
 import android.content.Context;
 import com.xdw.qmjy.http.ProgressSubscriber;
 import com.xdw.qmjy.manager.DataManager;
 import com.xdw.qmjy.model.RealInfo;
 import com.xdw.qmjy.pv.PresentView;
 import com.xdw.qmjy.pv.RealInfoPv;
 import java.util.List;
 import rx.Observable;
 public class RealInfoPresenter extends BasePresenter {
   private Context mContext;
   private RealInfoPv mRealInfoPv;

   public RealInfoPresenter(Context context) {
     this.mContext = context;
   }
   @Override
   public void BindPresentView(PresentView presentView) {
     mRealInfoPv = (RealInfoPv) presentView;
   }

   //在 Presenter 中实现业务逻辑，此处会调用前面封装好的 Retrofit 的内容
   //将处理结果绑定到对应的 PresentView 实例上，这样 Activity 和 PresentView 实例绑定好之后，
Activity→PresentView→Presenter→retrofit 的关系就打通了
   //这里多加了一个参数 show，从 Activity 或 Fragment 中传递过来，值为 true 代表显示等待框，值为
false 代表不显示等待框
   //例如下拉刷新和上拉加载功能有自带的等待框，就不显示这个
   public void getRealInfo(int real_info_type_id,int page,boolean show) {
     Observable<List<RealInfo>> observable = DataManager.getInstance(mContext).get
RealInfo(real_info_type_id,page);
```

```
        addSubscription(observable,new ProgressSubscriber<List<RealInfo>>(mRealInfoPv,
mContext, show) {
            @Override
            public void onNext(List<RealInfo> realInfoList) {
                super.onNext(realInfoList);
                mRealInfoPv.onSuccess(realInfoList);
            }
        } );
    }
}
```

（6）在需要该业务的 UI 线程 YesqActivity 中调用具体业务对应的 Presenter。

在 YesqActivity 中定义 Presenter 成员变量，代码如下：

```
private RealInfoPresenter mRealInfoPresenter;
```

在 RealInfoActivity 中创建一个 RealInfoPv 类型的成员变量，在它的 onSuccess()回调方法中实现网络请求结果之后的 UI 和业务逻辑相关操作，代码如下：

```
private RealInfoPv mRealInfoPv = new RealInfoPv(){
  @Override
  public void onSuccess(List<RealInfo> realInfoList) {
    if(currentPage==0){
       mData.clear();
    }
    mData.addAll(realInfoList);
    commonAdapter.notifyDataSetChanged();
    mPullLoadMoreRecyclerView.setPullLoadMoreCompleted();
  }
};
```

用 YesqActivity 的 onCreate()方法初始化 Presenter 相关对象，代码如下：

```
//下拉刷新列表的数据与 Presenter 绑定
mRealInfoPresenter =new RealInfoPresenter(this);
mRealInfoPresenter.onCreate();
mRealInfoPresenter.BindPresentView(mRealInfoPv);
```

把之前的静态数据加载的相关操作切换为 API 动态数据即可，只需要做非常简单的改动，在 RealInfoActivity 中定义一个采用 presenter 获取服务端数据的方法，代码如下：

```
//对接服务端接口获取数据
private void getApiData(int realInfoTypeId,boolean show) {
   mRealInfoPresenter.getRealInfo(realInfoTypeId,0,show);
}
```

修改之前的初始化数据方法和加载更多数据方法，代码如下：

```
//初始化图书列表的数据
private void initData() {
    //数据初始化
    currentPage = 0;
    //设置静态数据，后期改为对接服务端数据
    //setStaticInitData();
    //对接服务端接口
    getApiData(0,true);
}
```

```
//下拉刷新更多数据，此时去掉 MVP 中封装的等待框
private void loadMoreData() {
    currentPage++;
    //对接服务端接口
    getApiData(0,true);
}
```

这样具有动态数据的图书介绍里的资讯列表展示功能就完成了。

【项目小结】

本项目介绍了一下 HTTP 网络请求的基础知识、Json 数据格式、API 文档等，也介绍了一些框架知识，包括 Retrofit 框架、MVP 的架构模式、Rxjava 框架等。

针对图书资源 App，本项目采用了 MVP 的架构模式，引入了一些主流的开发框架（如 Retrofit、Gson 等），并对 Retrofit 和 RxJava 进行了联合封装，对各个框架都进行了基本的配置，为后面的项目开发做好了准备工作。针对在上一个项目中已经采用静态数据编写好的 App 相关业务，采用封装好的网络请求框架结合 API 文档和服务端进行对接，这样就完成了 App 的真实业务功能。下一个项目中将会介绍第三方 SDK 集成相关的知识。

【知识巩固】

1. 单选题

（1）以下不属于 HTTP 协议特点的是（　　）？

A. 支持传输任意类型的数据对象　　B. 无连接
C. 无状态　　D. 服务器主动响应客户端

（2）当发出 HTTP 请求时，服务器响应状态码是 500，这表示的含义是（　　）。

A. 响应成功　　B. 找不到资源
C. 服务器内部错误　　D. 重定向

（3）以下不可以实现 Json 数据解析的工具是（　　）。

A. JSONObject 与 JsonArray 原生解析
B. Gson
C. FastJson
D. JsonP

（4）以下请求方式中不属于 HTTP 合法请求方式的是（　　）。

A. GET　　B. POST　　C. PUT　　D. JSON

（5）Retrofit 中发送 HTTP 请求表示以 Content-Type:application/x-www-form-urlencoded 发送请求数据的是（　　）。

A. @FormUrlEncoded　　B. @Form
C. @Map　　D. @FieldMap

（6）MVP 设计模式中，表示模型和视图连接器的是（　　）。

A. Controller　　B. Presenter　　C. Model　　D. 以上都不是

2. 填空题

（1）HTTP 常见响应状态码有________、________、________等。

（2）Json 描述对象以________表示，描述数组以________表示。

3. 简答题

（1）简述一下 HTTP 最常见请求方式 GET 与 POST 的区别？

（2）简述一下 MVP 设计模式与 MVC 设计模式的区别？

【项目实训】

（1）请参考任务 18 的内容，使用 Retrofit+MVP+RxJava，分别对登录数据和资讯列表数据进行整合。

（2）请使用原生的 GET 请求配合 Gson 解析资讯列表接口数据，该接口的数据描述如图 6-14 所示。

接口名称	URL	HTTP请求方式	客户端发送请求参数与参数类型	服务端返回Json数据结构
获取资讯接口	rest/api/get_real_info	get	real_info_type_id 类型：int page 类型:int	rl":"http:\/\/10.1.1.194\/Public\/Home\/images\/kefu.png","audio_url":"a","real_info_type_id":"1"},{"real_info_id":"2","title":"bbb","content":"mmm","time":"555","img_url":"http:\/\/10.1.1.194\/Public\/Home\/images\/kefu.png","audio_url":"b","real_info_type_id":"1"},{"real_info_id":"3","title":"ccc","content":"tttt","time":"666","img_url":"http:\/\/10.1.1.194\/Public\/Home\/images\/kefu.png","audio_url":"

图 6-14　资讯列表接口数据描述

接口的完整地址为 http://192.168.1.3:5555/rest/api/get_book_type，请求参数 real_info_type_id 传 0，page 为分页页码，分别传 0 或者 1 进行测试。

项目7 移动App第三方SDK集成

07

【学习目标】

1. 知识目标

（1）学习第三方 SDK 集成技术，了解第三方 SDK 集成的步骤等知识。

（2）学习通过短信验证码登录账号功能的实现方法。

（3）学习通过扫描二维码跳转到对应图书界面功能的实现方法。

（4）学习实现 QQ 登录与 App 账号绑定功能的方法。

2. 技能目标

（1）掌握第三方 SDK 集成技术。

（2）掌握通过短信验证码登录账号功能的实现方法。

（3）掌握通过扫描二维码跳转到对应图书界面功能的实现方法。

（4）掌握实现 QQ 登录与 App 账号绑定功能的方法。

3. 素养目标

（1）培养整合多方信息的能力和积极探索的精神。

（2）培养自学能力和开拓创新的精神。

（3）培养勤奋的品质。

【项目概述】

在之前的项目中已经实现了图书资源 App 相关需求的 UI，并且使用 HTTP 网络请求框架对接了服务端真实数据接口，完整地实现了图书资源 App 的全部核心功能模块。但是在 App 使用过程中常需要使用第三方 SDK 快速实现相应功能。本项目将对已实现的功能进行扩充，例如当用户使用手机注册 App 账号时，需要真实的手机验证码，并发送到后台检验，检验通过后才能注册成功；扫码跳转到图书界面；用户使用 QQ 账号快捷登录 App 等功能。

【思维导图】

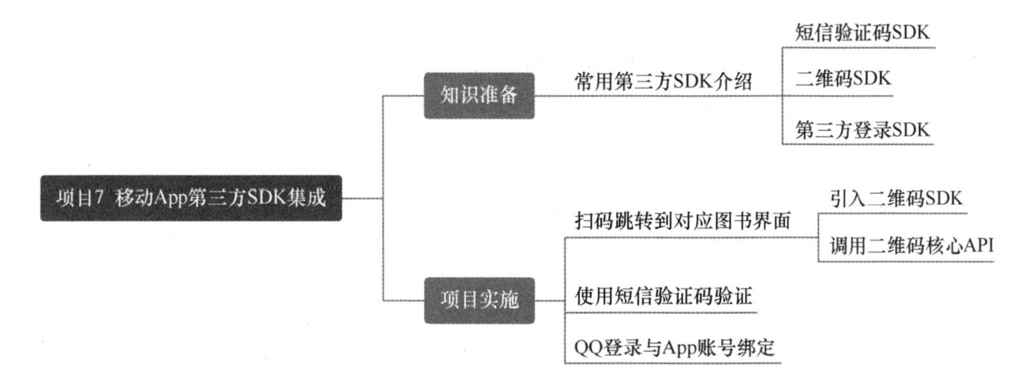

【知识准备】

SDK 是创建应用软件的开发工具的集合，一般包括软件包、软件框架、硬件平台、操作系统等。在 App 开发过程中，为了实现某些功能，常常需要集成第三方 SDK，本项目将介绍常用的短信验证码 SDK、二维码 SDK、第三方登录 SDK。

7.1 常用第三方 SDK 介绍

在 App 开发过程中，比较常用的 SDK 包括短信验证码 SDK、二维码 SDK、第三方登录 SDK、地图 SDK、支付 SDK 等，如表 7-1 所示。

表 7-1 常用的第三方 SDK

功 能	常用 SDK
短信验证码	Mob 平台等
二维码	Google 官方的 zxing 库等
第三方登录	QQ、微信、支付宝、微博、淘宝等
地图	高德地图、百度地图、腾讯地图等
支付	支付宝、微信、银联等
即时通信	网易云信、腾讯云通信等
推送	小米推送、腾讯信鸽等
直播	腾讯云直播、阿里云直播等

接下来主要对短信验证码 SDK、二维码 SDK、第三方登录 SDK 进行展开介绍。

7.1.1 短信验证码 SDK

短信验证码功能在 App 中的应用越来越广泛，常见的注册、登录、找回密码等功能常常都会使用到。Android 中的短信验证码功能往往通过集成第三方 SDK 来实现，这类 SDK 有很多，这里主要介绍 Mob 平台和容联云通讯。

1. Mob 平台

Mob 平台是一个数据智能科技平台，可提供移动开发、金融风控、商业地产等多个场景的数据智能服务，还可提供短信与语音验证、智能化推送等服务，如图 7-1 所示。

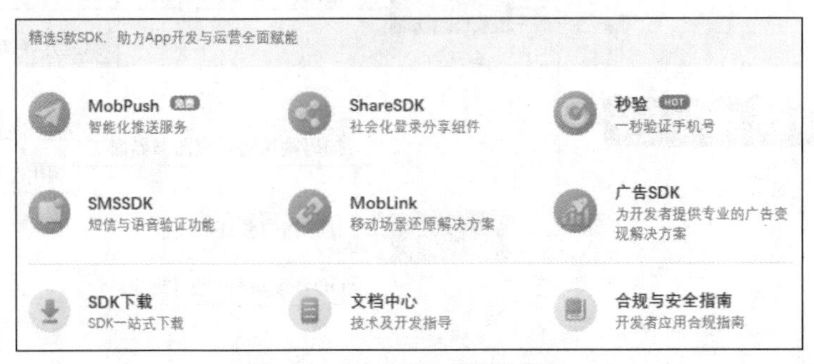

图 7-1　Mob 平台提供的服务

Mob 平台提供的短信验证码 SDK 是免费的，可以在官网中单击“SDK 下载”链接，再选择短信验证选项（SDK 名称是 SMSSDK）进行下载，如图 7-2 所示。本次选用的 Mob SMSSDK 是 2.1.1 版本（2.1.1 版本 SDK 将作为配套资源随书赠送）。

图 7-2　Mob 平台短信验证码 SDK 下载

2. 容联云通讯

容联云通讯是专业的智能通讯云服务商，可为企业和政府组织提供全面的通信及数字化服务。

容联云通讯可提供短信、语音、视频会议等服务，如图 7-3 所示。

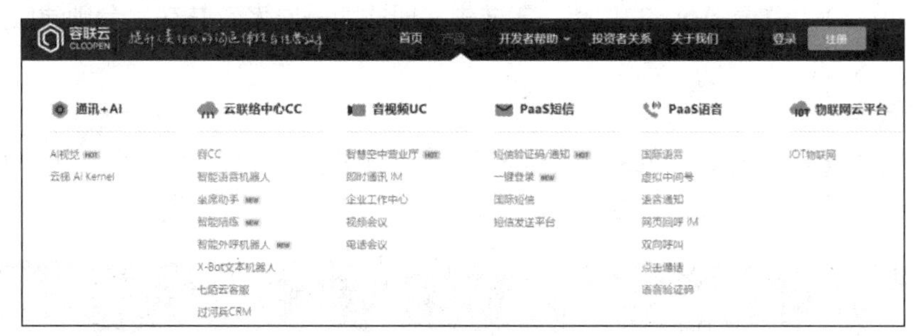

图 7-3　容联云通讯提供的服务

容联云通讯的短信服务是收费的，具体价格及其 SDK 下载请参见官网。

7.1.2　二维码 SDK

二维码功能是目前互联网应用中非常常见的功能，本书的图书资源 App 是给某幼儿图书出版社定制开发的 App，该出版社发行的每本书背后都会附带一个二维码，扫描该二维码可以跳转到该书对应的教案和视频目录界面。

在 Android 开发中最常用的就是 Google 官方的 zxing 库，如图 7-4 所示。

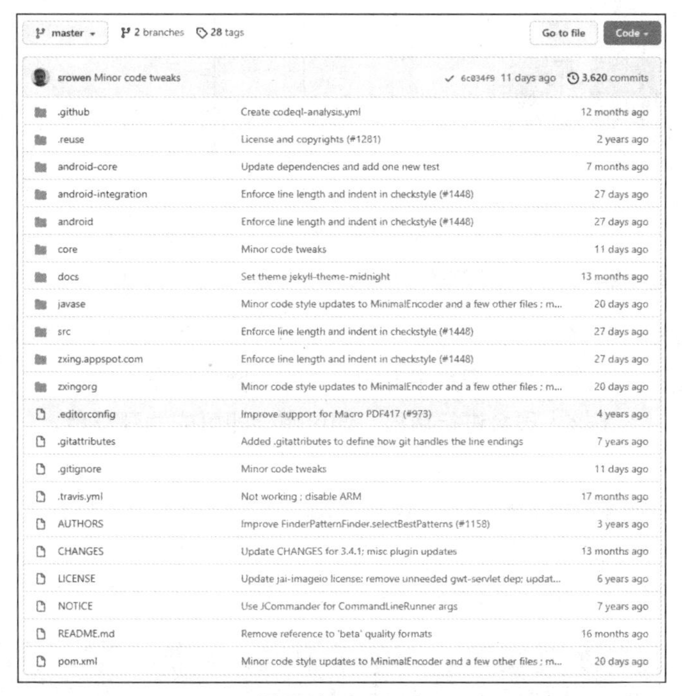

图 7-4　zxing 库

7.1.3　第三方登录 SDK

为了降低 App 注册门槛从而引流，一款待上线的 App 一般都会集成 QQ、微信、支付宝等第三方登录方式。下面主要对使用 QQ 登录 App 的方式展开介绍。

若想实现使用 QQ 登录 App 的功能，需要先注册成为开发者，并在平台创建应用获得相应的 APP ID 与 APP Key。

1. 注册开发者

在 QQ 互联开放平台首页，单击右上角的“登录”按钮，如图 7-5 所示，使用 QQ 账号快速登录该平台，如图 7-6 所示。

图 7-5 登录 QQ 互联开放平台

登录成功后会跳转到开发者注册页面，按要求提交公司或个人的基本资料。公司信息接入页面如图 7-7 所示。

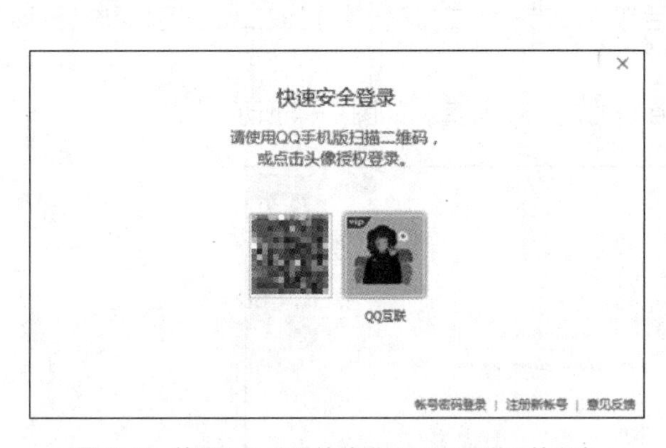

图 7-6 使用 QQ 账号快速登录 QQ 互联开放平台

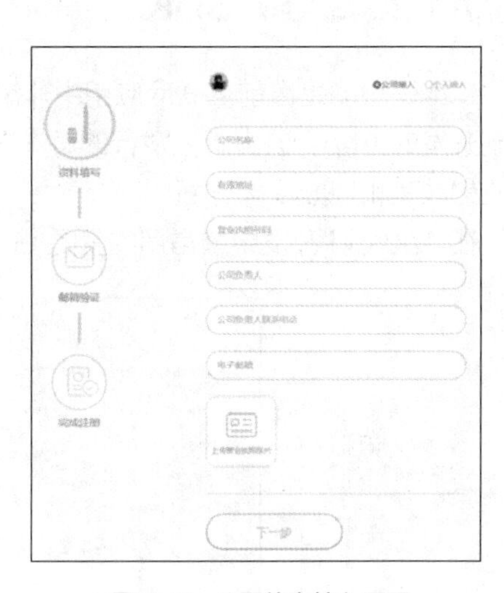

图 7-7 公司信息接入页面

如果选择个人开发者账号认证，需要在个人信息页面根据提示填写必要的信息，上传自己手持身份证的照片，这里需要注意的是，照片中身份证中的头像要在右边。

按要求提交资料后，审核人员会进行审核，通过审核即可成为开发者。

2. 创建应用

接入应用前，为了确保后续流程中可正确对网站与用户进行验证与授权，这里需要先进行申请，获得对应的 APP ID（应用的唯一标识）与 APP Key（公钥，相当于账号）。

（1）开发者注册完成后，单击“应用管理”按钮，如图 7-8 所示。

图 7-8 单击“应用管理”按钮

（2）跳转到 QQ 互联管理中心页面，如图 7-9 所示，单击“创建应用”按钮，弹出图 7-10 所示的页面。

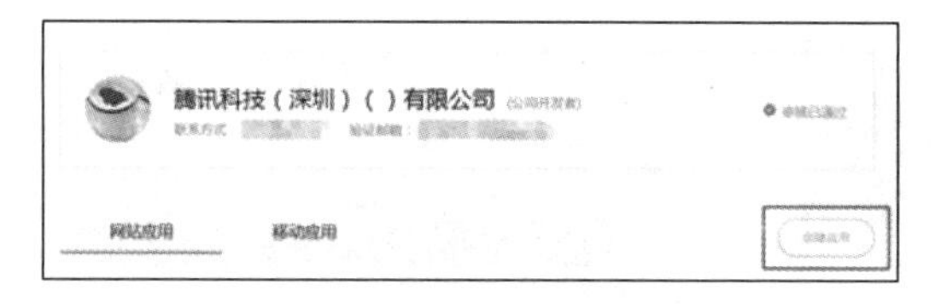

图 7-9　QQ 互联管理中心页面

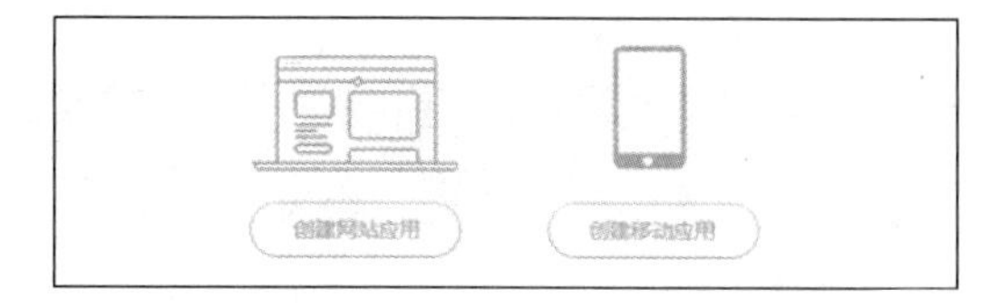

图 7-10　选择应用类型

（3）选择需要创建的应用类型，这里单击“创建移动应用”按钮。

待相关信息填写完成、应用创建完成后，单击“应用管理”按钮，进入管理中心，在管理中心可以查看网站获取的 APP ID 和 APP Key，如图 7-11 所示。

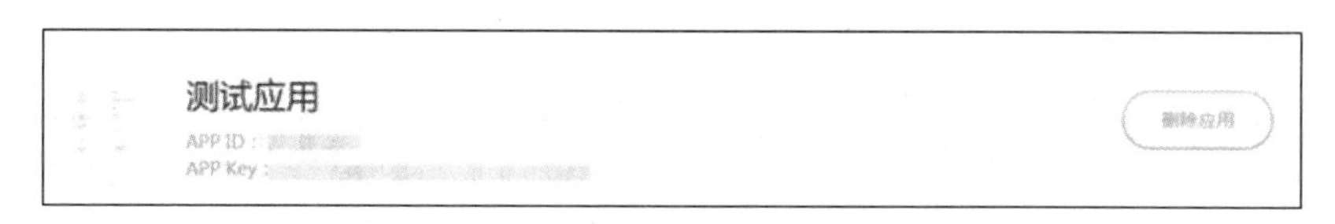

图 7-11　查看网站获取的 APP ID 和 APP Key

注意　请记住这里的 APP ID 和 APP Key，在后面【项目实施】中会用到。

【项目实施】

【知识准备】中主要介绍了常用的二维码 SDK、短信验证码 SDK 和第三方登录 SDK，接下来将展示如何将这些 SDK 应用到 App 中进而丰富 App 的功能。

7.2　任务 19：扫码跳转到对应图书界面

本项目中使用的二维码 SDK 为 Google 官方的 zxing 库，采用导入 Module 的方式进行引入。可以先从 Github 上下载该库源码，然后以 Module 形式进行导入，这样做的好处是能够修改定制库的源码，删除不需要的功能，修改或定制自己想要的功能。可从本书附带的相应的源码中提取该库源码进行导入。

1. 引入二维码 SDK

引入二维码 SDK

在 Android Studio 中导入 Module，如图 7-12 所示，弹出图 7-13 所示的对话框，选择 zxing 库所在的路径。

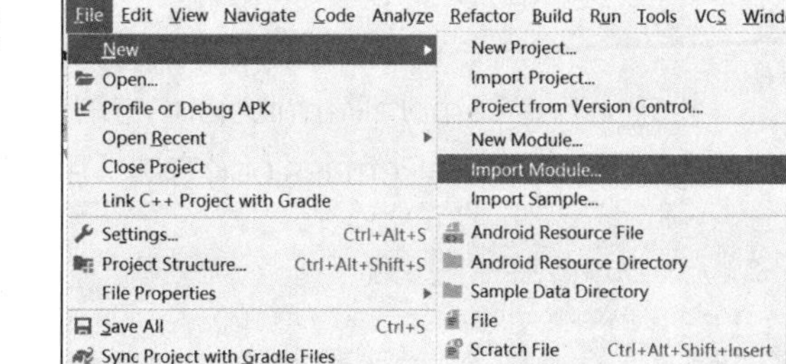

图 7-12　导入 Module

待 Module 导入完成之后，工程结构里面会出现导入的 zxinglib，然后在 App 默认的 Module 的 build.gradle 文件中添加对 zxinglib 的依赖，build.gradle 文件的位置如图 7-14 所示。

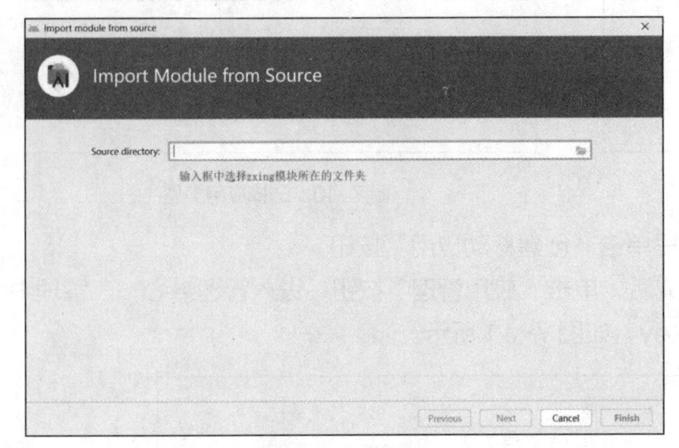

图 7-13　选择路径

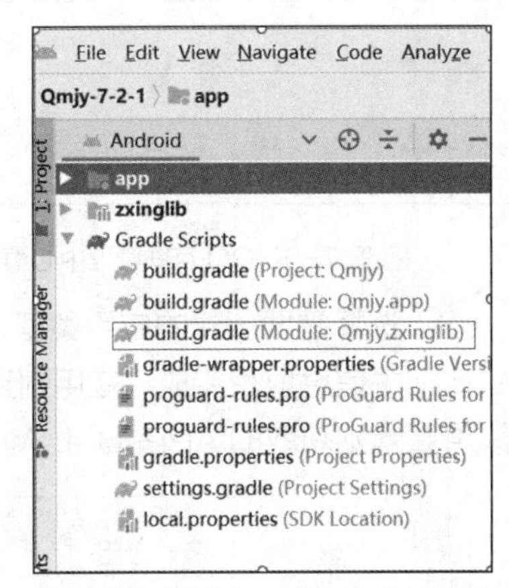

图 7-14　build.gradle 文件的位置

在 build.gradle 文件中添加对 zxinglib 的依赖，代码如下：

```
implementation project(':zxinglib')
```

到此，zxing 这个开源库就集成到工程中了，下面将利用这个库里面的相关核心 API 来实现相应的业务。

调用二维码核心 API

2. 调用二维码核心 API

在之前开发的 App 主界面中，标题栏有一个扫码的图标，该图标的功能还未实现，下面利用上面导入的 zxing 库来实现想要的功能。

（1）为扫码图标添加点击事件。

修改 YejyFragment.java 文件的代码，给扫码图标添加点击事件，点击后能打开扫码窗口。

① 添加扫码图标按钮控件声明，代码如下：

```
private ImageView iv_sao;    //声明扫码图标按钮
```

② 在 initView()方法中初始化按钮，代码如下：

```
iv_sao = (ImageView) view.findViewById(R.id.iv_sao);
iv_sao.setOnClickListener(this);
```

③ 在 onClick()回调方法中添加业务逻辑，代码如下：

```
case R.id.iv_sao:
  if(hasCameraPermission()){
     startCaptureActivity();
  }
  break;
```

④ 定义 hasCameraPermission()方法，代码如下：

定义 hasCameraPermission()方法，用于实现扫码时动态申请获取相机的权限，代码如下：

```
/**
 * 动态申请获取相机权限
 */
private boolean hasCameraPermission() {
  if (Build.VERSION.SDK_INT >= 23) {
     if (getContext().checkSelfPermission(Manifest.permission.CAMERA) != PackageManager
.PERMISSION_GRANTED) {
        requestPermissions(new String[]{Manifest.permission.CAMERA}, CAMERA);
```

```
            return false;
        }
        return true;
    }
    return true;
}
```

⑤ 实现 startCaptureActivity()方法。

实现 startCaptureActivity()方法，用于启动扫码窗口，代码如下：

```
private void startCaptureActivity(){
    // 获取到权限，做相应处理
    Intent intent = new Intent(getActivity(), CaptureActivity.class);

    ZxingConfig config = new ZxingConfig();
    config.setPlayBeep(true);
    config.setShake(true);
    intent.putExtra(Constant.INTENT_ZXING_CONFIG, config);

    startActivityForResult(intent,REQUEST_CODE_SCAN);
}
```

需要注意的是，startCaptureActivity()方法中用到了 REQUEST_CODE_SCAN 常量（用来标识 Activity 请求回调），所以需要在方法前对其进行定义，代码如下：

```
public static int REQUEST_CODE_SCAN = 111;
```

⑥ 在模拟器上运行。

图 7-15 是在模拟器上运行扫码功能的效果图，这里如果需要调用扫码功能测试实际业务，则必须采用真机测试。

图 7-15　在模拟器上运行扫码功能的效果图

（2）完成回调结果处理并进行跳转。

继续修改 YejyFragment.java 文件的代码，完成扫码回调结果处理，即扫描相应二维码之后跳转到图书教案和对应视频播放界面。编写 onActivityResult()方法，代码如下：

```
@Override
public void onActivityResult(int requestCode, int resultCode, Intent data) {
    super.onActivityResult(requestCode, resultCode, data);
    //扫描二维码/条码回传
```

```
        if (requestCode == REQUEST_CODE_SCAN && resultCode == RESULT_OK) {
            if (data != null) {
                String content = data.getStringExtra(Constant.CODED_CONTENT);
                //content ="txym00000001";//展示二维码生成规则，正式代码不用编写
                //result.setText("扫描结果为: " + content);
                //Toast.makeText(getActivity(),"扫描结果为: " + content,Toast.LENGTH_
SHORT).show();  //Toast 为调试代码，正式代码不用编写
                if(content!=null&&content.startsWith("txym")&&content.length()==12){
                    int book_id=Integer.valueOf(content.substring(4));
                    Intent intent =new Intent(getActivity(), BookDetailActivity.class);
                    intent.putExtra("book_id",book_id);
                    startActivity(intent);
    //Toast 为调试代码，正式代码不用编写
    //Toast.makeText(getActivity(),"book_id="+book_id,Toast.LENGTH_SHORT).show();
                } else if(content!=null&&content.indexOf(UrlConstant.SERVER_URL)!=-1){
                    //获取第一个“=”的位置
                    int index=content.indexOf("=");
                    int book_id=Integer.valueOf(content.substring(index+1));
                    Intent intent =new Intent(getActivity(), BookDetailActivity.class);
                    intent.putExtra("book_id",book_id);
                    startActivity(intent);
                }
                else{
                    Toast.makeText(getActivity(),"无法识别",Toast.LENGTH_SHORT).show();
                }
            }
        }
    }
```

二维码实际上就是根据自身业务定义的一个字符串，然后将这个字符串转换成二维码图片进行展示。例如上面代码中定义了两种二维码的规则（上面代码）。一种是 txym00000001，00000001 就是图书的 id，后面就可以通过这个 id 去启动图书详情界面，详情界面拿到这个 id 去向服务端请求数据。另一种是以 http 开头的字符串，目的是使用小程序或者浏览器扫码后能够直接打开对应的 Web 界面。所以这里使用 if...else if 判断了两种场景，两种场景之外的二维码则被认为无法识别。

BookDetailActivity 的代码采用了一个最简单的文本测试界面进行展示，其对应的具体布局文件 activity_book_detail.xml 的代码如下：

```
<?xml version="1.0" encoding="utf-8"?>
<RelativeLayout xmlns:android="http://schemas.android.com/apk/res/android"
  xmlns:app="http://schemas.android.com/apk/res-auto"
  xmlns:tools="http://schemas.android.com/tools"
  android:layout_width="match_parent"
  android:layout_height="match_parent"
  tools:context=".activity.BookDetailActivity">
<TextView
    android:layout_width="wrap_content"
    android:layout_height="wrap_content"
    android:text="我是图书详情界面，扫码之后进入该界面，该界面具体功能请自行实现"
    android:layout_centerInParent="true"/>
</RelativeLayout>
```

而实际项目中 BookDetailActivity 的运行效果如图 7-16 所示，可以将其当作扩展任务自行实现。

图 7-16　实际项目中 BookDetailActivity 的运行效果

Mob 平台验证码 SDK 引入

App 端发送请求获取短信验证码

7.3 任务 20：使用短信验证码验证

可以实现短信验证码功能的 SDK 有很多，它们的总体集成流程大同小异，下面选取 Mob 平台短信验证码 SDK 进行集成。

由于 Mob 平台从 2021 年开始需要支付相应费用才能使用 SDK，所以在本书纸质内容中将不再讲解，如果已经支付相应费用，可从 Mob 平台下载 SDK，可从人邮教育社区下载电子文档进行学习。

7.4 任务 21：QQ 登录与 App 账号绑定

QQ 登录 SDK 集成

QQ 登录与 App 账号绑定

在 App 中引入 QQ 登录功能后，用户可使用 QQ 账号快速登录 App，降低了 App 注册门槛，进而给 App 带来更多新用户。

但是要在 App 中引入 QQ 登录功能，需要先进行企业身份认证，这里不进行详解，有需要的读者可在认证企业身份后，从人邮教育社区下载电子文档进行学习。

【项目小结】

本项目结合图书资源 App 的实际业务，全面讲解了常用的短信 SDK、二维码 SDK、第三方登录 SDK，并且配合实际业务进行了使用。

【知识拓展】

很多初级开发者不清楚 SDK 与 API 的区别，现总结如下。

- API 是一个函数，有其特定的功能；而 SDK 是一个很多功能函数的集合体，是一个工具包。
- 若要实现简单功能，则使用 API 更方便快捷；若要实现复杂功能，则 SDK 提供的功能更全面。
- API 是数据接口，SDK 是工具包，在 API 对接过程中需要自己提供环境，而 SDK 不仅提供很多 API，还提供开发环境。

【知识巩固】

1. 单选题

（1）图书资源 App 中本地的 jar 包引用，需要怎么设置？（　　）。

A. 在 gradle 文件中通过 implementation files 设置

B. 在 gradle 文件中通过 implementation 包路径设置

C. 在 gradle 文件中通过 repositories 设置

D. 在 AndroidManifest.xml 文件中的 application 组件中设置

（2）图书资源 App 中实现获取短信验证码功能要用到的 App Key 和 App ID，需要怎么申请？（　　）。

A. 在官网申请　　　　B. 使用工具生成

C. 使用 UUID　　　　D. 随意生成一个 36 位的字符串

（3）使用图书资源 App 扫描二维码时需要动态申请的权限是（　　）。

A. Manifest.permission.CAMERA 权限

B. android.permission.RECEIVE_SMS 权限

C. android.permission.READ_SMS 权限

D. android.permission.INTERNET 权限

（4）在图书资源 App 中实现 QQ 登录功能，不需要的权限是（　　）。

A. android.permission.RECEIVE_SMS 权限

B. android.permission.INTERNET 权限

C. android.permission.ACCESS_NETWORK_STATE 权限

D. android.permission.ACCESS_WIFI_STATE 权限

2. 填空题

（1）在图书资源 App 中实现获取短信验证码功能需要的权限有________、________和________。

（2）二维码中存储的内容是________。

（3）要在图书资源 App 中实现 QQ 登录功能，在应用接入前，需要先进行申请，获取________和________。

3. 简答题

（1）图书资源 App 中获取短信验证码后是怎么验证结果的？

（2）图书资源 App 中的 QQ 登录功能，怎么知道是否成功实现了？

【项目实训】

结合本项目的内容，使用 zxing 库实现二维码扫描功能，实现效果如图 7-17 和图 7-18 所示。

图 7-17　二维码扫描效果

图 7-18　扫描二维码的结果

项目8 移动App测试与打包发布

08

【学习目标】

1. 知识目标

（1）学习常用的 adb 命令以及日志抓取知识。

（2）学习单元测试和压力测试的方法。

（3）学习打包发布 App 的方法和流程。

2. 技能目标

（1）掌握常用的 adb 命令以及日志抓取知识。

（2）掌握单元测试和压力测试的方法。

（3）掌握打包发布 App 的方法和流程。

3. 素养目标

（1）培养求实精神，实事求是，克服主观臆断。

（2）培养实践精神。

（3）培养追求严格精确的分析精神。

【项目概述】

之前的项目已经完整地实现了图书资源 App 的界面、功能，并且集成了第三方短信验证和快捷登录的功能，那么 App 就能直接使用了吗？当然不行，还需要对 App 进行测试与发布。

本项目将对 App 进行功能测试和压力测试，以确保 App 可以稳定地运行在目标设备上，经过测试之后，还要将 App 正式签名打包，对外发布一个正式版本，将 App 发布到应用市场，这样用户就可以直接在应用市场搜索并下载 App 了。

【思维导图】

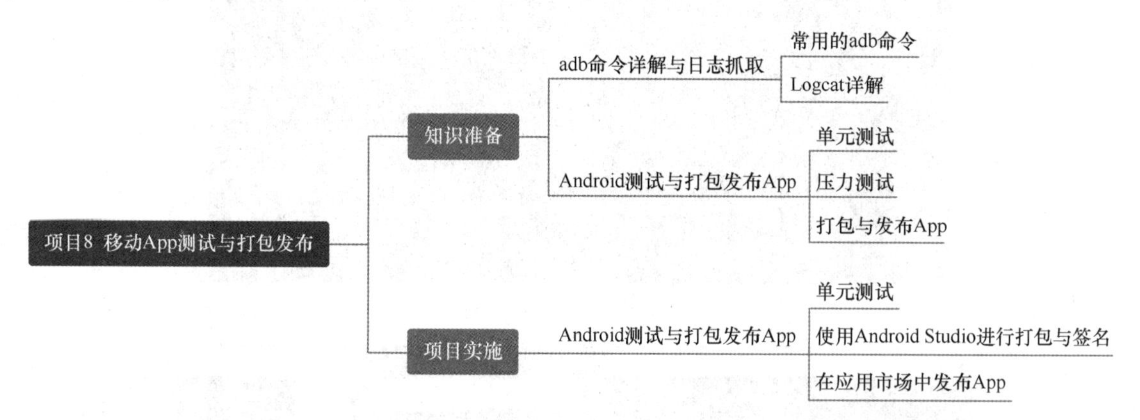

【知识准备】

本项目将对 App 进行测试，在 App 开发过程中，测试是必不可少的环节，根据测试力度可将测试划分为单元测试、集成测试、系统测试；根据“暴力”程度可将测试划分为压力测试和冒烟测试。完成测试后，就到了打包发布环节，所有的 Android App 都要求开发人员用一个证书进行数字签名，Android 系统不会安装没有进行签名的 App。

由于 Android 测试中需要用到常用的 adb 命令和日志抓取功能，所以在【知识准备】中先介绍此部分内容，然后再介绍 Android 测试中的单元测试、压力测试，以及打包与发布 App。

8.1 adb 命令详解与日志抓取

adb 的全称为 Android Debug Bridge，可以起到调试桥的作用。借助 adb 命令，可以管理设备或手机模拟器的状态，还可以进行很多手机操作，如安装和卸载 App、升级系统、运行 shell 命令等。adb 命令可以用来做压力测试、自动化测试、monkey 测试等。而 Logcat 窗口可以实时地捕捉系统中的日志消息，这样有助于开发人员在测试过程中收集信息，当出现问题时，能够快速、准确地进行定位。

8.1.1 常用的 adb 命令

在 cmd 窗口中使用命令定位到 sdk\platform-tools 目录后，即可使用 adb 命令，如图 8-1 所示。

使用 adb 命令可以查看当前连接的设备及其状态，可以安装和卸载 App，可以从手机指定位置推送、拉取文件等，接下来展开介绍。

1. adb devices

这个命令用于查看当前连接的设备，连接到计算机的 Android 设备或者模拟器将会列出显示，如图 8-2 所示。

```
C:\Windows\system32\cmd.exe
Microsoft Windows [版本 10.0.18363.1379]
(c) 2019 Microsoft Corporation。保留所有权利。

C:\Users\bozoua>d:

D:\>cd D:\tools\sdk\platform-tools

D:\tools\sdk\platform-tools>adb
Android Debug Bridge version 1.0.41
Version 31.0.0-7110759
Installed as D:\tools\sdk\platform-tools\adb.exe

global options:
 -a         listen on all network interfaces, not just localhost
 -d         use USB device (error if multiple devices connected)
 -e         use TCP/IP device (error if multiple TCP/IP devices available)
 -s SERIAL  use device with given serial (overrides $ANDROID_SERIAL)
 -t ID      use device with given transport id
 -H         name of adb server host [default=localhost]
 -P         port of adb server [default=5037]
 -L SOCKET  listen on given socket for adb server [default=tcp:localhost:5037]

general commands:
 devices [-l]             list connected devices (-l for long output)
 help                     show this help message
 version                  show version num
```

图 8-1　使用 adb 命令

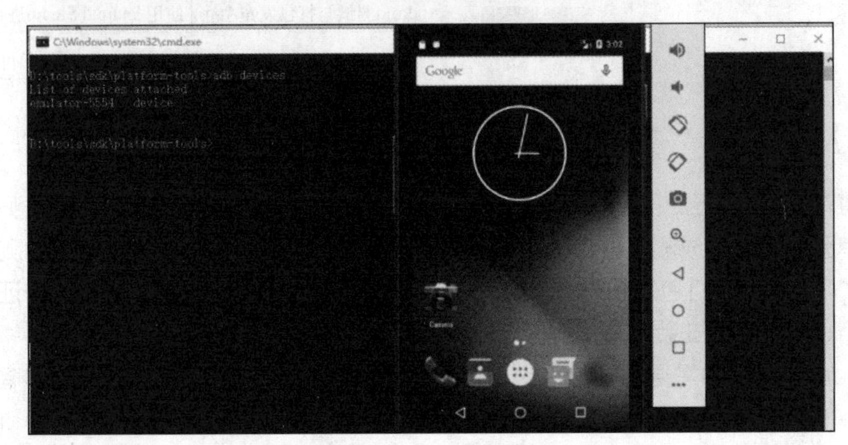

图 8-2　adb devices

设备的状态有 3 种。

（1）device：设备连接正常。

（2）offline：设备离线，连接出现异常。

offline 情况的解决办法：先执行 adb kill-server 命令，再执行 adb start-server 命令，然后尝试执行 adb devices 命令查看列表，如果还是 offline，则可采用重启的方法。注意，当计算机连接多个 Android 设备并可用时，可以使用如下 adb 命令指定设备。

adb -s <设备名称> install/uninstall/shell/pull/push 等命令。

（3）unauthorized：设备未进行授权，需要在设备上对是否允许调试对话框进行授权。

2. adb install -r（APK 路径）

安装 APK，-r 代表如果 APK 已安装，则重新安装 APK 且保留数据和缓存文件。使用 APK 路径可以直接将 APK 文件拖入 cmd 窗口，记得加空格。

常见的错误情况如下。

- 当出现 INSTALL_FAILED_TEST_ONLY 报错时，表示安装的 App 是 debug 版本的，未签名，需要执行 adb install -t 命令进行安装。
- 当出现 INSTALL_FAILED_DUPLICATE_PACKAGE 报错时，表示已经安装相同包名的 App，需要先卸载 App 再安装。

常用的 adb 命令如下。

（1）adb uninstall（APK 包名）：直接卸载 App。
（2）adb push 文件路径（想要 push 的路径）：推送文件到手机指定位置。
（3）adb pull 文件路径（想要 pull 的路径）：从手机指定位置拉取文件。
（4）adb reboot：重启 Android 设备。

8.1.2 Logcat 详解

Logcat 是 Android Studio 中的一个命令行工具，可以用来查看程序的日志消息，查看系统日志缓冲区的内容。Android Studio 的 Android Monitor 中包含一个 Logcat 的 tab，可以输出系统事件，例如发生垃圾回收时，实时输出程序消息。

为了显示需要的消息，可以创建过滤器，更改需要显示的消息条数；可以设置优先层，显示程序输出的消息，或者搜索日志。默认情况下，Logcat 窗口会显示最近运行的程序的日志输出，当一个程序每抛出一个异常，Logcat 窗口都会显示一条相应的消息。

可以通过 Log 类的 5 个静态方法，在程序中输出不同日志级别的日志消息，并且可以通过 Logcat 窗口查看输出的日志消息，下面就从这两个方面分别讲解一下关于日志消息的内容。

1. 编写 Log 方法，输出日志

（1）Log.e(String tag，String msg)：输出错误日志消息。
（2）Log.w(String tag，String msg)：输出警告信息。
（3）Log.i(String tag，String msg)：输出一些普通的调试信息。
（4）Log.d(String tag，String msg)：输出开发过程中有用的日志消息。
（5）Log.v(String tag，String msg)：输出详细日志消息。

以上 5 个输出日志方法均接收两个参数，第一个参数 tag 表示日志要过滤的标签，可以理解为给输出的日志进行一个归类，并给这个类别起了一个名字，这样做的好处是当 Logcat 窗口输出的日志过多时，可以通过设置查看指定 tag 过滤出的日志消息，第二个参数就是调试程序需要输出的日志消息的具体内容，这个参数需要自定义。

2. Logcat 窗口查看日志

打开开发工具 Android Studio 底部的 Logcat 窗口，即可查看指定设备上 App 运行的日志消息，如图 8-3 所示。

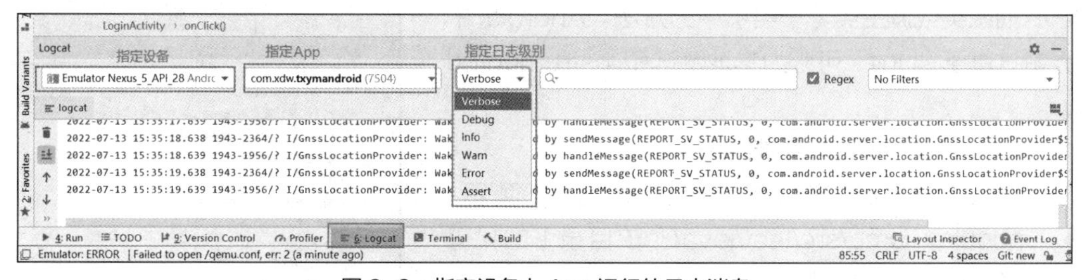

图 8-3 指定设备上 App 运行的日志消息

默认情况下，Logcat 窗口会显示默认设备中当前正在运行的 App 的日志消息。开发者可以通过图 8-3 中的红色标注位置，选择查看指定设备上指定 App 的日志消息，可以查看指定级别的日志消息，同时还可以通过勾选“Regex”复选框，在其后的下拉列表中选择日志消息的过滤规则，查看指定 tag 的日志消息，具体操作如图 8-4 和图 8-5 所示。

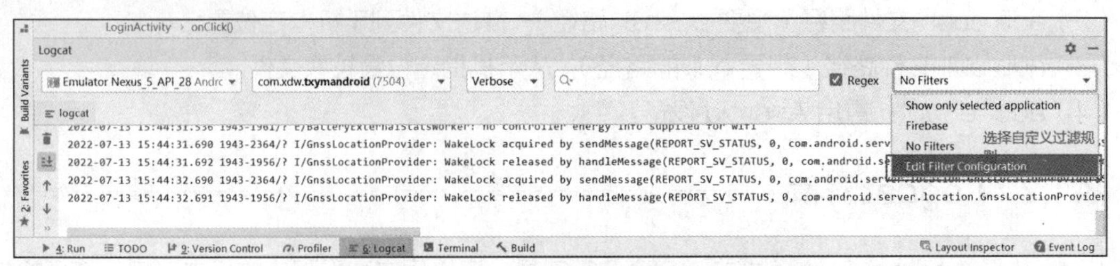

图 8-4　选择自定义过滤规则

图 8-5　定义日志过滤规则信息

8.2　Android 测试与打包发布 App

Android 测试与打包发布 App

下面将主要介绍 Android 测试中常用的单元测试、压力测试，以及打包与发布 App 的相关知识。

8.2.1　单元测试

在计算机编程中，单元测试（Unit Testing）又称为模块测试，是针对程序模块（软件设计的最小单位）进行正确性检验的测试工作。程序单元是 App 的最小可测试部件，在过程化编程中，一个单元就是单个程序、函数或过程等；对于面向对象编程，最小单元就是方法，包括基类（超类）、抽象类或派生类（子类）中的方法。Android 中的单元测试基于 JUnit，可分为本地测试和 instrumented 测试。

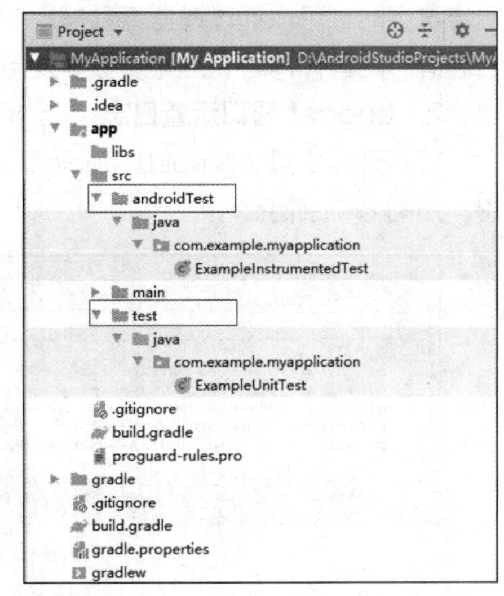
图 8-6　Android 中的测试目录结构

1. Android 中的测试目录结构

一般 Android 项目中的测试目录结构如图 8-6 所示。

- module-name/src/test/java/：该目录下的代码运行在本地 JVM 中，本地 JVM 的优点是速度快，不需要设备或模拟器的支持，但是无法直接运行含有 Android 系统 API 引用的测试代码。
- module-name/src/androidTest/java/：该目录下的测试代码需要运行在 Android 设备或

模拟器中，因此可以使用 Android 系统的 API，速度较慢。

图 8-7 所示为代码执行在 JUnit 和 AndroidJUnitRunner 的测试环境，两者主要的区别在于是否需要 Android 系统 API 的依赖。在实际开发过程中，应该尽量用 JUnit 实现本地 JVM 的单元测试。

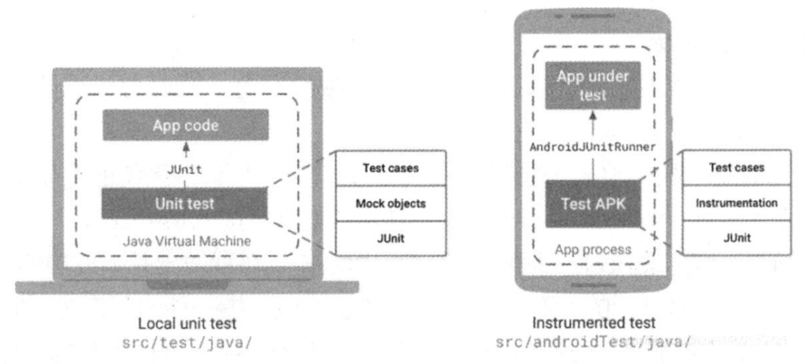

图 8-7　代码执行在 JUnit 和 AndroidJUnitRunner 的测试环境

2. JUnit4 单元测试框架

JUnit4 是一套基于注解的单元测试框架。在 Android Studio 中，编写在 test 目录下的测试类都基于该框架实现，该目录下的测试代码运行在本地 JVM 中，不需要设备（真机或模拟器）的支持。

JUnit4 常用注解总结如下。

- @BeforeClass：测试类里的所有用例运行之前，都需要运行一次这个方法，方法必须用 public static void 声明。
- @AfterClass：与 BeforeClass 对应。
- @Before：在每个测试用例运行之前都运行一次这个方法。
- @After：与 Before 对应。
- @Test：指定该方法为测试方法，方法必须用 public void 声明。
- @RunWith：测试类名之前，用来确定这个类的测试运行器。

3. AndroidJUnitRunner 单元测试框架

AndroidJUnitRunner 是 Google 官方的 Android 单元测试框架之一，可以与 JUnit 4 兼容。AndroidJUnitRunner 可以将测试软件包和要测试的 App 加载到设备、运行测试并报告测试结果。

在 Android 开发中，方法中经常使用 Android 系统 API，例如 Context、Parcelable、Shared Preferences 等。而在本地 JVM（JUnit4）中无法调用这些接口，因此需要使用 AndroidJUnitRunner 来完成对这些方法的测试。

8.2.2　压力测试

压力测试是指通过特定方式对被测系统按照一定策略施加压力，获取系统响应时间、TPS、吞吐量、资源利用率等性能指标，以期保证生产系统的性能能够满足用户需求的过程。

1. 不同的角色对软件性能的定义

（1）从系统用户的角度来看，软件的性能就是系统对用户操作的响应时间。

（2）系统开发人员关注的是系统的架构是否合理、数据库设计是否合理、内存的使用方式是否合理、开发代码是否存在性能方面的问题、线程的使用方式是否合理等。

（3）系统管理员关注的是系统运行时服务器的状态（如 CPU 利用情况、内存使用情况等）、系统是否能够实现扩展、系统支持多少用户访问、系统的稳定性、是否支持 7×24 小时的业务访问等。

2. 性能测试的重要指标

（1）响应时间：从请求发出到请求被成功响应之间的时间差，包括服务端处理时间与网络传输时间。

（2）吞吐量：单位时间内系统处理的用户请求的数量，直接体现系统的性能承载能力。

（3）TPS（Transaction Per Second）：系统每秒处理完成的事务数量（交易数量）。

（4）HPS（Hit Per Second）：每秒点击次数，指客户端每秒发出并被成功响应的 HTTP 请求数，即服务端每秒能够正确处理的 HTTP 请求数。点击次数是指一秒内用户对 Web 界面的链接、提交按钮等点击次数总和。HPS 一般与 TPS 成正比，是 B/S 系统中非常重要的性能指标。

（5）资源利用率：系统在负载运行期间，数据库服务器、应用服务器、Web 服务器的 CPU、内存、硬盘、外置存储、网络带宽的使用率。根据经验，低于 20%的资源利用率表示资源空闲，20%～60%的资源利用率表示资源使用稳定，60%～80%的资源利用率表示资源使用饱和，资源利用率超过 80%表示必须尽快进行资源调整与优化。

3. monkey 测试

monkey 是一个运行在模拟器或者 Android 设备中，可以产生类似用户点击、触摸、手势以及一些系统级的伪随机事件流的程序。可以通过命令让 monkey 向模拟器或者 Android 设备发送伪随机事件流来对开发的 App 进行压力测试。

adb 命令可以用来做压力测试，monkey 测试中常用的 adb 命令如下：

```
adb shell monkey [options] <event-count>
```

例如，adb shell monkey -v 500 表示产生 500 个随机事件，作用于系统中的几乎所有 Activity（其实也不是所有的 Activity，而是包含 Intent.CATEGORY_LAUNCHER 或 Intent.CATEGORY_MONKEY 的 Activity）。

实际情况中通常会有很多的 options，Google 官方将 monkey 命令分为以下 4 类。

- 基本配置选项，例如设置事件的数量、查看帮助信息等。
- 操作的约束，例如通过包名限制哪些 App 可以被测试。
- 事件的类型和频率，例如点击事件占比多少、触摸事件占比多少，以及事件之间的间隔时间等。
- 调试选项，例如是否忽略 crashes、ANR 等。

这里列举实际 App 在做压力测试时会使用到的一些常用命令。

（1）adb shell monkey -p your.package.name 500。

作用：-p 为约束命令，作用是约束只对某个 App 进行测试，your.package.name 是要测试的 App 的包名。如果要对多个 App 进行测试，则可以使用多个-p。

例如，adb shell monkey -p com.android.settings 500 表示对系统设置应用进行 monkey 测试，并且发送 500 个随机事件。

adb shell monkey -p com.android.settings -p com.android.calculator2 500 表示对系统设置应用和计算器应用进行 monkey 测试，共发送 500 个随机事件。

注意 如果不使用-p 约束，如 adb shell monkey 500，那么将会对设备中的所有 App 进行随机测试，共发送 500 个随机事件。

（2）adb shell monkey -v 500。

作用：命令行中的-v 的个数表示将增加测试信息的详细级别。

Level 0（默认设置）仅提供启动通知，测试完成信息和最终结果，形式为-v。

Level 1 提供了更详细的测试运行信息，例如个别事件被发送到 Activity，形式为-v -v。

Level 2 提供了更详细的设置等信息，例如 Activity 选中或未选中的测试信息，形式为-v -v -v。

根据对测试结果要求的详细程度来确定用几个 -v，一般会用-v -v -v，表示将最详细的信息输出到指定文件中，方便查找出现漏洞的原因。

（3）adb shell monkey --throttle 300 -v 500。

作用：在事件之间插入特定的延迟时间（单位为毫秒），这样做可以延缓 monkey 执行事件的速度，默认没有延迟，monkey 会以最快速度将指定的事件数执行完。

注意 建议使用该参数，一般设为 300，这是模拟人操作的速度。

（4）adb shell monkey --pct-touch 50 -v -v 500。

作用：指定 touch（触摸）事件的百分比，touch 事件由一个 down 事件和一个 up 事件组成，按下并抬起即是一个 touch 事件。

注意 若不指定任何事件的百分比，则系统将随机分配各种事件的百分比。

（5）adb shell monkey --pct-motion 100 -v -v 500。

作用：指定 motion（手势）事件的百分比，motion 事件由屏幕上某处的一个 down 事件、一系列伪随机的移动事件和一个 up 事件组成。

注意 移动事件是沿直线移动的。

（6）adb shell monkey --pct-trackball 20 -v -v 500。

作用：指定 trackball（轨迹球）事件的百分比，trackball 事件由一个或多个随机的移动事件组成，有时会伴随点击事件。

注意　移动事件可以是沿曲线移动的。

（7）adb shell monkey --ignore-crashes -v -v 500。

作用：忽略 crashes，测试过程中发生 crashes，继续进行测试，直到执行完指定的事件数，如果不忽略，则遇到 crashes 时 monkey 测试会终止。

（8）adb shell monkey --ignore-timeouts -v -v 500。

作用：忽略 ANR，测试过程中发生 ANR，继续进行测试，直到执行完指定的事件数，如果不忽略，则遇到 ANR 时 monkey 测试会终止。

结合上面的内容写一个比较全面的 monkey 测试命令，命令如下：

```
adb shell monkey -v -v -v -s 8888 --throttle 300 --pct-touch 30 --pct-motion 25 --pct-appswitch 25 --pct-majornav 5 --pct-nav 0 --pct-trackball 0 -p com.wwdy.app 10000 > D:\monkey.txt
```

这是一个比较完整的 monkey 测试命令，3 个-v 表示显示最详细的测试信息，指定种子值为 8888，指定触摸事件占 30%、手势事件占 25%、Activity 跳转占 25%、主导航事件占 5%、基本导航事件占 0%、轨迹球事件占 0%，剩下的 15%随机分配给其他未指定的事件，约束只测试包名为 com.wwdy.app 的 App，指定事件数为 10000，将输出的测试信息保存到 D 盘的 monkey.txt 文件中。

由于执行 10000 次耗时太长，这里改成执行 10 次该命令来解释测试结果信息（正式测试时可改成 10000 甚至更多次），测试命令操作和结果如图 8-8 和图 8-9 所示。

图 8-8　执行 monkey 测试命令

图 8-9　执行 monkey 测试的结果

其实重点关注的还是有没有漏洞，一般来说，如果 Event injected 个数与指定测试的事件数相同，则表示没有遇到漏洞（前提是没有设置--ignore -crashes 和--ignore -timeouts），在最后结束时可以看到：// Monkey finished。

8.2.3 打包与发布 App

从 App 开发完成到用户能在应用市场下载 App，中间需要经历打包、签名、发布到应用市场等环节。打包即通过开发工具将代码及一些素材一起编译打包成一个 APK 文件；为了确保安装包的唯一性和安全性，在打包安装文件时需要为其签名；然后就可以将 App 发布到应用市场了。

使用 Android Studio 进行 App 开发时，主要有 debug 和 release 两种模式签名。

1. debug 模式签名与 release 模式签名

在 App 开发期间，由于是以 debug 模式编译的，因此 IDE（ADT）会自动用默认的密钥和证书来进行签名；而在以 release 模式编译时，APK 文件就不会被自动签名，需要进行手动签名。

（1）debug 模式。

debug 模式使用一个默认的 debug.keystore 进行签名。这个默认签名（keystore）是不需要密码的，它的默认位置为 C:\Users<用户名>.Android\debug.keystore，如果不存在，Android Studio 会自动创建它。

（2）release 模式。

在正式发布 App 时是不能使用 debug 模式的，需要使用 release 模式。在 App 开发过程中也可以使用 release 模式运行。可以通过如下方法进行设置：BuildVariants-Build Variant-debug/release，如图 8-10 所示。

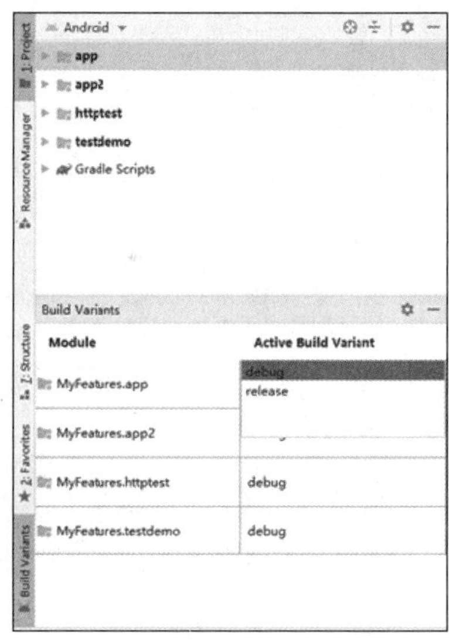

图 8-10 使用 release 模式签名

2. 发布 App

因为 Android 开源的特性，每个厂商基本都开发了自己的 Android 应用市场，加上很多第三方也提供了 Android 应用市场，目前市面上的应用市场有很多，所以发布 Android App 可以理解为一种“体力活”。

在各个应用市场发布 App 的流程是类似的，后续【项目实施】中会以将 App 发布到华为应用市场为例进行介绍。

【项目实施】

【知识准备】中主要介绍了 adb 常用命令与日志抓取，Android 测试与打包发布 App 的相关知识。下面将主要介绍进行单元测试的方法，使用 Android Studio 进行打包与签名的方法，并且演示将 App 发布到应用市场的流程与方法。

8.3 任务 22：Android 测试与打包发布 App

在 Android 开发中，单元测试是最基本的测试，而打包与发布是必须要做的准备工作，所以单元测试和打包发布方法是 Android 开发工程师的必备技能，下面将对其进行介绍。由于压力测试就是调用【知识准备】中介绍的命令，这里不再重复介绍。

1. 单元测试

（1）使用 JUnit4 进行单元测试。

在 test 下添加测试类，为需要进行测试的方法添加@Test 注解，在该方法中使用 assert 进行判断，示例代码如下：

```
package com.example.testdemo;
import com.example.testdemo.util.SMSUtil;
import org.junit.AfterClass;
import org.junit.BeforeClass;
import org.junit.Test;
import static org.junit.Assert.assertEquals;
public class SMSUtilTest {
  private static SMSUtil smsUtil;
  @BeforeClass
  public static void initSMSUtil() {
    smsUtil = new SMSUtil();
  }
  @Test
  public void testGetOTPFromSMS() {
    String otp = smsUtil.getOTPFromSMS("verification code:123456", 6);
    assertEquals("123456", otp);
  }
  @AfterClass
  public static void quitTest() {
    smsUtil = null;
  }
}
```

（2）使用 AndroidJUnitRunner 进行单元测试。

在 androidTest 目录下创建测试类，在该类上添加@RunWith(AndroidJUnit4.class)注解，示例代码如下：

```
package com.example.testdemo;
import android.content.Context;
import 195ndroid.test.InstrumentationRegistry;
import com.example.testdemo.util.SMSUtil;
import org.junit.Assert;
import org.junit.BeforeClass;
import org.junit.Test;
@RunWith(AndroidJUnit4.class)
public class SMSUtilWithParametersTest {
  private static Context context;
  private static SMSUtil smsUtil;
  @BeforeClass
  public static void setup(){
    context = InstrumentationRegistry.getContext();
    smsUtil = new SMSUtil();
  }
  @Test
```

```
    public void testHasSMSReceivePermission() {
      Assert.assertFalse(smsUtil.hasSMSReceivePermission(context));
    }
  }
```

使用 AndroidJUnitRunner 最大的缺点在于无法在本地 JVM 中运行，直接的结果就是测试速度慢，并且无法执行覆盖测试，因此在实际工作中很少使用该种测试。

2. 使用 Android Studio 进行打包与签名

（1）release 版本打包与签名。

① 创建 keystore，并生成 APK 文件（打包）。

release 模式需要配置签名才能运行，这时就需要一个 keystore，如果没有就需要创建，如果已经创建了 keystore，就请跳过此步骤。

下面使用 Android Studio 来创建 keystore，依次选择“Build”>“Generate Signed Bundlel/APK”选项，在弹出的“Generate Signed Bundle or APK”对话框中选中“APK”单选按钮，然后单击“Nert”按钮，详细操作过程如图 8-11 所示。

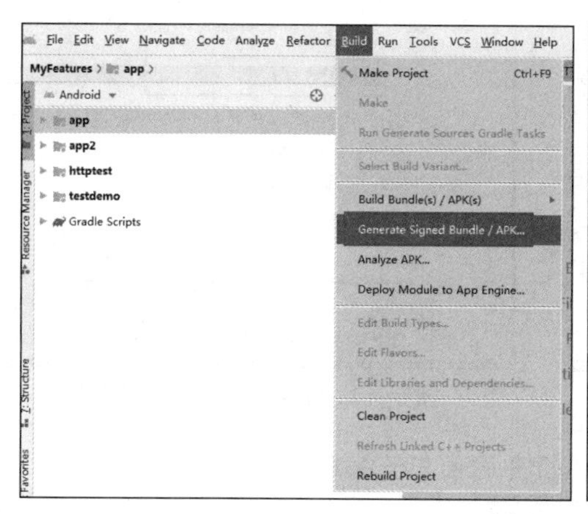

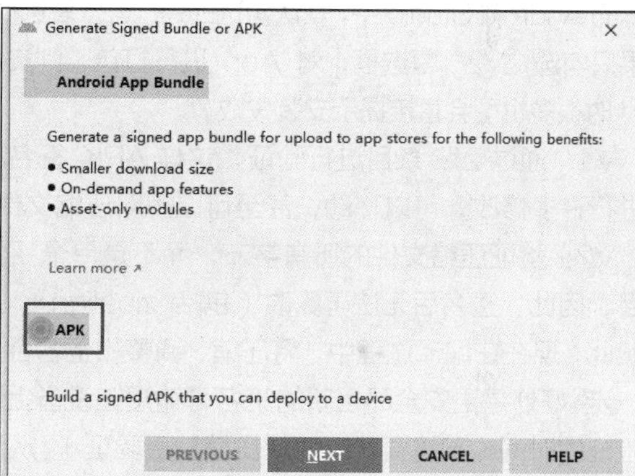

图 8-11　创建 keystore

② 选择目标 App，单击“Crete new”按钮（若已经创建了 keystore，则单击“Choose existing”按钮），如图 8-12 所示。

③ 填写相关信息。

进入图 8-13 右图所示的窗口，设置 keystore 的存储路径和密码，设置 key 对应的别名、密码、有效期等。单击 Key store path 右侧的“文件夹”按钮，进入图 8-13 左图所示的窗口选择 Keystore 文件夹，单击 OK 返回到图 8-13 右图所示的窗口。全部信息设置完成后单击“Next”按钮，进入图 8-14 所示的窗口。

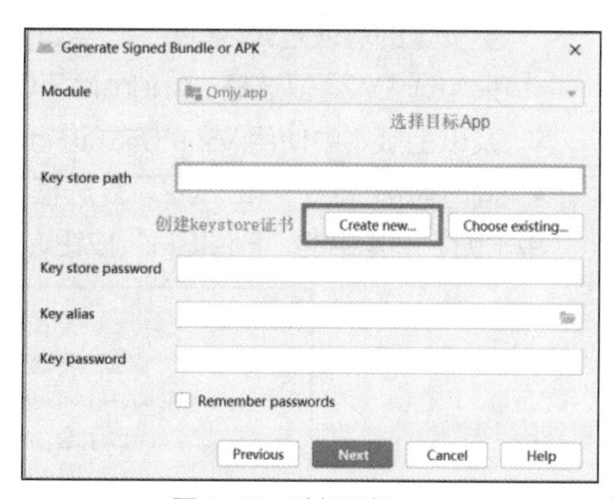

图 8-12　选择目标 App

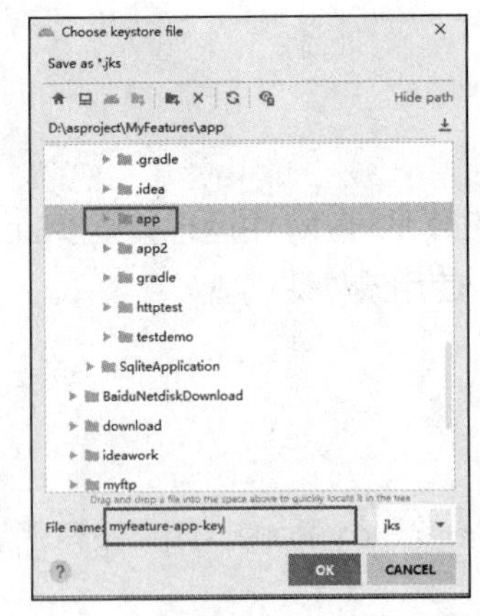

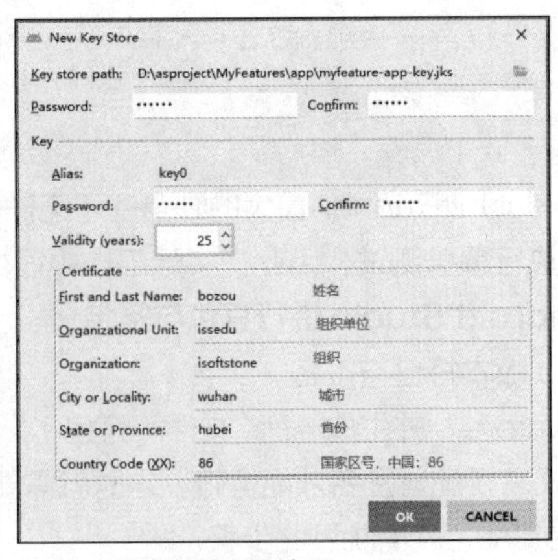

图 8-13 设置 keystore 的存储路径和密码

④ 选择打包类型与签名机制。

图 8-14 所示的是使用 Android Studio 进行打包签名，打包选项会有“V1”和“V2”两个选项。旧版本的 Android Studio 中只有“V1”选项。在新版本的 Android Studio 中，默认勾选的是“V2”复选框。如果只勾选“V2”复选框，对 App 进行打包，则安装 App 时很多机型会直接提示安装失败。

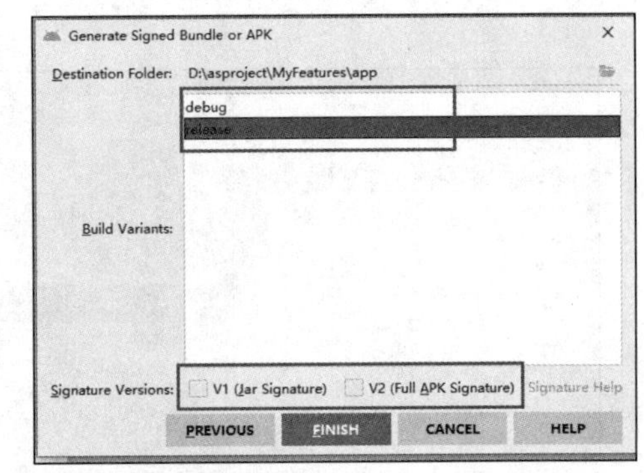

图 8-14 选择打包类型与签名机制

V1：通过 ZIP 条目进行验证，这样 APK 签名后可进行许多修改，可以移动，甚至可以重新压缩文件。

V2：验证压缩文件的所有字节，而不是单个 ZIP 条目，因此，签名后无法再更改（包括 zipalign）。正因如此，现在在编译过程中，将压缩、调整和签名合并成一步。好处是更安全而且新的签名可缩短在设备上进行验证的时间（不需要费时地解压缩然后验证），从而加快 App 的安装速度。

解决方案如下。

- 只勾选“V1”复选框，签名并不会影响什么，但是在 Android 7.0 及以上版本中不会使用更安全的验证方式。
- 只勾选“V2”复选框，Android 7.0 以下版本会直接在安装完成后显示未安装，Android 7.0 及以上版本中使用 V2 的方式进行验证。
- 同时勾选“V1”和“V2”复选框，则在所有机型中安装 App 都没问题。

单击图 8-14 中的“FINISH”按钮，等待打包完成即可，然后出现图 8-15 所示的窗口。

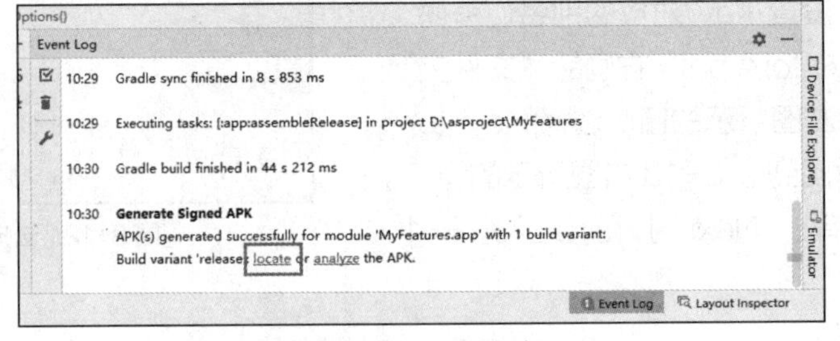

图 8-15 打包完成

单击“locate”链接即可定位到已打包签名 release 版本的 APK 文件。如果在 APK 打包时抛出 Execution failed for task ':app:lintVitalRelease'. > Could not resolve all files for configuration 异常，则只需在 build.gradle 文件中添加以下代码即可：

```
lintOptions {
checkReleaseBuilds false
abortOnError false
}
```

（2）使用 App 目录下的 build.gradle 文件进行签名配置。

对一部分人来说，上面的方式比较麻烦，每次都要输入相关信息，还要进行选择，那么有更简单快捷的方法吗？答案是有。可以在 App 目录下的 build.gradle 文件中进行签名的配置，步骤如下。

① 选择“File”>“Project Structure”选项，在打开的“Project Structure”对话框中选中目标 App，选择“Signing Confitgs”选项卡，选择已创建好的 keystore 证书和密码，如图 8-16 所示。

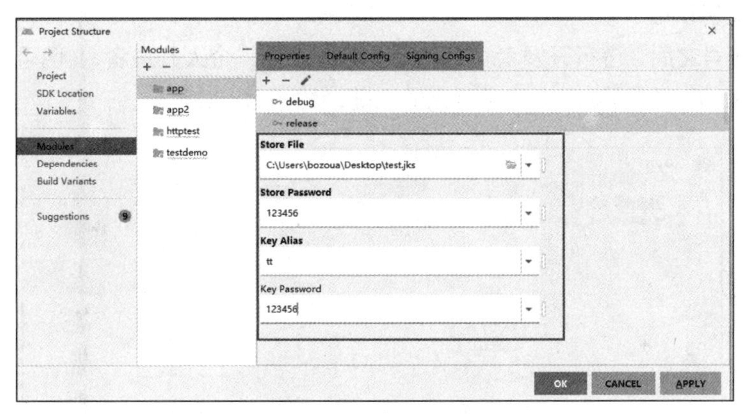

图 8-16　签名的配置

② 单击“OK”按钮，成功之后，会发现对应的 build.gradle 配置文件中自动添加了图 8-17 所示的代码。

当然，也可以直接在 build.gradle 里面编写这段配置代码，作用是一样的。这样，当目标 Module 的 Build Variant 选择 release 版本时，每次打包都会自动使用签名配置，生成正式版本的 APK 文件。

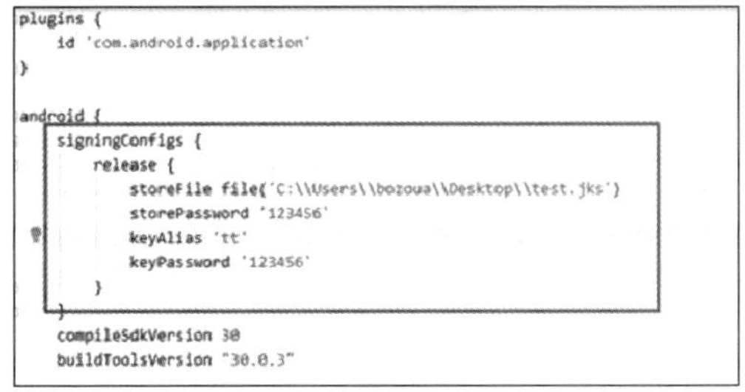

图 8-17　直接写出配置代码

3. 在应用市场中发布 App

在各个应用市场发布 App 的流程大体上是一致的，下面以在华为应用市场中发布 App 为例进行演示。

（1）注册“华为开发者联盟”账号。

打开“华为开发者联盟”官网，单击右上角的“注册”按钮注册账号，可以用手机号码注册，也可以用邮箱注册，如图 8-18 所示。

图 8-18　华为账号注册

（2）开发者实名认证。

注册并登录账号之后，进行开发者实名认证，可以选择“个人开发者”，也可以选择“企业开发者”，如图 8-19 所示。按照认证步骤提示完成认证，如图 8-20 所示。

图 8-19　开发者实名认证

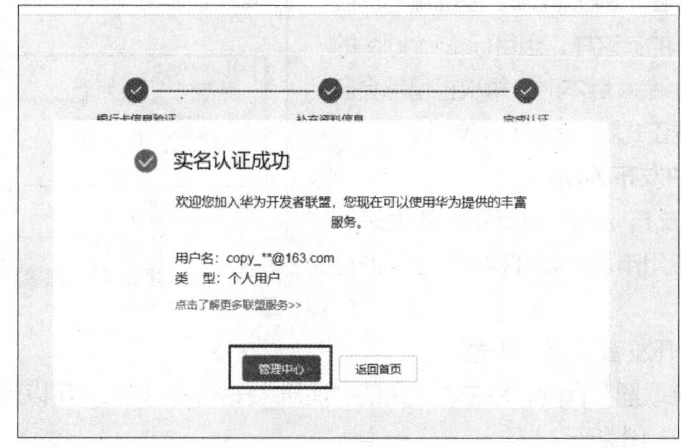

图 8-20　实名认证成功

（3）发布 App。

进入“管理中心”>“应用服务”，如图 8-21 所示，单击“AppGallery Connect”卡片进入“AppGallery Connect”页面，如图 8-22 所示。

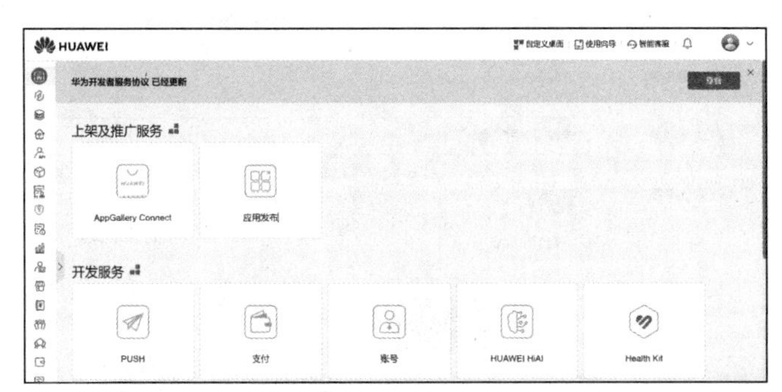

图 8-21　进入“AppGallery Connect”页面

在图 8-22 所示的窗口中，单击“我的应用”进入应用列表，如图 8-23 所示，可查看开发者账号下的所有应用。

图 8-22　我的应用

在图 8-23 所示的应用列表窗口，单击“新建”按钮。

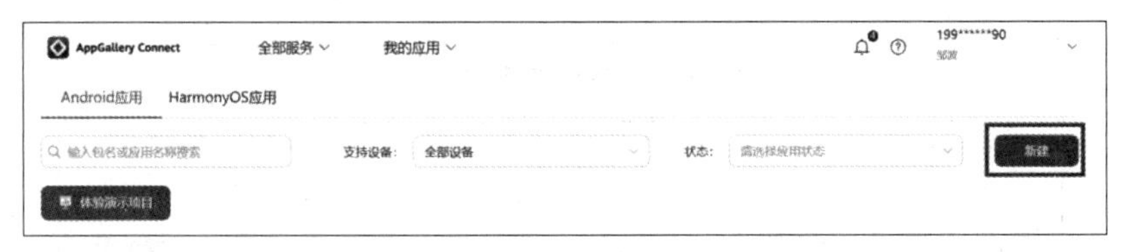

图 8-23　新建应用

弹出“创建应用”对话框，如图 8-24 所示，填写应用信息，确认无误后单击“确认”按钮，进入应用信息页面，单击“保存”按钮，如图 8-25 所示。

单击“下一步”按钮进入准备提交页面，填写提交应用需要的信息，如图 8-26 所示。

单击“保存”按钮后，提示“当前信息已修改，需要提交版本信息并审核通过才可以生效”，如图 8-27 所示。单击“提交版本”链接，进入准备提交页面。

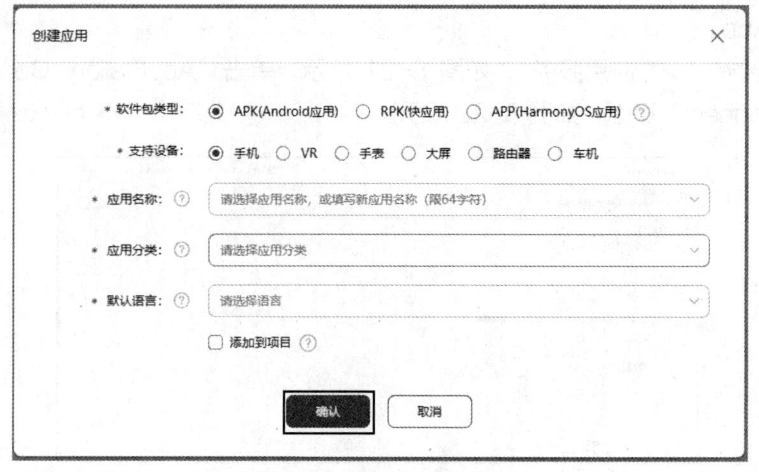

图 8-24 “创建应用”对话框

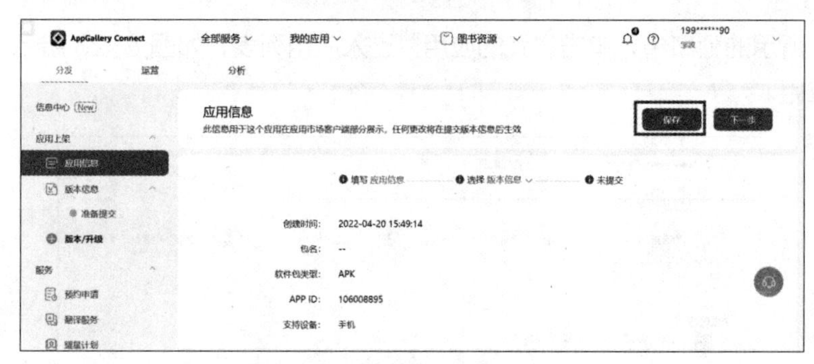

图 8-25 保存应用信息（1）

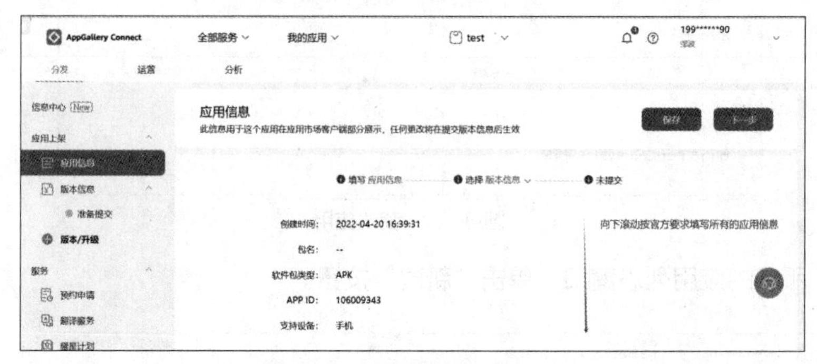

图 8-26 保存应用信息（2）

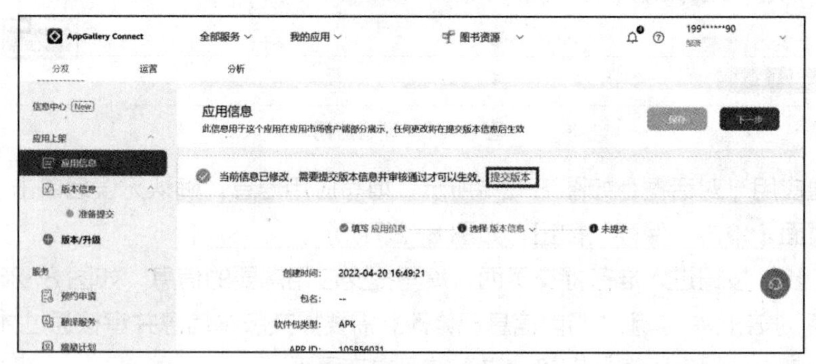

图 8-27 提交版本

在图 8-28 所示的窗口中，单击“应用签名”链接，弹出图 8-29 所示的窗口。按照官方要求生成密钥证书并上传。

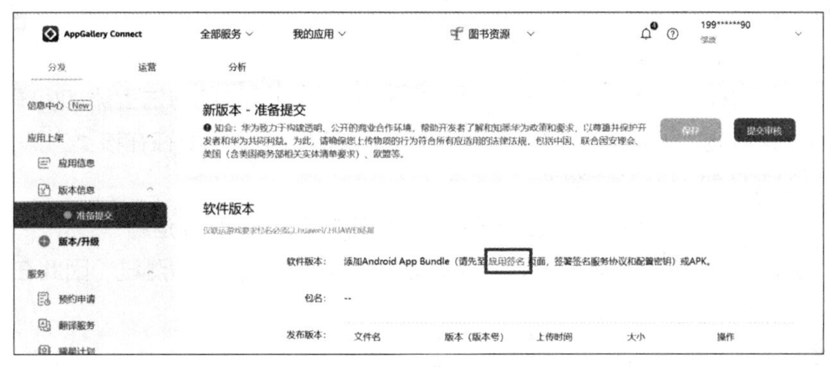

图 8-28　应用签名

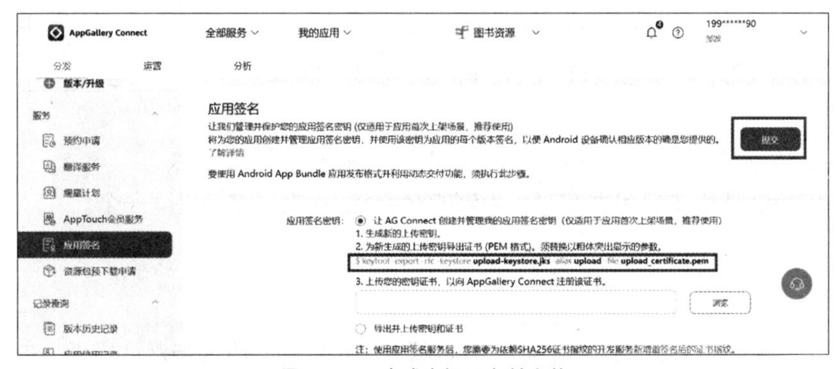

图 8-29　生成密钥证书并上传

在图 8-29 所示的窗口中，单击“提交”按钮，回到准备提交页面，如图 8-30 所示，单击“提交审核”按钮即可完成应用发布流程。审核时间一般为 1～2 天，审核成功之后，就可以在华为应用市场中直接搜索并下载 App 了。

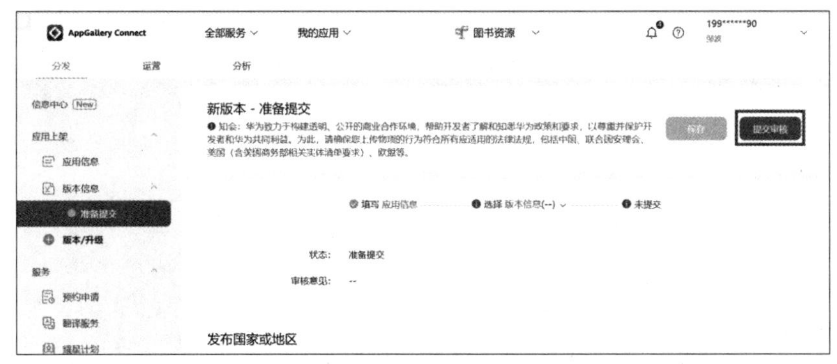

图 8-30　提交审核

【项目小结】

本项目先介绍了常用的 adb 命令和与日志相关的知识，随后介绍了相关测试方法、测试工具使用方法，将 App 打包、签名、发布到应用市场的流程。这些内容对开发者而言是必须掌握的。

【知识巩固】

1. 单选题

关于单元测试下列说法错误的是（　　）。

A. 使用 Junit4 进行单元测试，添加测试类后需要在进行测试的方法上添加@Test 注解

B. 使用 AndroidJUnitRunner 进行单元测试，添加测试类后需要在在该类上添加@RunWith (AndroidJUnit4.class)注解

C. 使用 AndroidJUnitRunner 最大的缺点在于无法在本地 JVM 运行

D. 使用 Junit4 进行单元测试，但测试速度慢，同时无法执行覆盖测试，因此在实际工作中很少使用到该种测试

2. 填空题

（1）adb_______命令可以从手机位置拉取文件到本地。

（2）重启 Anroid 设备的命令是 adb_______。

（3）性能测试的几个重要指标有 TPS、HPS、资源利用率、_______与_______。

3. 简答题

（1）简述在 app 打包过程中，debug 模式和 release 模式的区别。

（2）简述在 app 新版本打包发布时，用到的 keystore 文件必须是同一个。

【项目实训】

结合本项目内容，将已完成的 App 核心功能模块（包括引导界面与欢迎界面、主界面、用户登录与注册以及个人中心功能等）打包输出为 Release1.0 版本的 initalTeacher-v1.0.apk 文件，并注册华为开发者账号，将 App 发布到华为应用市场，进行到等待审核流程这一步即可。

项目9 Android开发进阶

【学习目标】

1. 知识目标

（1）学习 Service 概述与启动服务的知识。

（2）学习 BroadCastReceiver 相关知识。

（3）学习 SQLite 的基础知识与数据类型等内容。

（4）学习 ContentProvider 简介与操作流程等知识。

（5）学习 ContentProvider 的使用案例。

（6）学习 SQLite 数据库操作案例。

2. 技能目标

（1）掌握 Service 概述与启动服务的知识。

（2）了解 BroadCastReceiver 相关知识。

（3）掌握 SQLite 的基础知识与数据类型等内容。

（4）掌握 ContentProvider 简介与操作流程等知识。

（5）熟悉 ContentProvider 的使用案例。

（6）熟悉 SQLite 数据库操作案例。

3. 素养目标

（1）培养积极进取的探索精神。

（2）培养创新意识。

（3）培养勤勉的工作态度，提高职业技能，培养敬业精神。

（4）通过代码开发解决人民需求，培养数字化思维，树立数字强国信念。

（5）注重实践创新，紧密结合实践进行创新。

【项目概述】

之前的项目已经完整地实现了图书资源 App 的功能，集成了第三方 SDK，并对 App 进行了功能与压力测试，将 App 进行打包与签名，并发布到了应用市场。相信你对于如何开发一个 App 应该有了比较完整的了解。但是在 Android 系统中有许多不同类型的 App，仅仅依靠前面的项目中讲述的技术和内容进行开发是远远不够的。在 Android 开发中，有四大应用开发组件，除了 Activity 之外，还包括 Service、BroadcastReceiver 及 ContentProvider。本项目将一一介绍剩余的三大组件，以便以后开发不同类型的 App 时能够运用自如。

【思维导图】

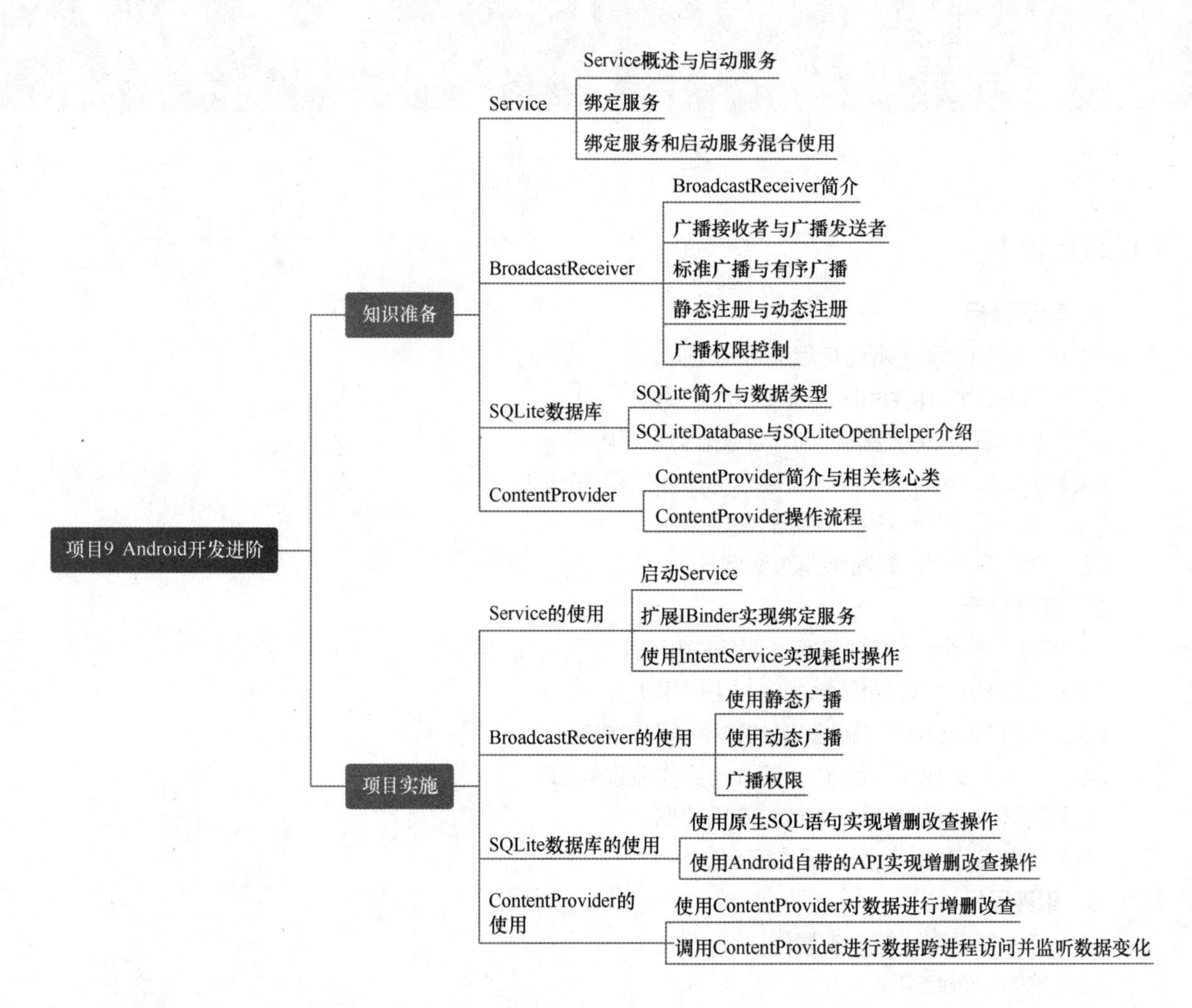

【知识准备】

Android 的四大组件分别是 Activity、Service、BroadcastReceiver 和 ContentProvider，其中 Activity 的使用前面已经介绍过，接下来将介绍 Service、BroadcastReceiver、Content Provider 的相关知识以及 SQLite 数据库的相关知识。

9.1 Service

Service（服务）是一个可以在后台执行长时间运行操作而没有用户界面的组件，其状态有启动状态和绑定状态。

9.1.1 Service 概述与启动服务

1. Service 概述

Service 可由其他组件启动（如 Activity），服务一旦被启动，将在后台一直运行，即使启动服务的组件（如 Activity）已被销毁，服务也不受影响，除非手动销毁服务，或者系统因为省电、资源限制自动回收服务。此外，组件可以绑定到服务，与之进行交互，甚至执行进程间通信（Inter-Process Communication，IPC）。例如，服务可以处理网络事务、播放音乐，执行文件 I/O 或与内容提供程序交互，所有这一切均可在后台进行，Service 基本上有如下两种状态。

（1）启动状态。

当组件（如 Activity）通过调用 startService()启动服务时，服务即处于启动状态。已启动的服务通常执行单一操作，而且不会将结果返回给调用方。

（2）绑定状态。

当组件通过调用 bindService()绑定到服务时，服务即处于绑定状态。绑定服务提供了一个客户端-服务端接口，允许组件与服务进行交互、发送请求、获取结果，甚至利用进程间通信跨进程执行这些操作。仅当与另一个组件绑定时，绑定服务才会运行。多个组件可以同时绑定到该服务，但全部取消绑定后，该服务就会被销毁。

2. Service 在清单文件中的声明

Service 分为启动状态和绑定状态两种，但无论哪种状态的 Service，都需要通过继承 Service 基类自定义而产生。Service 作为 Android 应用开发四大组件之一，需要在 AndroidManifest.xml 文件中声明，语法格式如下：

```
<service android:enabled=["true" | "false"]
  android:exported=["true" | "false"]
  android:icon="drawable resource"
  android:label="string resource"
  android:name="string"
  android:permission="string"
  android:process="string">
  . . .
</service>
```

其相关参数的说明如下。

① android:exported：代表服务是否能被其他应用隐式调用，其默认值是由 Service 中有无 intent-filter 决定的，如果有 intent-filter，则默认值为 true，否则为 false。在 false 的情况下，即使有 intent-filter 匹配，也无法打开服务，即服务无法被其他应用隐式调用。

② android:name：对应 Service 类名。

③ android:permission：权限声明。

④ android:process：是否需要在单独的进程中运行，当设置为 android:process=":remote" 时，代表 Service 在单独的进程中运行。

注意 “:”很重要，它的意思是在当前进程名称前面加上当前的包名，所以“remote”和“:remote”不是同一个意思，前者的进程名称为 remote，而后者的进程名称为 App-packageName:remote。

⑤ android:isolatedProcess：设置为 true 意味着服务会在一个特殊的进程中运行，这个进程与系统其他进程分开且没有自己的权限。与其通信的唯一途径是通过服务的 API(bind and start)。

⑥ android:enabled：设置服务是否可以被系统实例化，默认值为 true，因为父标签也有 enable 属性，所以必须在两个都为默认值 true 的情况下，服务才会被激活，否则不会被激活。

至此，Service 在清单文件中的声明介绍完成，接下来分别针对绑定服务和启动服务进行详细分析。

9.1.2 绑定服务

绑定服务是 Service 的另一种变形，当 Service 处于绑定状态时，其代表着客户端-服务端接口中的服务端。当其他组件（如 Activity）绑定到服务时（有可能需要从 Activity 组件中调用 Service 中的方法，此时将 Activity 以绑定的方式挂靠到 Service 后，就可以轻松地调用 Service 中的指定方法），组件（如 Activity）可以向 Service 发送请求，或者调用 Service 中的方法，此时被绑定的 Service 会接收信息并做出响应，甚至可以通过绑定服务执行进程间通信。与启动服务不同的是，绑定服务的生命周期通常只在为其他组件（如 Activity）服务时处于活动状态，不会无限期在后台运行，也就是说宿主（如 Activity）解除绑定后，绑定服务就会被销毁。那么应如何提供绑定服务呢？实际上必须提供一个 IBinder 接口的实现类，该类用于提供客户端与服务端进行交互的编程接口，该接口可以通过 3 种方法进行定义。

1. 扩展 Binder 类

如果服务是提供给自有应用专用的，并且在 Service 与客户端相同的进程中运行（常见情况），则应通过扩展 Binder 类并从 onBind()返回它的一个实例来创建接口。客户端收到 Binder 后，可利用它直接访问 Binder 已实现的及 Service 中可用的公共方法。如果服务只是自有应用的后台工作线程，则优先采用这种方法。不采用这种方法创建接口的唯一原因是，服务被其他应用或不同的进程调用。

2. 使用 Messenger

Messenger 可以翻译为信使，通过它可以在不同的进程中传递 Message 对象（Handler 类中声明了一个 Messenger 对象，因此 Handler 是 Messenger 的基础），在 Message 对象中可以存放需要传递的数据，然后在进程间传递。如果需要让接口跨进程工作，则可使用 Messenger 为服务创建接口，客户端就可利用 Message 对象向服务发送命令。同时客户端也可定义自有 Messenger，以便服务回传消息。这是执行进程间通信的最简单方法，因为 Messenger 会在单一线程中创建包含所有请求的队列，也就是说 Messenger 以串行的方式处理客户端发来的消息，这样就不必对服务进行线程安全设计了。

3. 使用 AIDL（Android 接口定义语言）

由于 Messenger 以串行的方式处理客户端发来的消息，如果当前有大量消息同时发送到

Service，Service 仍然只能一个一个地处理，这是 Messenger 跨进程通信的缺点，因此如果有大量并发请求需要处理，Messenger 就会力不从心，这时 AIDL 就派上用场了，但实际上 Messenger 的跨进程方式的底层实现就是 AIDL，只不过 Android 系统将其封装成透明的 Messenger 了。因此，如果想让服务同时处理多个请求，则应该使用 AIDL。在此情况下，服务必须具备多线程处理能力，并采用线程安全式设计。使用 AIDL 时必须创建一个用于定义编程接口的.aidl 文件，Android SDK 工具利用该文件生成一个用于实现接口并处理 IPC 的抽象类，随后可在服务内对其进行扩展。

以上 3 种实现方式，可以根据需求自由选择，但需要注意的是大多数应用“都不会”使用 AIDL 来创建绑定服务，因为它可能要求服务具备多线程处理能力，并可能导致实现的复杂性增加。因此，AIDL 并不适合大多数应用，这里也不打算阐述如何使用 AIDL，接下来分别针对扩展 Binder 类的使用进行分析。

前面描述过，如果服务仅供自有应用使用，不需要跨进程工作，则可以实现自有 Binder 类，让客户端通过该类直接访问服务中的公共方法。其使用步骤如下。

① 创建 BindService 服务端，继承 Service，在类中创建一个用于实现 IBinder 接口的实例对象并提供公共方法给客户端调用。

② 通过 onBind()回调方法返回此 Binder 实例。

③ 在客户端中，通过 onServiceConnected()回调方法接收 Binder，并使用提供的方法调用绑定服务。

注意 此方式只有客户端和服务位于同一应用和进程内才有效，例如对于需要将 Activity 绑定到在后台播放音乐的自有服务的音乐应用，此方式非常有效。要求服务和客户端必须在同一应用内是为了便于客户端转换返回的对象和正确调用其 API。服务和客户端还必须在同一进程内，因为此方式不执行任何跨进程编程。

9.1.3 绑定服务和启动服务混合使用

在上述 Service 概述和启动服务中，了解到可以通过调用 startService()启动服务，除此之外，启动服务还可以通过调用 bindService()来实现，那么这两种启动服务的方式有什么区别呢？当程序中将这两种启动服务的方式进行混合使用的时候，又会有什么变化呢？接下来通过 3 种情况分别叙述这两种启动服务方式的区别以及混合使用时的变化。

1. 单独使用 startService()和 stopService()

单独使用 startService()和 stopService()会出现以下情况。

（1）第一次调用 startService()会执行 onCreate()、onStartCommand()。

（2）多次调用 startService()只执行 onStartCommand()，不再执行 onCreate()。

（3）调用 stopService()会执行 onDestroy()。

2. 单独使用 bindService()和 unbindService()

单独使用 bindService()和 unbindService()会出现以下情况。

（1）第一次调用 bindService()会执行 onCreate()、onBind()。

（2）多次调用 bindService()不会再执行 onCreate()和 onBind()。

（3）调用 unbindService()会执行 onUnbind()、onDestroy()。

3. startService()与 bindService()混合使用的情况

使用场景：在 Activity 中要得到 Service 对象，进而能调用对象的方法，但同时又不希望 Activity 结束的时候 Service 被销毁，startService()和 bindService()混合使用方式就派上用场了。

（1）先调用 startService()方法，再调用 bindService()方法，代码如下：

```
startService(new Intent(this, MyService.class));
bindService(new Intent(this, MyService.class), mServiceConnection, Context.BIND_
AUTO_CREATE);
```

此时生命周期经历了：onCreate()->onStartCommand()->onBind()

如果当前 Service 实例先以启动状态运行，再以绑定状态运行，那么当前启动服务并不会转换为绑定服务，但是还是会与宿主绑定，即使宿主解除绑定，服务依然按启动服务的生命周期在后台运行，直到有 Context 调用了 stopService()或者服务本身调用了 stopSelf()方法或内存不足时才会销毁服务。

（2）先调用 bindService()，再调用 startService()，代码如下：

```
bindService(new Intent(this, MyService.class), mServiceConnection, Context.BIND_
AUTO_CREATE);
startService(new Intent(this, MyService.class));
```

此时生命周期经历了：onCreate()->onBind()->onStartCommand()

如果当前 Service 实例先以绑定状态运行，再以启动状态运行，那么绑定服务将会转换为启动服务运行，这时即使之前绑定的宿主（Activity）被销毁了，也不会影响服务的运行，服务还是会一直运行下去，直到调用 stopService()或者内存不足时才会销毁该服务。

注意 先调用了 startService()又调用了 bindService()，它们对应的是同一个 Service 对象吗？是同一个对象，因为 Service 是单例的。

9.2 BroadcastReceiver

BroadcastReceiver 即广播接收者，可以用于接收系统开机完成的广播、系统电量不足的广播等。

9.2.1 BroadcastReceiver 简介

为了更好地理解 BroadcastReceiver，举一个形象的例子，以前学校里面每个班中都有一个挂在墙上的大喇叭，用于广播一些通知。例如，开学时广播“每个班找几个学生来教务处搬书”，发出这个广播后，所有学生都会在同一时刻收到这条广播，但不是所有的学生都会去搬书，一般每个班出几个代表去搬书即可。简单描述一下过程：大喇叭发送广播→所有学生收到广播→班级代表处理广播。

回到概念，其实 BroadcastReceiver 就是 App 之间的全局大喇叭，即通信的一个手段。系统很多时候都会自动发送广播，例如电量低或者充足、启动完成、插入耳机、输入法改变等事件，系统都会自动发送广播，即系统广播，每个 App 都会收到。如果想让 App 在接收到这个广播的时候做一些操作，例如在播放视频的时候检测网络状态，如果当前使用的是 Wi-Fi，则自动播放；如果使用的是移动数据，则提醒用户。当然，App 也可以自己发广播，例如接到服务端推送信息，账号在别处登录，然后应该强制用户下线并回到登录界面，提示用户账号在别处登录。

9.2.2 广播接收者与广播发送者

1. 广播接收者

广播接收者简单地说就是接收广播意图的 Java 类，此 Java 类继承 BroadcastReceiver 类，重写 public void onReceive(Context context,Intent intent)，其中 intent 可以获得传递的数据。

广播意图就是通过 Context.sendBroadcast(Intent intent)或 Context.sendOrderedBroadcast (Intent intent)发送的意图，通过广播意图，能够广播给所有满足条件的组件，例如 intent 设置了 action="com.xdw"，则所有在 AndroidManifest.xml 文件中设置过<action android:name="com.xdw "/>的广播接收者都能够接收到此广播意图。

注意　onReceive()方法必须在 10 秒内完成，如果没有完成，则抛出 Application No Response。当广播接收者的 onReceive()方法需要执行很长时间时，最好将此耗时任务通过 Intent 发送给 Service，在 Service 中创建子线程处理耗时任务，不能在广播接收者的 onReceive()方法中创建子线程来处理耗时任务，因为 BroadcastReceiver 是接收到广播后才创建的，并且生命周期很短，子线程可能还没有执行完就已经被“杀死”了。

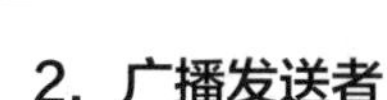

2. 广播发送者

通常广播发送者就是调用 Context.sendBroadcast()的程序，而广播接收者就是继承 BroadcastReceiver 的程序。通常广播发送者都发送隐式意图，这样才能发送给多个广播接收者。广播发送者可发送标准广播和有序广播。

9.2.3 标准广播与有序广播

1. 标准广播

标准广播是完全异步执行的广播，在广播发出后，所有的广播接收者几乎都会在同一时刻接收到该条广播信息，所以标准广播之间是无序的。标准广播的效率高，不易被截断。

2. 有序广播

有序广播是同步执行的广播，同一时刻只有一个广播接收者能收到该条广播信息，这个广播接收者的逻辑执行完后，才会传递给下一个广播接收者。需要提前设置广播接收者的优先级，优先级高的先接收到广播，优先级范围为-1000～1000，在 AndroidManifest.xml 文件的<intent-filter android:priority="xxx">中设置。例如存在 3 个广播接收者 A、B、C，优先级为 A>B>C，因此 A 最先收到广播，A 收到广播后，可以调用 intent.putExtra()向广播中添加一些数据给下一个广播接收者，或者调用 abortBroadcast()终止广播。

标准广播发送者的核心代码如下：

```
Intent intent = new Intent();
intent.setAction("...");
Context.sendBroadcast(intent);
```

有序广播发送者的核心代码如下：

```
Intent intent = new Intent();
intent.setAction("...");
Context.sendOrderedBroadcast(intent,null);
```

9.2.4 静态注册与动态注册

系统在某些时候会发送相应的系统广播，接收系统广播之前，需要为 App 注册广播接收者。注册的方法分为动态注册与静态注册两种。

动态注册就是在 Java 代码中指定 IntentFilter，然后添加不同的 Action，想监听什么广播就写什么 Action。另外，动态注册的广播在最后一定要调用 unregisterReceiver()来让广播取消注册。动态注册需要程序启动后才能接收广播，静态注册弥补了这个短板，在 AndroidManifest.xml 文件中设置 IntentReceiver 就可以让程序在未启动的情况下接收到广播。

Android 8.0 及以后由于官方对耗电量的优化，避免 App 滥用广播，对静态广播的调用做了一定优化。Android 8.0 之前静态广播只需要对 Intent 设置 Action 进行隐式调用即可，但是 Android 8.0 及之后需要对 Intent 进行显式调用和隐式调用设置，既保留之前的 Action，又在新建 Intent 的时候加入参数设置，如果是同一个进程内，则可以使用。调用代码如下：

```
Intent intent = new Intent(MainActivity.this,MyReceiver.class);
intent.setAction("myaction2");
```

跨进程则可以使用如下代码：

```
Intent intent = new Intent();
intent.setAction("myaction2");
ComponentName componentName = new ComponentName("要启动的程序的包名","要启动的广播接收者的完整类名");
```

9.2.5 广播权限控制

前面讲解了广播的作用和广播的跨进程调用。思考下面的两个问题。

（1）发送了一个广播出去，是不是任何 App 都可以接收到这个广播？别的 App 是否可以利用这个广播？

（2）想接收一个特定 App 发送的广播，但是任何 App 都可以发送该广播，该如何做才能只接收想要的广播，从而避免被恶意的同样的 Action 的广播干扰？这个时候就需要添加广播权限来进行控制。可以把发送和接收静态广播的例子（具体见任务 24 的第三个案例）改版进行演示。以下场景就需要用到广播的权限限制。

第一种场景：谁有权限接收我的 App 的广播？

在这种情况下，可以在我的 App 发广播时添加参数声明 Receiver 所需的权限。

在 AndroidManifest.xml 文件中定义新的权限 RECV_XXX，代码如下：

```
<permission android:name = "com.android.permission.RECV_XXX"/>
```

在 Sender App 发送广播时将此权限作为参数传入，代码如下：

```
sendBroadcast("com.android.XXX_ACTION", "com.android.permission.RECV_XXX");
```

这样做之后就可使只有具有 RECV_XXX 权限的 Receiver App 才能接收此广播，在 Receiver App 的 AndroidManifest.xml 文件中要添加对应的 RECV_XXX 权限，代码如下：

```
<uses-permission android:name="com.android.permission.RECV_XXX"></uses-permission>
```

第二种场景：谁有权限给我的 App 发送广播？

在这种情况下，需要在 Receiver App 的 receiver 标签中声明一下 Sender App 应该具有的权限。

在 AndroidManifest.xml 文件中定义新的权限 SEND_XXX，代码如下：

```
<permission android:name="com.android.SEND_XXX"/>
```

在 Receiver App 的 AndroidManifest.xml 文件中的 receiver 标签里添加权限 SEND_XXX 的声明，代码如下：

```
<receiver android:name=".XXXReceiver"
      android:permission="com.android.permission.SEND_XXX">
<intent-filter>
<action android:name="com.android.XXX_ACTION" />
</intent-filter>
</receiver>
```

9.3 SQLite 数据库

SQLite 是一款轻量级的数据库，是自给自足的、无服务器的、零配置的、事务性的 SQL 数据库引擎。Android 中提供了 SQLite 的相关 API。

9.3.1 SQLite 简介与数据类型

1. 什么是 SQLite

SQLite 是遵守 ACID 的关联式数据库管理系统，它的设计目标是嵌入式的，而且目前 SQLite 已经应用在了很多嵌入式产品中，它占用空间非常小，在嵌入式设备中，可能只需要占用几百 KB 的内存。它支持 Windows、Linux、UNIX 等主流的操作系统，同时能够跟很多编程语言结合使用，例如 TCL、PHP、Java、C++、.Net 等，还有 ODBC 接口。与 MySQL、PostgreSQL 这两款开源的数据库管理系统相比，SQLite 的处理速度更快。

2. SQLite 的特点

（1）轻量级：SQLite 和 C/S 模式的数据库软件不同，它是进程内的数据库引擎，因此不存在数据库的客户端和服务端。一般只需要带上它的一个动态库，就可以使用它的全部功能。而且动态库也很小，以 3.6.11 版本为例，在 Windows 系统中为 487KB、在 Linux 系统中为 347KB。

（2）不需要“安装”：SQLite 的核心引擎本身不依赖第三方的软件，使用它也不需要“安装”，有点类似于绿色软件。

（3）单一文件：数据库中所有的信息（如表、视图等）都包含在一个文件内。这个文件可以自由复制到其他目录或其他设备上。

（4）跨平台/可移植性：除了主流操作系统 Windows、Linux 之外，SQLite 还支持一些不常用的操作系统。

（5）弱类型的字段：同一列中的数据可以是不同类型的。

（6）开源。

3. SQLite 数据类型

一般的数据库采用固定的静态数据类型，而 SQLite 采用的是动态数据类型，会根据存入值自动判断。SQLite 具有以下 4 种常用的数据类型。

- INTEGER：值被标识为带符号的整数，依据值的大小可以存储在 1、2、3、4、6 或 8 字节中。
- REAL：所有值都是浮动的数值，被存储为 8 字节的 IEEE 浮动标记序号。
- TEXT：值为文本字符串。
- BLOB：值是 BLOB 数据块，按输入的数据格式进行存储。如何输入就如何存储，不改变格式。

从上面可以看出，存储类比数据类型更一般化。例如 INTEGER 存储类，包括 6 种不同长度的不同整型数据类型，这在磁盘上造成了差异。但是只要从磁盘读出 INTEGER 值并进入内存进行处理，它们就会被转换成最一般的数据类型（8 字节有符号整型）。

SQLite 数据库中的任何列（除了整型主键列），都可以用于存储任何一个存储列的值。SQL 语句中的所有值，不管它们是嵌入 SQL 文本中还是作为参数绑定到一个预编译的 SQL 语句中，它们的存储类型都是未定的。在下面描述的情况中，数据库引擎会在查询执行过程中在数值存储类型（INTEGER 和 REAL）和 TEXT 之间转换值。

SQLite 没有单独的布尔存储类型，它使用 INTEGER 作为存储类型，0 表示 false，1 表示 true。SQLite 没有另外为存储日期和时间设定一个存储类集，内置的 SQLite 日期和时间函数能够将日期和时间以 TEXT、REAL 或 INTEGER 形式存储。

- TEXT：作为 ISO8601 字符串（"YYYY-MM-DD HH:MM:SS.SSS"）。
- REAL：从格林尼治时间 11 月 24 日、4174 B.C 中午以来的天数。
- INTEGER：从 1970-01-01 00:00:00 UTC 以来的秒数。

程序可以任意选择这几种存储类型去存储日期和时间，并且能够使用内置的日期和时间函数在这些格式之间自由转换。

9.3.2 SQLiteDatabase 与 SQLiteOpenHelper 介绍

1. SQLiteDatabase

Android 提供了创建和使用 SQLite 数据库的 API。SQLiteDatabase 代表一个数据库对象，它提供了操作数据库的一些方法。在 Android 的 SDK 目录下有 sqlite3 工具，可以利用它创建数据库、创建表和执行一些 SQL 语句。下面是 SQLiteDatabase 的常用方法。

- openOrCreateDatabase(String path,SQLiteDatabase.CursorFactory factory)：打开或创建数据库。
- insert(String table,String nullColumnHack,ContentValues values)：插入一条记录。
- delete(String table,String whereClause,String[] whereArgs)：删除一条记录。
- query(String table,String[] columns,String selection,String[] selectionArgs,String groupBy,String having,String orderBy)：查询一条记录。
- update(String table,ContentValues values,String whereClause,String[] whereArgs)：修改一条记录。
- execSQL(String sql)：执行一条 SQL 语句。
- close()：关闭数据库。

（1）打开或者创建数据库。

在 Android 中使用 SQLiteDatabase 的静态方法 openOrCreateDatabase(String path, SQLiteDatabae.CursorFactory factory)打开或者创建一个数据库。它会自动检测是否存在这个数据库，若存在则打开，若不存在则创建一个数据库。创建成功则返回一个 SQLiteDatabase 对象，否则抛出异常 FileNotFoundException。下面是创建名为“stu.db”数据库的代码：

```
openOrCreateDatabase(String  path,SQLiteDatabae.CursorFactory  factory) // 参数 1
表示数据库创建的路径，参数 2 一般设置为 null
db=SQLiteDatabase.openOrCreateDatabase("/data/data/com.xdw.sqlitedemo.db/database
s/stu.db",null)
```

注意 实际项目中，打开数据库基本不使用该方法，而是使用后面要讲到的 getWritableDatabase() 和 getReadableDatabase()方法。

（2）创建表。

创建一张表的步骤很简单：先编写创建表的 SQL 语句；然后调用 SQLiteDatabase 的 execSQL()方法来执行 SQL 语句。创建一张用户表，属性列分别为：id（主键并且自动增加）、sname（学生姓名）、snumber（学号）。SQLiteOpenHelper 中的代码如下：

```
private void createTable(SQLiteDatabase db){
//创建表的 SQL 语句
String stu_table="create table usertable(_id integer primary key autoincrement,sname
text,snumber text)";
//执行 SQL 语句
db.execSQL(stu_table);
}
```

（3）插入数据。

插入数据有以下两种方法。

① 调用 insert(String table,String nullColumnHack,ContentValues values)方法，参数 1 是表名称，参数 2 是空列的默认值，参数 3 是 ContentValues 类型的一个封装了列名称和列值的 Map，代码如下：

```
private void insert(SQLiteDatabase db){
//实例化常量值
ContentValues cValue = new ContentValues();
//添加用户名
cValue.put("sname","xiaoming");
//添加密码
cValue.put("snumber","01005");
//调用 insert()方法插入数据
db.insert("stu_table",null,cValue);
}
```

② 编写插入数据的 SQL 语句，直接调用 execSQL()方法来执行，代码如下：

```
private void insert(SQLiteDatabase db){
//插入数据的 SQL 语句
String stu_sql="insert into stu_table(sname,snumber) values('xiaoming','01005')";
//执行 SQL 语句
db.execSQL(sql);
}
```

（4）删除数据。

删除数据有以下两种方法。

① 调用 delete(String table,String whereClause,String[] whereArgs)方法，参数 1 是表名称，参数 2 是删除条件，参数 3 是删除条件数组，代码如下：

```
private void delete(SQLiteDatabase db) {
//删除条件
String whereClause = "id=?";
//删除条件参数
String[] whereArgs = {String.valueOf(2)};
//执行删除
db.delete("stu_table",whereClause,whereArgs);
}
```

② 编写删除数据的 SQL 语句，调用 SQLiteDatabase 的 execSQL()方法来执行删除，代码如下：

```
private void delete(SQLiteDatabase db) {
//删除数据的 SQL 语句
String sql = "delete from stu_table where _id = 6";
//执行 SQL 语句
db.execSQL(sql);
}
```

（5）修改数据。

修改数据有以下两种方法。

① 调用 update(String table,ContentValues values,String whereClause, String[] whereArgs)方法，参数 1 是表名称，参数 2 是修改行列数据的 ContentValues 类型的键值对，参数 3 是修改条件（where 子句），参数 4 是修改条件数组，代码如下：

```
private void update(SQLiteDatabase db) {
//实例化内容值
 ContentValues values = new ContentValues();
//在 values 中添加内容
```

```
values.put("snumber","101003");
//修改条件
String whereClause = "id=?";
//修改条件参数
String[] whereArgs={String.valuesOf(1)};
//执行修改
db.update("usertable",values,whereClause,whereArgs);
}
```

② 编写修改数据的 SQL 语句，调用 SQLiteDatabase 的 execSQL()方法执行修改，代码如下：

```
private void update(SQLiteDatabase db){
//修改数据的 SQL 语句
String sql = "update stu_table set snumber = 654321 where id = 1";
//执行 SQL 语句
db.execSQL(sql);
}
```

（6）查询数据。

查询数据有以下两种方法。

① 使用原生 SQL 语句查询。使用 Cursor rawQuery(String sql,String[] selectionArgs) 方法执行带参数的 select 语句，代码如下：

```
String sql = "SELECT * FROM stu_table WHERE _id > ?";
Cursor cursor = db.rawQuery(sql,new String[]{"1"});
while (cursor.moveToNext()){
    Log.d(TAG, "sname: "+cursor.getString(cursor.getColumnIndex("sname")));
}
```

② 使用 query()方法查询。在 Android 中查询数据是通过 Cursor 类来实现的，当使用 SQLiteDatabase.query()方法时，会得到一个 Cursor 对象，Cursor 指向的就是每一条数据。代码如下：

```
public  Cursor query(String table,String[] columns,String selection,String[]
selectionArgs,String groupBy,String having,String orderBy,String limit);
```

各个参数的意义说明：参数 table 是表名称；参数 columns 是列名称数组；参数 selection 是条件子句，相当于 where 子句；参数 selectionArgs 是条件子句，参数数组；参数 groupBy 是分组列；参数 having 是分组条件；参数 orderBy 是排序列；参数 limit 是分页查询限制。Cursor 是返回值，相当于结果集 ResultSet。

Cursor 是一个游标接口，提供了遍历查询结果的方法，如移动指针方法 move()，获得列值方法 getString()等。Cursor 类的常用方法如下。

- getCount()：获得总的数据项数。
- isFirst()：判断是不是第一条记录。
- isLast()：判断是不是最后一条记录。
- moveToFirst()：移动到第一条记录。
- moveToLast()：移动到最后一条记录。
- move(int offset)：移动到指定记录。
- moveToNext()：移动到下一条记录。

- moveToPrevious()：移动到上一条记录。
- getColumnIndexOrThrow(String　columnName)：根据列名称获取列索引。
- getInt(int columnIndex)：获得指定列索引的 int 类型值。
- getString(int columnIndex)：获得指定列索引的 String 类型值。

下面就使用 Cursor 来查询数据库中的数据，具体代码如下：

```
private void query(SQLiteDatabase db) {
    //查询获得游标
    Cursor cursor = db.query ("usertable",null,null,null,null,null,null);
    //判断游标是否为空
    if(cursor.moveToFirst() {
            //遍历游标
            for(int i=0;i<cursor.getCount();i++){
                    cursor.move(i);
                    //获得 id
                    int id = cursor.getInt(0);
                    //获得用户名
                    String username=cursor.getString(1);
                    //获得密码
                    String password=cursor.getString(2);
                    //输出用户信息 System.out.println(id+":"+sname+":"+snumber);
            }
    }
}
```

（7）删除指定表。

编写插入数据的 SQL 语句，直接调用 SQLiteDatabase 的 execSQL()方法来执行，具体代码如下：

```
private void drop(SQLiteDatabase db){
    //删除表的 SQL 语句
    String sql ="DROP TABLE stu_table";
    //执行 SQL 语句
    db.execSQL(sql);
}
```

2. SQLiteOpenHelper

SQLiteOpenHelper 类是 SQLiteDatabase 的一个辅助类。这个类主要生成一个数据库，并对数据库的版本进行管理。当在程序中调用这个类的getWritableDatabase()方法或者getReadableDatabase()方法的时候，如果没有数据库，那么 Android 系统就会自动生成一个数据库。

使用getWritableDatabase()方法或者getReadableDatabase()方法都可以获取一个用于操作数据库的 SQLiteDatabase 实例。getReadableDatabase()方法中会调用 getWritableDatabase()方法。其中，getWritableDatabase()方法以读写方式打开数据库，一旦数据库的磁盘空间满了，数据库就只能读而不能写，此时使用 getWritableDatabase()方法就会出错。getReadableDatabase()方法先以读写方式打开数据库，如果数据库的磁盘空间满了，就会打开失败，打开失败后会继续尝试以只读方式打开数据库。如果该问题成功解决，则只读数据库对象就会关闭，然后返回一个可读写的数据库对象。

SQLiteOpenHelper 是一个抽象类，通常需要继承它，并且实现它的 3 个方法。

（1）onCreate(SQLiteDatabase db)：在第一次生成数据库的时候会调用这个方法，也就是说，只有在创建数据库的时候才会调用，当然也有一些其他的情况，一般在这个方法里生成数据表。

（2）onUpgrade(SQLiteDatabase db,int oldVersion,int newVersion)：当数据库需要升级的时候，Android 系统会主动调用这个方法，一般在这个方法里删除数据表，并建立新的数据表，当然是否还需要做其他的操作，完全取决于程序的需求。

（3）onOpen(SQLiteDatabase db)：这是打开数据库时的回调方法，在程序中并不很常用。

9.4 ContentProvider

ContentProvider 即内容提供者，本质是一个标准的数据通道，主要用于在不同的 App 之间实现数据共享。

9.4.1 ContentProvider 简介与相关核心类

1. ContentProvider 简介

ContentProvider 可以理解为一个 Android 应用对外开放的接口，只要符合它定义的 URI 格式的请求，均可以正常访问执行操作。其他的 Android App 可以使用 ContentResolver 对象通过与 ContentProvider 同名的方法请求执行，被执行的就是 ContentProvider 中的同名方法。所以 ContentProvider 的很多对外可以访问的方法，在 ContentResolver 中均有同名的方法，它们是一一对应的，如图 9-1 所示。

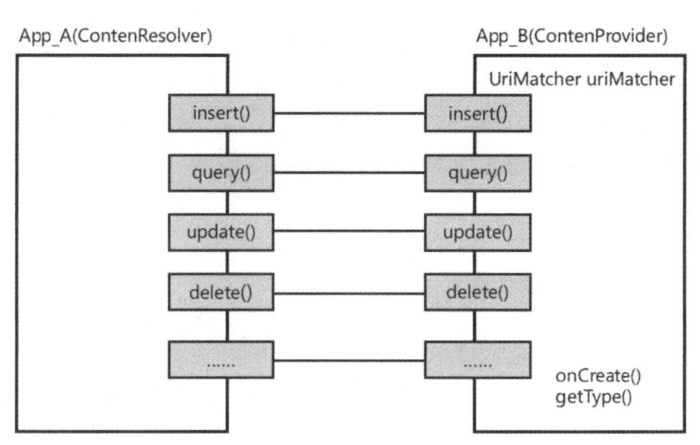

图 9-1　ContentProvider 简介

2. ContentProvider 相关核心类

（1）URI。

通用资源标志符（Universal Resource Identifier，URI）。URI 代表要操作的数据，Android 上可用的每一种资源（如图像、视频片段等）都可以用 URI 来表示。URI 一般由 3 部分组成：访问资源的命名机制、放资源的主机名、资源自身的名称（用路径表示）。Android 的 URI 由以下 3 部分组成：content://、数据的路径、标识 ID（可选）。示例如下。

- 所有联系人的 URI：content://contacts/people。
- 某一个联系人的 URI：content://contacts/people/5。
- 所有图片的 URI：content://media/external。
- 某一张图片的 URI：content://media/external/images/media/4。

而对于 ContentProvider 而言，URI 的固定格式如下：

```
<standard_prefix>://<authority>/<data_path>/<id>
```

- <standard_prefix>：ContentProvider 的 standard_prefix 始终是 content://。
- <authority>：ContentProvider 的名称。
- <data_path>：请求的数据类型。
- <id>：指定请求的特定数据。

（2）UriMatcher 和 ContentUris。

Android 开发中经常需要解析 URI，并从 URI 中获取数据。Android 系统提供了两个用于操作 URI 的工具类，分别为 UriMatcher 和 ContentUris。虽然这两个类不是非常重要，但是掌握它们的使用方法有利于进行开发工作。下面就一起看一下这两个类的作用。

① UriMatcher 类：主要用于匹配 URI，使用方法如下。

第 1 步：初始化。代码如下：

```
UriMatcher matcher = new UriMatcher(UriMatcher.NO_MATCH);
```

第 2 步：注册需要的 URI。代码如下：

```
matcher.addURI("com.yfz.Lesson", "people", PEOPLE);
matcher.addURI("com.yfz.Lesson", "person/#", PEOPLE_ID);
```

第 3 步：与已经注册的 URI 进行匹配。代码如下：

```
Uri uri = Uri.parse("content://" + "com.xdw.lesson" + "/people");
int match = matcher.match(uri);
      switch (match)
      {
        case PEOPLE:
          return "vnd.android.cursor.dir/people";
        case PEOPLE_ID:
          return "vnd.android.cursor.item/people";
        default:
          return null;
}
```

match()方法匹配后会返回一个匹配码 Code，即在使用注册方法 addURI()时传入的第三个参数。上述方法会返回“vnd.android.cursor.dir/people”。

知识拓展

- 常量 UriMatcher.NO_MATCH 表示不匹配任何路径的返回码。
- “#”为通配符，代表任意数字。
- “*”为任意字符。

② ContentUris 类：用于获取 URI 路径后面的 ID 部分。

为路径加上 ID 使用 withAppendedId(uri, id)方法，例如有这样一个 URI，代码如下：

```
Uri uri = Uri.parse("content://com.yfz.Lesson/people")
```

通过 withAppendedId()方法为该 URI 加上 ID，代码如下：

```
Uri resultUri = ContentUris.withAppendedId(uri, 10);
```

最后 resultUri 为 content://com.yfz.Lesson/people/10，从路径中获取 ID 使用 parseId(uri)方法，代码如下：

```
Uri uri = Uri.parse("content://com.yfz.Lesson/people/10")
long personid = ContentUris.parseId(uri);
```

9.4.2 ContentProvider 操作流程

ContentProvider 是 Android 四大组件之一，需要在 AndroidManifest.xml 文件中进行配置。若某个 App 通过 ContentProvider 暴露了自己的数据操作接口，那么不管该 App 是否启动，其他 App 都可以通过这个接口来操作它的内部数据。Android 附带了许多有用的 ContentProvider，但是本项目不会涉及这些内容。Android 附带的 ContentProvider 如下。

- Browser：存储浏览器的信息。
- CallLog：存储通话记录等信息。
- Contacts：存储联系人等信息。
- MediaStore：存储媒体文件的信息。
- Settings：存储设备的设置和首选项信息。

在 Android 中，如果要创建自己的内容提供者，则需要扩展抽象类 ContentProvider，并重写其中定义的各种方法，然后在 AndroidManifest.xml 文件中注册该 ContentProvider 即可。ContentProvider 是内容提供者，用于实现 Android App 之间的数据交互，其数据操作无非是 CRUD（增删改查）。下面是 ContentProvider 必须要实现的几个方法。

- onCreate()：初始化内容提供者。
- query(Uri, String[], String, String[], String)：查询数据，返回一个数据 Cursor 对象。
- insert(Uri, ContentValues)：插入一条数据。
- update(Uri, ContentValues, String, String[])：根据条件更新数据。
- delete(Uri, String, String[])：根据条件删除数据。
- getType(Uri)：返回 MIME 类型对应内容的 URI。

除了 onCreate()和 getType()方法外，其他的方法均为 CRUD 操作，这些方法中，Uri 参数为与 ContentProvider 匹配的请求 URI，剩下的参数的含义可以参见 SQLite 的 CRUD 操作。ContentProvider 的 CRUD 操作均会传递一个 URI 对象，通过这个对象来匹配对应的请求。那么如何确定一个 URI 执行哪项操作呢？需要用到一个 UriMatcher 对象，这个对象用于帮助内容提供者匹配 URI。

在创建好一个 ContentProvider 之后，还需要在 AndroidManifest.xml 文件中对 ContentProvider 进行配置，需要使用一个 provider 标签，一般只需要设置如下两个属性即可访问，一些额外的属性就是为了设置访问权限而存在的。

- android:name：设置 provider 的响应类。
- android:authorities：provider 的唯一标识，用于匹配 URI，一般为 ContentProvider 类的全名。

【项目实施】

由于本项目的内容与图书资源 App 的关联度不高，介绍本项目是为了让读者掌握完整的 Android 开发知识，所以本【项目实施】只做简单讲解。

9.5 任务 23：Service 的使用

1. 启动 Service

要创建服务，必须创建 Service 的子类或使用它的一个现有子类（如 IntentService）。在实现时，需要重写一些回调方法，以处理服务生命周期的某些关键过程，下面通过电子文档中的简单案例来分析需要重写的回调方法有哪些，具体内容请从人邮教育社区下载学习。

2. 扩展 IBinder 实现绑定服务

扩展 IBinder 实现绑定服务的具体内容请从人邮教育社区下载学习。

3. 使用 IntentService 实现耗时操作

Service 中是不能执行耗时操作的，一般耗时超过 20 秒就会产生 ANR。要在 Service 中执行耗时操作，需要采用子线程来操作，IntentService 下是可以执行耗时操作的。注意：这并不代表 Service 可以执行耗时操作，而是 IntentService 是 Service 的扩展类，里面封装了线程的操作。具体内容请从人邮教育社区下载学习。

9.6 任务 24：BroadcastReceiver 的使用

1. 使用静态广播

静态广播使用案例请从人邮教育社区下载学习。

2. 使用动态广播

动态广播使用案例请从人邮教育社区下载学习。

3. 广播权限

广播权限案例请从人邮教育社区下载学习。

静态广播使用案例

动态广播使用案例

广播权限案例

9.7 任务 25：SQLite 数据库的使用

1. 使用原生 SQL 语句实现增删改查操作

使用原生 SQL 语句实现增删改查的操作请从人邮教育社区下载学习。

2. 使用 Android 自带的 API 实现增删改查操作

使用 Android 自带的 API 实现增删改查的操作请从人邮教育社区下载学习。

使用原生 SQL 语句实现增删改查操作

使用 Android 自带的 API 实现增删改查操作

9.8 任务 26：ContentProvider 的使用

1. 使用 ContentProvider 对数据进行增删改查

使用 ContentProvider 对数据进行增删改查的操作请从人邮教育社区下载学习。

2. 调用 ContentResolver 进行数据跨进程访问并监听数据变化

调用 ContentResolver 进行数据跨进程访问并监听数据变化的内容请从人邮教育社区下载学习。

使用 ContentProvider 对数据进行增删改查操作

调用 ContentResolver 进行数据跨进程访问并监听数据变化

【项目小结】

本项目介绍了 Service 概述与启动服务、BroadCastReceiver 简介、广播发送者与广播接收者、SQLite 简介与数据类型、ContentProvider 简介与操作流程等知识。

【知识巩固】

1. 单选题

（1）Android 中关于 Service 生命周期的 onCreate()和 onStart()方法的说法正确的是（　　）。

A．当 Service 第一次启动的时候不会调用 onCreate()方法

B．当 Service 第一次启动的时候会先后调用 onCreate()和 onStart()方法

C．如果 Service 已经启动，则只会执行 onStart()方法，不再执行 onCreate()方法

D．以上答案都不对

（2）在 Android 中，下列属于 Intent 的作用的是（　　）。

A．实现 App 间的数据共享

B．是一段长的生命周期，没有用户界面的程序，可以保持 App 在后台运行，不会因为切换界面而消失

C．可以实现界面间的切换，可以包含动作和动作数据，是连接四大组件的纽带

D．处理一个 App 整体性的工作

（3）下列不属于 Service 生命周期的方法是（　　）。

A．onCreate()　　B．onDestroy()

C．onStop()　　D．onStart()

（4）下面关于 BroadcastReceiver 的说法错误的是（　　）。

A．BroadcastReceiver 有两种注册方式，即静态注册和动态注册

B．BroadcastReceiver 必须在 AndroidManifest.xml 文件中声明

C．使用 BroadcastReceiver 时，一定有一方发送广播，有一方监听注册广播，onReceive()方法才会被调用

D．广播发送的 Intent 都是隐式启动

2．填空题

（1）如果调用 bindService()启动服务，则会调用________、________、________、________生命周期方法。

（2）通过 Intent 可以启动________、________组件。

（3）在 Activity 中，主线程消息队列中的消息在没有得到响应时，系统可能会弹出________对话框。

3．简答题

（1）简述什么是 Service 并描述它的生命周期。Service 有哪些启动方法，这些方法有什么区别？怎样停用 Service？

（2）为什么要使用 ContentProvider？它和 SQL 在实现上有什么差别？

【项目实训】

结合本项目及之前项目的内容，请仿照网易新闻 App，完成“首页”的“11.11”选项卡的功能与“我”界面的主要功能，具体要求如下。

（1）“11.11”新闻列表内容只需要包含图 9-2 中的图文信息即可，请根据图文信息自行设计数据表结构并初始化数据到 SQLite 数据库中。

（2）点击新闻进入新闻详情，底部包含收藏按钮，点击即可收藏该新闻信息。

（3）“我”界面中包含菜单按钮“我的收藏”，点击可以看到“我的收藏”新闻列表。

（4）只需要实现以上要求所描述的功能，并不需要实现完整的网易新闻 App 功能。

效果图如图 9-2～图 9-4 所示。

图 9-2 “推荐”选项卡的效果

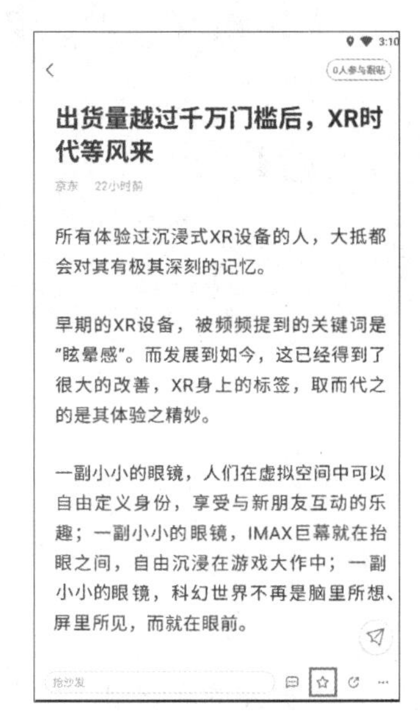

图 9-3 新闻详情的效果

图 9-4 “我”界面的效果

项目10 HarmonyOS App 开发初探

10

【学习目标】

1. 知识目标

（1）学习 HarmonyOS 的概念、架构。

（2）学习基于 HarmonyOS 进行 App 开发的基础知识，包括一些应用基础知识、应用配置文件、应用资源文件、工程管理等内容。

（3）学习 HarmonyOS 工程开发的整体环境搭建方式。

（4）学习创建远程设备模拟器的方法，创建 HarmonyOS 工程并部署到远程模拟器运行。

2. 技能目标

（1）理解 HarmonyOS 的概念、架构。

（2）掌握基于 HarmonyOS 进行 App 开发的基础知识，包括一些应用基础知识、应用配置文件、应用资源文件、工程管理等内容。

（3）掌握 HarmonyOS 工程开发的整体环境搭建方式。

（4）掌握创建远程设备模拟器的方法，创建 HarmonyOS 工程并部署到远程模拟器运行。

3. 素养目标

（1）培养勇于创新、敢于挑战、敢于探索的精神。

（2）培养攻坚克难、坚持不懈的奋斗精神。

（3）培养民族意识、家国观念，为祖国繁荣富强无私奉献的精神。

【项目概述】

之前的项目已经完整实现了图书资源 App 的功能。在移动互联网时代，以前我国没有属于自己的移动操作系统，2019 年，我国自主研发的移动操作系统诞生了，那就是华为自主研发的 HarmonyOS（鸿蒙操作系统），现在越来越多的智能设备开始使用 HarmonyOS，预计未来基于 HarmonyOS 的 App 将占据很大一部分市场。因此，本项目将介绍 HarmonyOS，帮助读者快速入门 HarmonyOS App 开发，为未来转向 HarmonyOS App 开发打下基础。

【思维导图】

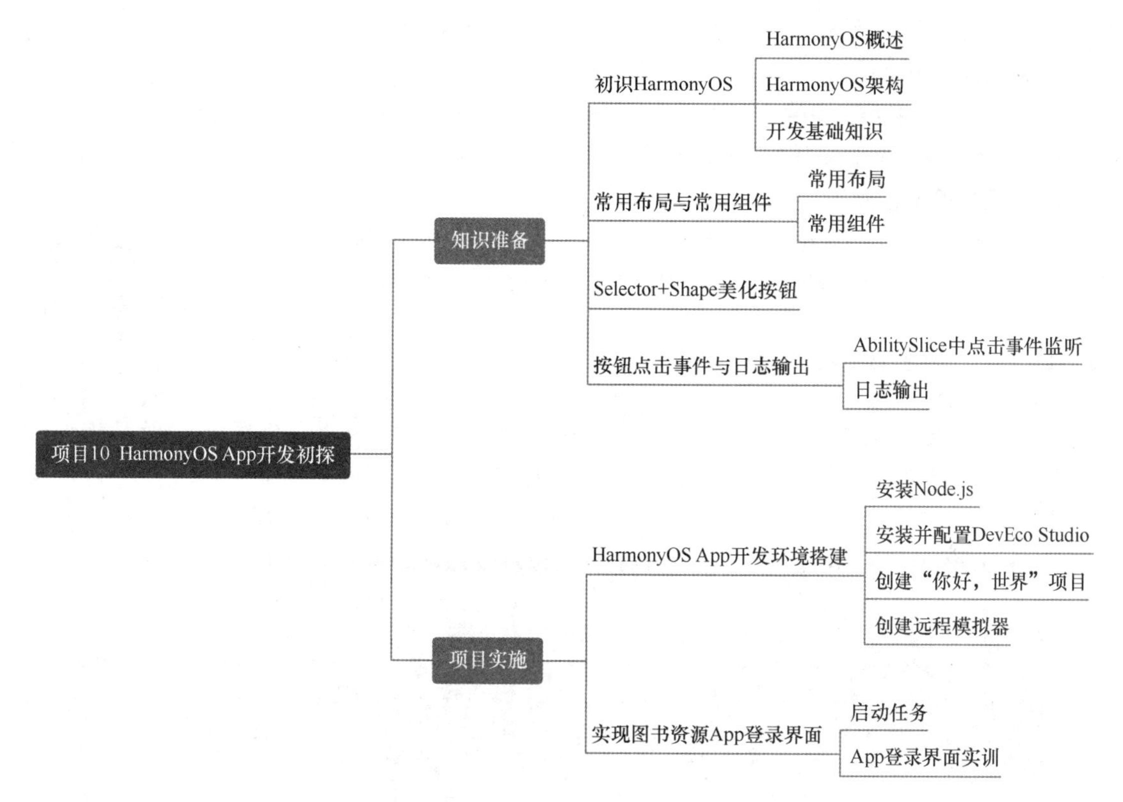

【知识准备】

在正式进行 App 开发之前，先介绍一下 HarmonyOS 的一些相关知识，包括其特点、架构，以及用 HarmonyOS 进行 App 开发需要掌握的一些基础知识。

10.1 初识 HarmonyOS

本项目的任务主要是初步介绍 HarmonyOS 及其架构，并在叙述过程中对 HarmonyOS 与 Android 操作系统的相同知识点做类比总结，使读者在加深对 Android 操作系统印象的同时快速入门 HarmonyOS，并认识两者的一些重要区别。

10.1.1 HarmonyOS 概述

HarmonyOS 概述

2019 年 8 月 9 日，华为公司在东莞举行华为开发者大会，正式发布操作系统——HarmonyOS。

HarmonyOS 是一款面向未来、面向全场景（移动办公、运动健康、社交通信、媒体娱乐等）的分布式操作系统。在具备传统的单设备系统能力的基础上，HarmonyOS 提出了基于同一套系统能力、适配多种终端形态的分布式理念，能够支持多种终端设备。

1. 对消费者而言

HarmonyOS 能够将生活场景中的各类终端进行能力整合，可以实现不同的终端设备之间的快速连接、能力互助、资源共享，从而匹配合适的设备，提供流畅的全场景体验。

2. 对应用开发者而言

HarmonyOS 采用了多种分布式技术，使得 App 的开发实现与不同终端设备的形态差异无关，从而让开发者聚焦上层业务逻辑，更加便捷、高效地开发 App，同时也降低了开发难度和成本。

3. 对设备开发者而言

HarmonyOS 采用了组件化的设计方案，可以根据设备的资源能力和业务特征进行灵活裁剪，满足不同形态的终端设备对操作系统的要求。

HarmonyOS 架构

10.1.2 HarmonyOS 架构

HarmonyOS 整体遵循分层设计，从下到上依次为：内核层、系统服务层、框架层和应用层。系统功能按照“系统 > 子系统 > 功能/模块”逐级展开，在多设备部署场景下，支持根据实际需求裁剪某些非必要的子系统或功能/模块。HarmonyOS 技术架构如图 10-1 所示。

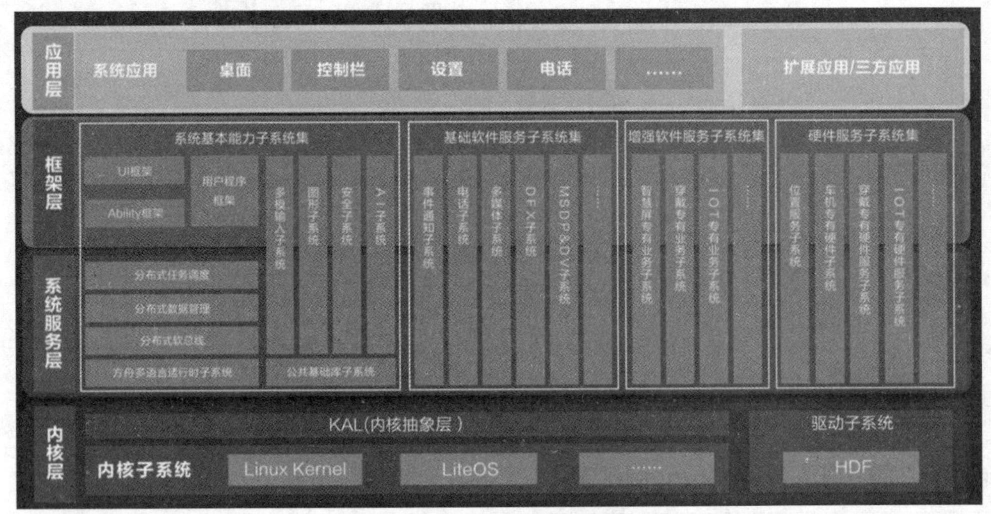

图 10-1 HarmonyOS 技术架构

1. 内核层

内核层分为内核子系统和驱动子系统。

- 内核子系统：HarmonyOS 采用多内核设计，支持针对不同资源受限设备选用适合的 OS 内核。内核抽象层（Kernel Abstract Layer，KAL）通过屏蔽多内核差异，对上层提供基础的内核能力，包括进程/线程管理、内存管理、文件系统、网络管理和外设管理等。
- 驱动子系统：硬件驱动框架（Hardware Driver Foundation，HDF）是 HarmonyOS 硬件生态开放的基础，用于提供统一外设访问能力和驱动开发、管理框架。

2. 系统服务层

系统服务层是 HarmonyOS 的核心能力集合，通过框架层对应用程序提供服务。该层包含以下几个部分。

- 系统基本能力子系统集：为分布式应用在 HarmonyOS 多设备上的运行、调度、迁移等操作提供了基础能力，由分布式软总线、分布式数据管理、分布式任务调度、方舟多语言运行时、公共基础库、多模输入、图形、安全、AI 等子系统组成。其中，方舟多语言运行时子系统提供了 C/C++/JS 多语言运行时和基础的系统类库，也为使用方舟编译器静态化的 Java 程序（应用程序或框架层中使用 Java 语言开发的部分）提供运行时。
- 基础软件服务子系统集：为 HarmonyOS 提供公共的、通用的软件服务，由事件通知、电话、多媒体、DFX（Design For X）、MSDP（Mobile Sensing Development Platform，移动感知平台）、DV（Device Virtualization，设备虚拟化）等子系统组成。
- 增强软件服务子系统集：为 HarmonyOS 提供针对不同设备的、差异化的能力增强型软件服务，由智慧屏专有业务、穿戴专有业务、IoT 专有业务等子系统组成。
- 硬件服务子系统集：为 HarmonyOS 提供硬件服务，由位置服务、生物特征识别、穿戴专有硬件服务、IoT 专有硬件服务等子系统组成。

根据不同设备形态的部署环境，基础软件服务子系统集、增强软件服务子系统集、硬件服务子系统集内部可以按子系统粒度裁剪，每个子系统内部又可以按功能粒度裁剪。

3. 框架层

框架层为 HarmonyOS 应用开发提供了 Java/C/C++/JS/TS 等多语言的用户程序框架和 Ability（能力）框架，两种 UI 框架（包括适用于 Java 语言的 Java UI 框架、适用于 JS/TS 语言的方舟开发框架），以及各种软硬件服务对外开放的多语言框架 API。根据系统的组件化裁剪程度，HarmonyOS 设备支持的 API 也会有所不同。

4. 应用层

应用层包括系统应用和扩展应用/三方应用。HarmonyOS 的应用由一个或多个 FA（Feature Ability，元服务，代表有界面的 Ability，用于与用户进行交互）或 PA（Particle Ability，元能力，代表无界面的 Ability，主要为 Feature Ability 提供支持）组成。FA 在进行用户交互时所需的后台数据访问也需要由对应的 PA 提供支撑。基于 FA/PA 开发的应用，能够实现特定的业务功能，支持跨设备调度与分发，为用户提供一致、高效的应用体验。

10.1.3 开发基础知识

开发基础知识

1. 应用基础知识

（1）用户应用程序包结构。

HarmonyOS 的用户应用程序包以 App Pack（Application Package，应用包）形式发布，它由一个或多个 HAP（HarmonyOS Ability Package，鸿蒙操作系统能力包）以及描述每个 HAP 属性的 pack.info 文件组成。HAP 是 Ability 的部署包，HarmonyOS 应用代码围绕 Ability 组件展开。一个 HAP 是由代码、资源、第三方库及应用配置文件组成的模块包，可分为 entry（进入）和 feature（特性）两种模块类型，如图 10-2 所示。

- entry：应用的主模块。一个 App 中，对于同一设备类型，可以有一个或多个 entry 类型的 HAP，来支持该设备类型中不同规格的具体设备。

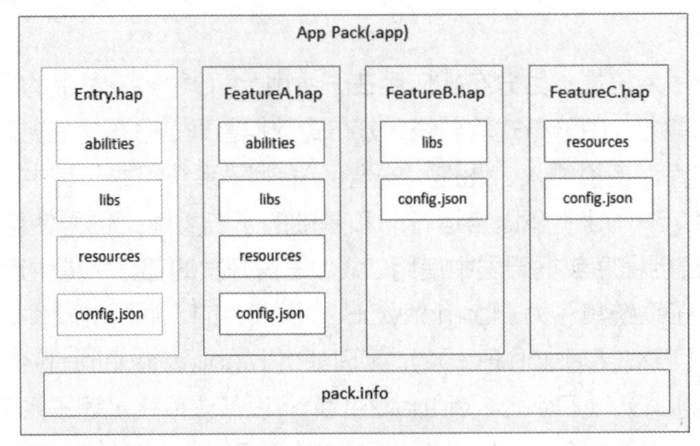

图 10-2　HAP 组成

- feature：应用的动态特性模块。一个 App 可以包含一个或多个 feature 类型的 HAP，也可以不包含。只有包含 Ability 的 HAP 才能够独立运行。

（2）Ability。

Ability 是应用所具备能力的抽象，一个应用可以包含一个或多个 Ability。Ability 分为 FA 和 PA 两种类型。FA、PA 是应用的基本组成单元，能够实现特定的业务功能。FA 有 UI，而 PA 无 UI。

（3）库文件。

库文件是应用依赖的第三方代码（例如.so、.jar、.bin、.har 等二进制文件），存放在 libs 目录中。

（4）pack.info。

pack.info 配置文件描述应用软件包中每个 HAP 的属性，由 IDE 编译生成，应用市场根据该文件进行拆包，并对 HAP 进行分类存储。HAP 的具体属性如下。

- delivery-with-install：用于设置该 HAP 是否支持随应用安装。“true”表示支持随应用安装，“false”表示不支持随应用安装。
- name：HAP 文件名。
- module-type：模块类型，有 entry 或 feature 两种模块类型。
- device-type：表示支持该 HAP 运行的设备类型。

（5）HAR。

HAR（HarmonyOS Ability Resources，鸿蒙操作系统能力资源）可以提供构建应用所需的所有内容，包括源码、资源文件和 config.json 文件。HAR 不同于 HAP，HAR 不能独立安装、运行在设备上，只能作为应用模块的依赖项被引用。

2. 应用配置文件

应用的每个 HAP 的根目录下都存在一个 config.json 配置文件，文件内容主要涵盖以下 3 个方面。

- 应用的全局配置信息，包含应用的包名、生产厂商、版本号等基本信息。
- 应用在具体设备上的配置信息，包含应用的备份恢复、网络安全等能力。
- HAP 包的配置信息，包含每个 Ability 必须定义的基本属性（如包名、类名、类型以及 Ability 提供的能力），以及应用访问系统或其他应用受保护部分所需的权限等。

配置文件 config.json 采用 JSON 文件格式，其中包含了一系列配置项，每个配置项由属性和值两部分构成。

- 属性：属性的出现顺序不分先后，且每个属性最多只允许出现一次。
- 值：每个属性的值为 JSON 的基本数据类型（数值、字符串、布尔值、数组、对象或者 null 类型）。

应用配置文件中元素的配置内容细节过多，具体请参考华为官方文档，关于应用配置文件的具体使用会在后面的案例中进行穿插讲解。

3. 应用资源文件

应用的资源文件（字符串、图片、音频等）统一存放于 resources 目录下，便于开发者使用和维护。resources 目录包括两大类目录：一类为 base 目录与限定词目录，另一类为 rawfile 目录。资源目录示例如图 10-3 所示。

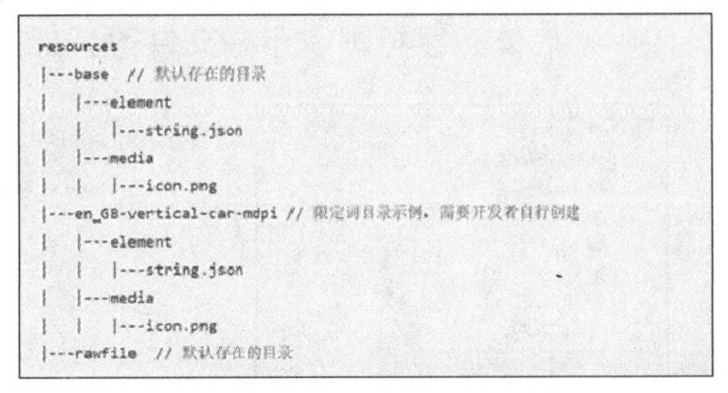

图 10-3 资源目录示例

base 目录与限定词目录下可以创建资源组目录（包括 element、media、animation、layout、graphic、profile），用于存放特定类型的资源文件，如图 10-4 所示。

资源组目录	目录说明	资源文件
element	表示元素资源，以下每一类数据都采用相应的JSON文件来表征。 • boolean，布尔型 • color，颜色 • float，浮点型 • intarray，整型数组 • integer，整型 • pattern，样式 • plural，复数形式 • strarray，字符串数组 • string，字符串	element目录中的文件名称建议与下面的文件名保持一致。每个文件中只能包含同一类型的数据。 • boolean.json • color.json • float.json • intarray.json • integer.json • pattern.json • plural.json • strarray.json • string.json
media	表示媒体资源，包括图片、音频、视频等非文本格式的文件。	文件名可自定义，例如：icon.png。
animation	表示动画资源，采用XML文件格式。	文件名可自定义，例如：zoom_in.xml。
layout	表示布局资源，采用XML文件格式。	文件名可自定义，例如：home_layout.xml。
graphic	表示可绘制资源，采用XML文件格式。	文件名可自定义，例如：notifications_dark.xml。
profile	表示其他类型文件，以原始文件形式保存。	文件名可自定义。

图 10-4 资源组目录

应用资源文件的使用内容细节过多，具体请参考华为官方文档，关于应用资源文件的具体使用会在后面的案例中进行穿插讲解。

4. 工程管理

（1）工程结构介绍。

① HarmonyOS App 工程结构。

在进行 HarmonyOS App 开发前，需要掌握 HarmonyOS App 的逻辑结构。前面已经介绍了 HarmonyOS 应用的发布形态，此处不再赘述。

② 工程目录结构。

Java 工程目录结构如图 10-5 所示。

- .gradle：Gradle 配置文件，由系统自动生成，一般情况下不需要进行修改。
- entry：默认启动模块（主模块），开发者用于编写源码文件以及开发资源文件的目录。
  - ✧ entry>libs：用于存放 entry 模块的依赖文件。
  - ✧ entry>src>main>java：用于存放 Java 源码。
  - ✧ entry>src>main>resources：用于存放应用/服务所用到的资源文件，如图形、多媒体、字符串、布局文件等，如图 10-6 所示。

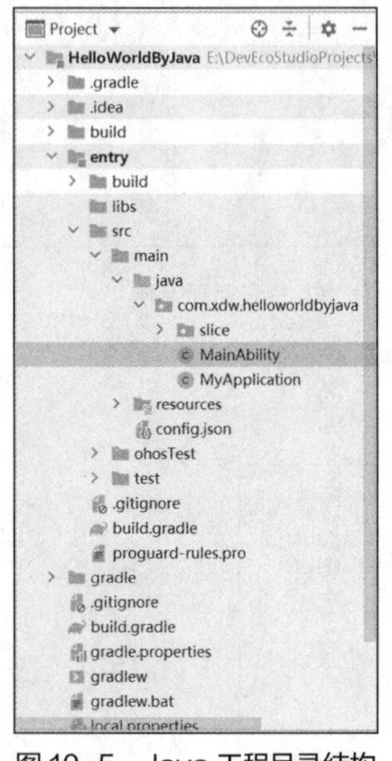

图 10-5　Java 工程目录结构

资源目录	资源文件说明
base>element	包括字符串、整型数、颜色、样式等资源的json文件。每个资源均由JSON格式进行定义，例如： • boolean.json：布尔型 • color.json：颜色 • float.json：浮点型 • intarray.json：整型数组 • integer.json：整型 • pattern.json：样式 • plural.json：复数形式 • strarray.json：字符串数组 • strings.json：字符串值。
base>graphic	XML类型的可绘制资源，如SVG（Scalable Vector Graphics，可缩放矢量图形）文件、Shape基本的几何图形（如矩形、圆形、线等）等。
base>layout	XML格式的界面布局文件。
base>media	多媒体文件，如图形、视频、音频等文件，支持的文件格式包括 .png、.gif、.mp3、.mp4等。
base>profile	用于存储任意格式的原始资源文件。区别在于rawfile不会根据设备的状态去匹配不同的资源，需要指定文件路径和文件名进行引用。
rawfile	

图 10-6　资源文件说明

  - ✧ entry>src>main>config.json：HAP 清单文件，详细说明请参考 config.json 配置文件介绍。
  - ✧ entry>src>test：编写代码单元测试代码的目录，运行在本地 JVM 上。
  - ✧ entry>.gitignore：标识 git 版本管理需要忽略的文件。
  - ✧ entry>build.gradle：entry 模块的编译配置文件。

（2）适配历史工程。

HarmonyOS 应用开发使用的开发工具是 DevEco Studio，由于本书当前使用的 2.1 版本的 HarmonyOS SDK对应的API Version发生了跃迁，原有的API Version 3变成了当前的API Version 4，原有的 API Version 4 变成了当前的 API Version 5。因此，在使用 2.1 版本的 DevEco Studio 打开历史工程时，需要对历史工程进行适配；如果历史工程未做适配，会导致工程出现运行错误。

在打开历史工程前，建议先选择“Help”>“Check for Updates”选项，检查并升级 DevEco Studio 至最新版本；选择“Tools”>“SDK Manager”选项，检查并升级 SDK 及工具链版本至最新版本。

使用 DevEco Studio 打开历史工程，会提示将历史工程进行升级适配，单击“Update”按钮，DevEco Studio 会自动修改工程中的配置信息，包括升级 config.json 和 build.gradle 中的 API Version，升级编译构建插件版本为 2.4.2.4，升级 config.json 中的 releaseType 字段的值为 Beta1，并在 build.gradle 中添加 OHOS 测试框架的依赖。工程升级前后的 config.json 关键字段对比如图 10-7 所示。

compatible/target/releaseType（适配前）	compatible/target/releaseType（适配后）
3/3/-	4/5/Beta1
3/4/Beta1	4/5/Beta1
3/4/Beta2	4/5/Beta1
4/4/Beta1	5/5/Beta1
4/4/Beta2	5/5/Beta1

图 10-7　工程升级前后的 config.json 关键字段对比

（3）在工程中管理 Module。

Module 是 HarmonyOS App 的基本功能单元，包含了源码、资源文件、第三方库及 App 清单文件，每一个 Module 都可以独立进行编译和运行。一个 HarmonyOS App 通常会包含一个或多个 Module，因此，可以在工程中创建多个 Module，每个 Module 可分为 Ability 和 Library（HarmonyOS Library 和 Java Library）两种类型。

前面已经介绍在一个 App 中，对于同一类型设备有且只有一个 entry 类型的 Module，其余 Module 的类型均为 feature。因此，在创建一个类型为 Ability 的 Module 时，要遵循的原则为：若新增 Module 的设备类型为已有设备，则 Module 的类型将自动设置为 feature；若新增 Module 的设备类型当前还没有创建 Module，则 Module 的类型将自动设置为 entry。

① 新增 Module。

首先，通过如下两种方法在工程中添加新的 Module。

- 鼠标指针移到工程目录顶部，单击鼠标右键，在快捷菜单中选择“New”>“Module”选项，开始创建新的 Module。
- 在菜单栏中选择“File”>“New”>“Module”选项，开始创建新的 Module。

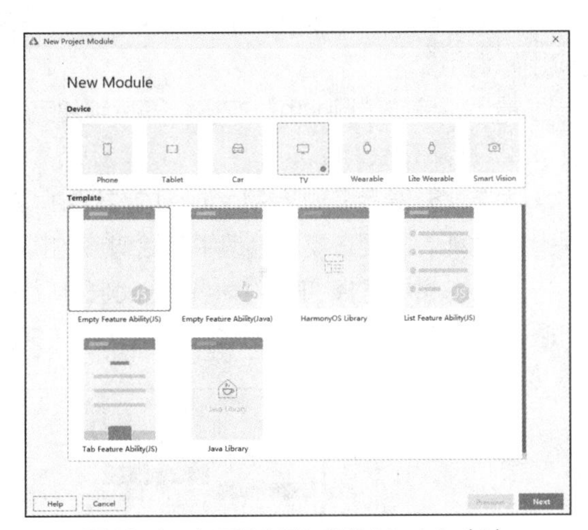

图 10-8　在工程中添加新的 Module（1）

然后，在“New Project Module”对话框中，选择 Module 对应的设备类型和模板，如图 10-8 所示。单击“Next”按钮，在 Module 配置界面中设置新增 Module 的基本信息。当 Module 类型为 Ability 或者 HarmonyOS Library 时，请根据如下内容进行设置，然后单击“Next”按钮，如图 10-9 所示。

- Application/Library name：新增 Module 所属的类名称。
- Module Name：新增 Module 的名称。
- Module Type：仅在 Module 类型为 Ability 时存在，DevEco Studio 自动根据设备类型下的模块进行设置，设置规则请参考 Ability 的 Module 类型设置原则。
- Package Name：软件包名称，可以单击“Edit”按钮修改默认包名称，需全局唯一。
- Compatible SDK：兼容的 SDK 版本。

当 Module 类型为 Java Library 时，请根据如下内容进行设置，然后单击“Finish”按钮完成创建，如图 10-10 所示。

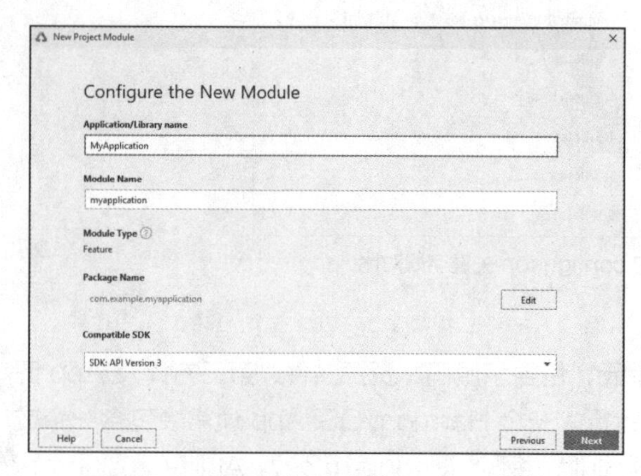

图 10-9　在工程中添加新的 Module（2）

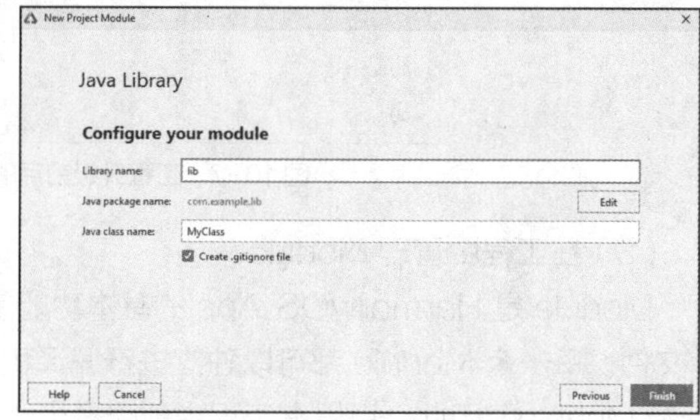

图 10-10　在工程中添加新的 Module（3）

- Library name：Java Library 类名称。
- Java package name：软件包名称，可单击“Edit”按钮修改默认包名称，需全局唯一。
- Java class name：class 文件名称。
- Create.gitignore file：设置是否自动创建.gitignore 文件，勾选此复选框表示创建。

若该 Module 的模板类型为 Ability，还需要设置 Visible 参数，表示该 Ability 是否可以被其他应用所调用。

最后，单击“Finish”按钮，等待创建完成后，可以在工程目录中查看和编辑新增的 Module。

② 删除 Module。

为防止开发者在删除 Module 的过程中，误删除其他的模块，DevEco Studio 提供了统一的模块管理功能，需要在模块管理中移除对应的模块后，才允许删除模块。

在菜单栏中选择“File”>“Project Structure”>“Modules”选项，选择需要删除的 Module，如图 10-11 所示，单击“OK”按钮，并在弹出的对话框中单击“Yes”按钮。

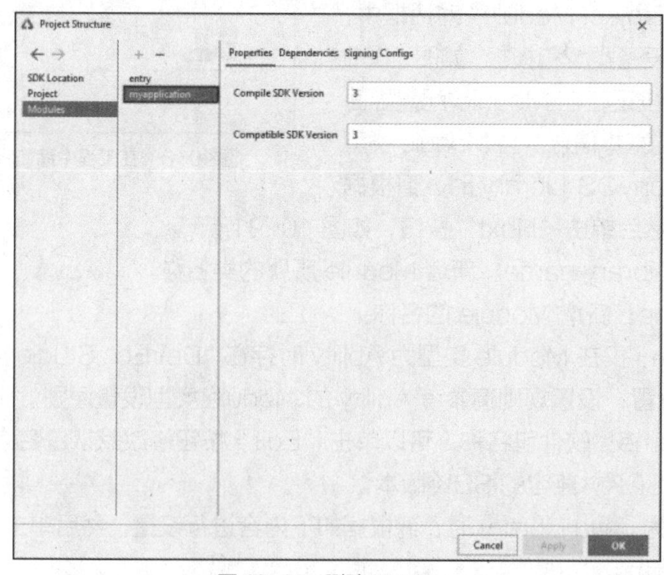

图 10-11　删除 Module

在工程目录中选中该模块，单击鼠标右键，在快捷菜单中选择“Delete”选项，并在弹出的对话框中单击“Delete”按钮。

常用布局与常用组件

10.2 常用布局与常用组件

在前面的 Android 知识中，讲解了常用布局 LinearLayout 和 RelativeLayout。在 HarmonyOS 中使用 Java 进行 UI 开发时，可以使用线性布局和相对布局的方式完成布局界面的绘制。在 HarmonyOS 中，线性布局叫作 DirectionalLayout，相对布局叫作 DependentLayout，Component 等价于 Android 中的 View，例如经常在布局中通过 View 绘制分割线（在 Android 中），而在 HarmonyOS 中，替换成了 Component，还有一些其他常用组件。慢慢摸索之后，你会发现其设计思想和使用方式和 Android 都是相似的，这样更加符合开发者习惯，可使开发者更好地从 Android 开发过渡过来。下面对实现本项目中的登录界面所涉及的布局与常用组件做一个归纳讲解。

10.2.1 常用布局

1. DirectionalLayout

DirectionalLayout 是 Java UI 中的一种重要组件布局，用于将一组组件（Component）按照水平或者垂直方向排布，能够方便地对齐布局内的组件。将该布局和其他布局组合使用可以实现更加丰富的布局方式。它就相当于 Android 中的 LinearLayout，其本质相同，但是进行界面布局的常用属性是不同的，图 10-12 列举了 DirectionalLayout 的常用属性。

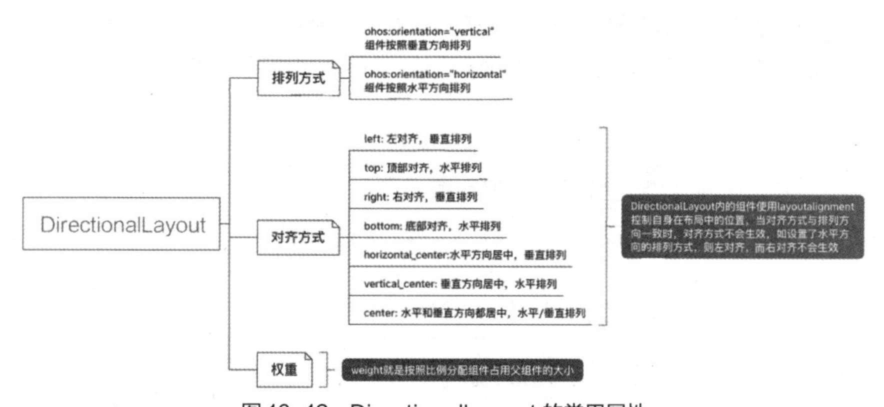

图 10-12 DirectionalLayout 的常用属性

2. DependentLayout

DependentLayout 是 Java UI 框架里的一种常见布局。与 DirectionalLayout 相比，它拥有更多的排布方式，每个组件可以指定相对于其他同级元素的位置，或者指定相对于父组件的位置。它就相当于 Android 中的 RelativeLayout，其本质相同，但是进行界面布局的常用属性是不同的，图 10-13 列举了 DependentLayout 的常用属性。

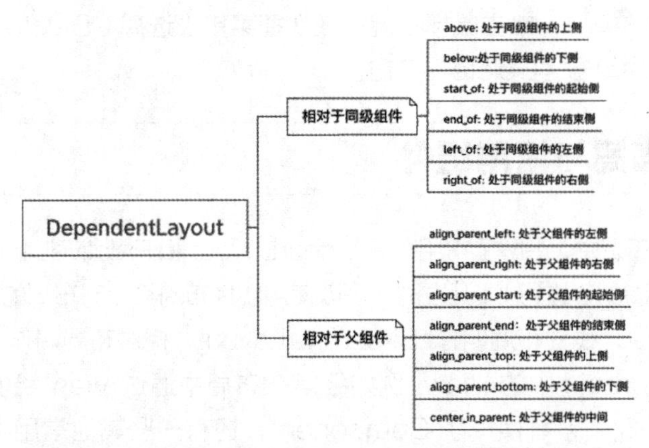

图 10-13　DependentLayout 的常用属性

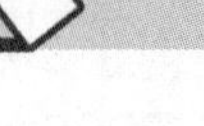

注意　设置相对属性，需要给组件设置 id，通过 id 才能定位相对于具体的同级组件，在 HarmonyOS 中定义 id 和引用 id 的格式与 Android 是不一样的。定义 id: ohos:id="$+id:button1"。引用 id:ohos:below="$id:button1"（button1 是自定义的名称）。

10.2.2　常用组件

1. Text

Text 是用来显示字符串的组件，在界面上显示为一块文本区域。Text 作为一个基本组件，有很多扩展，常见的有按钮组件 Button，文本编辑组件 TextField。Text 相当于 Android 中的 TextView 组件，其本质相同，但是进行界面布局的常用属性是不同的，图 10-14 列举了 Text 组件的常用属性。

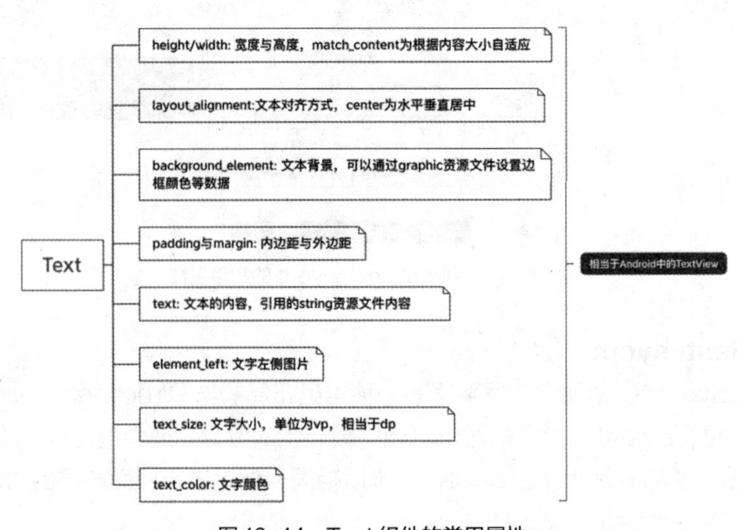

图 10-14　Text 组件的常用属性

注意 （1）在 HarmonyOS 布局中，设置 height/width（宽度/高度）时，如果要填充父窗口，则属性值为 match_parent；如果要让内容自适应，则属性值为 match_content，而不是 wrap_content。

（2）padding 与 margin（内边距与外边距）的设定：如果是一个值，例如 ohos:padding="10vp"，那么表示上下左右 4 个方向都设定为同样的距离；如果单独设定某方向的一个值，例如左内边距，那么属性名应该是 ohos:left_margin="10vp"；同理，其他方向的设置方式也是一样的。这里需要注意，HarmonyOS 中的属性名采用"_"分割，而不是驼峰命名法。

（3）当设置文字大小或者组件宽高以及边距大小为具体数字时，使用的单位为 vp，它相当于 Android 中的自适应单位 dp。

2. Image

Image 是用来显示图片的组件，它相当于 Android 中的 ImageView，其本质相同，但是进行界面布局的常用属性是不同的，图 10-15 列举了 Image 组件的常用属性。

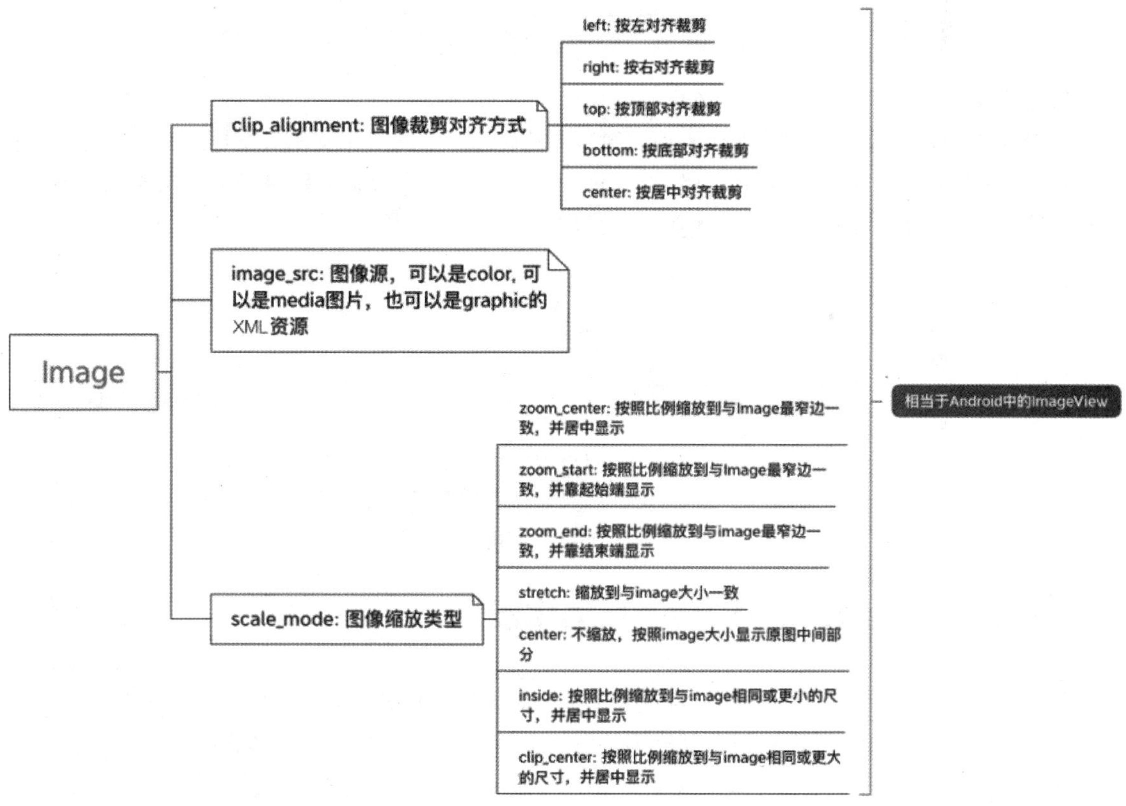

图 10-15 Image 组件的常用属性

3. TextField

TextField 提供了一种文本输入框，它相当于 Android 中的 EditText，其本质相同，但是进行界面布局的常用属性是不同的，图 10-16 列举了 TextField 组件的常用属性。

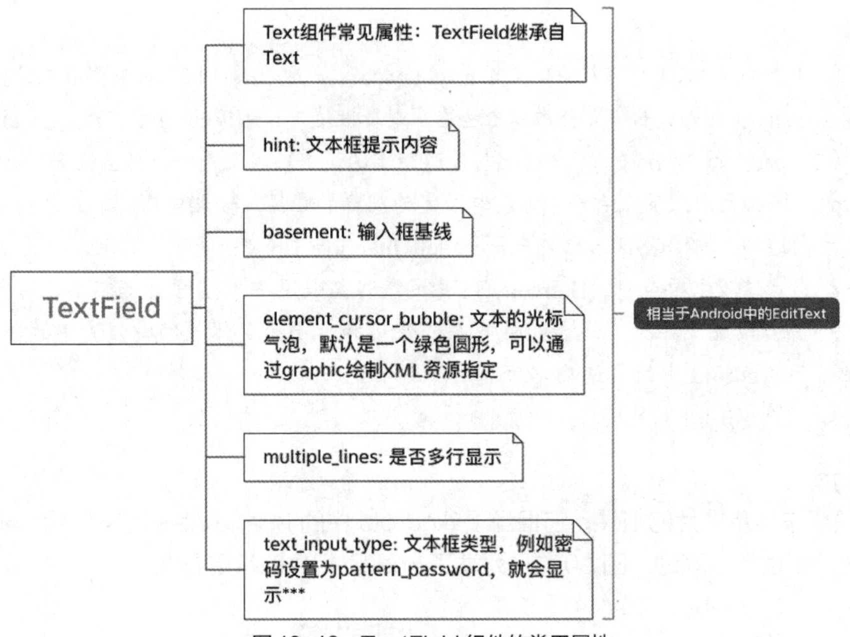

图 10-16　TextField 组件的常用属性

4. Button

Button 是一种常见的组件，被点击可以触发对应的操作，通常由文本或图标组成，也可以由图标和文本共同组成。它相当于 Android 中的 Button，其本质相同，但是进行界面布局的常用属性是不同的，图 10-17 列举了 Button 组件的常用属性。

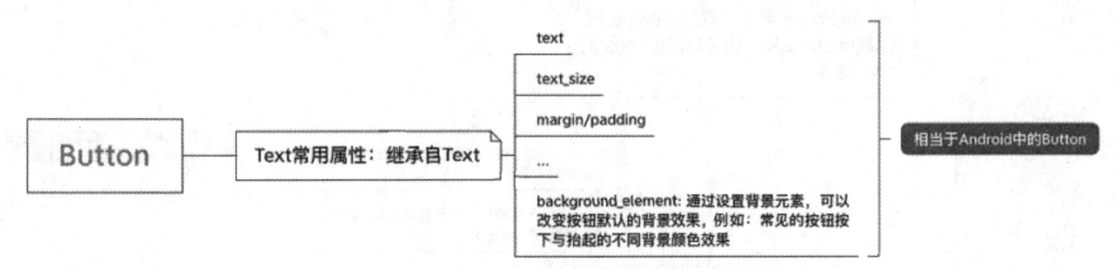

图 10-17　Button 组件的常用属性

10.3　Selector+Shape 美化按钮

在 graphic 目录下可以定义 XML 描述的图形资源，这个和 Android 中的使用方式类似，例如 Button 组件在不同状态下的形状资源定义，直接贴出资源文件中关于这部分的 XML 文件代码，可以对比一下 Android 中 Shape 与 Selector 的定义与使用，graphic/slt_btn_txt_purple.xml 文件代码如下：

```
<?xml version="1.0" encoding="utf-8"?>
<state-container xmlns:ohos="http://schemas.huawei.com/res/ohos">
<item ohos:state="component_state_pressed" ohos:element="$graphic:shape_bg_pressed"/>
<item ohos:state="component_state_empty" ohos:element="$graphic:shape_bg_normal"/>
</state-container>
```

注意　在 HarmonyOS 中，Selector 状态选择器资源不是以 selector 为根元素，而是 state-container，同时，具体状态名的定义不是 state_pressed，而是统一添加了前缀 component，例如按下状态定义：state="component_state_pressed"。

graphic/shape_bg_pressed.xml 文件代码如下：

```
<?xml version="1.0" encoding="UTF-8" ?>
<shape xmlns:ohos="http://schemas.huawei.com/res/ohos"
    ohos:shape="rectangle">
<solid
    ohos:color="#ff0000"/>
<corners ohos:radius="12vp"></corners>
</shape>
```

graphic/shape_bg_normal.xml 文件代码如下：

```
<?xml version="1.0" encoding="UTF-8" ?>
<shape xmlns:ohos="http://schemas.huawei.com/res/ohos"
    ohos:shape="rectangle">
<solid
    ohos:color="#ff0000"/>
<corners ohos:radius="12vp"></corners>
</shape>
```

注意　HarmonyOS 中的 Shape 与 Android 中 Shape 的定义是完全一致的。

10.4 按钮点击事件与日志输出

10.4.1 AbilitySlice 中点击事件监听

在 Android 中，布局界面由 Activity 容器加载显示，并编写功能代码实现。在 HarmonyOS 中，布局界面由 Ability 和 AbilitySlice 承载，Ability 前面已经描述过，它被认为是应用所具备能力的抽象，也是应用程序的重要组成部分，一个应用可以有多个 Ability，而 AbilitySlice 是基于 Ability 的一个界面承载容器，它们之间的关系就像 Activity 与 Fragment，Ability 是一个窗口，而 AbilitySlice 是窗口里面的一个界面。

在创建的 HarmonyOS 工程代码结构中，MainAbility 的 onStart()中通过“super.setMainRoute (MainAbilitySlice.class.getName());”设置了 MainAbility 默认展示的界面，也就是将 MainAbilitySlice 所加载的界面布局作为默认 MainAbility 的组件展示，并查找按钮设置点击事件监听，弹出消息提示，代码如下：

```
public class MainAbilitySlice extends AbilitySlice {
  private Button login;
```

```
    @Override
    public void onStart(Intent intent) {
        super.onStart(intent);
        super.setUIContent(ResourceTable.Layout_ability_main);
        initViewAndEvent();
    }
    private void initViewAndEvent() {
  //查找组件实例，相当于 Android 中的 findViewById()
        login = (Button) findComponentById(ResourceTable.Id_login_tv);
    //设置点击事件监听
        login.setClickedListener(new Component.ClickedListener() {
            @Override
            public void onClick(Component component) {
                //toast 提示消息
                new ToastDialog(getContext()).setText("登录成功").show();
            }
        });
    }
...
}
```

10.4.2 日志输出

HarmonyOS 中的日志输出和 Android 中的日志输出还是有比较大的区别的，这里稍微详细地讲解其用法。

① 定义 HiLogLabel 对象。

使用 HiLog 前必须在 HiLog 的一个辅助类 HiLogLabel 中定义日志类型、服务域和标记。一般把它定义为常量放在类的最上面，代码如下：

```
static final HiLogLabel label = new HiLogLabel(HiLog.LOG_APP, 0x00201, "MainAbilitySlice");
```

上面有 3 个参数，介绍如下。

- 日志类型，应用一般取一个常量值 HiLog.LOG_APP，表示是第三方应用。
- 服务域，十六进制整数形式，取值范围是 0x0～0xFFFFF。一般情况下，建议把这 5 个十六进制数分成两组，前面 3 个数表示应用中的模块编号，后面两个数表示模块中的类的编号。
- 一个字符串常量，它表示方法调用的类或服务行为。一般情况下就设为类的名字，可用这个标记对日志进行过滤。

② 日志级别。

和其他日志一样，HiLog 也有如下几个日志级别。

- debug：调试信息。
- info：普通信息。
- warn：警告信息。
- error：错误信息。
- fatal：致命错误信息。

③ 使用方式。

```
HiLog.debug(label, "%{private}s login success, status %{public}d.", "测试用户", 200);
```

上面的代码是 HiLog 的使用方式，%{private}s 和%{public}d 这两个符号可理解为占位符，真正输出到控制台上的值是后面的{}里的变量。

- private：表示私有的，在开发阶段的日志中是看得见的，但是运行到手机上后，手机的控制台是隐藏的，所以看不见。
- public：表示公有的，哪里都看得见，不受限制。
- s：表示字符串。
- d：表示数字。

【项目实施】

HarmonyOS App
开发环境搭建

10.5 任务 27：HarmonyOS App 开发环境搭建

搭建 HarmonyOS App 开发环境主要包括两步：安装并配置 Node.js，安装并配置集成开发环境 DevEco Studio。

DevEco Studio 支持 Windows 和 macOS，在开发 HarmonyOS App 前需要准备 HarmonyOS App 的开发环境。环境准备流程如图 10-18 所示。

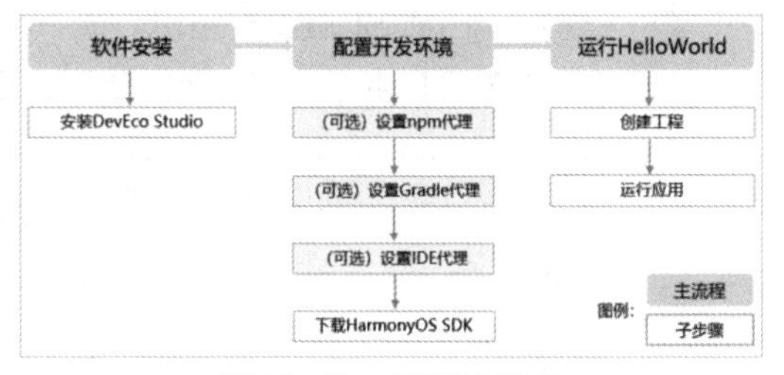

图 10-18　环境准备流程

下面以 Windows 10 操作系统为例进行开发环境搭建。为保证 DevEco Studio 正常运行，建议计算机配置满足如下要求：操作系统为 Windows10 64 位、内存为 8GB 及以上、磁盘空间为 100GB 及以上、分辨率为 1280 像素×800 像素及以上。

1. 安装 Node.js

在浏览器中访问 Node.js 官网，然后下载 LTS（长期支持）版的 64 位 Windows 安装包（扩展名是.msi），如图 10-19 所示。

双击安装包即可开始安装，如图 10-20 所示，然后依次单击“Next”按钮进入下一步安装即可。

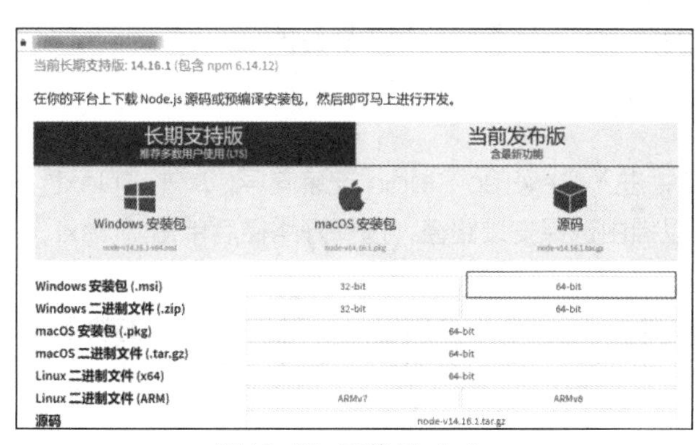

图 10-19　下载 Node.js

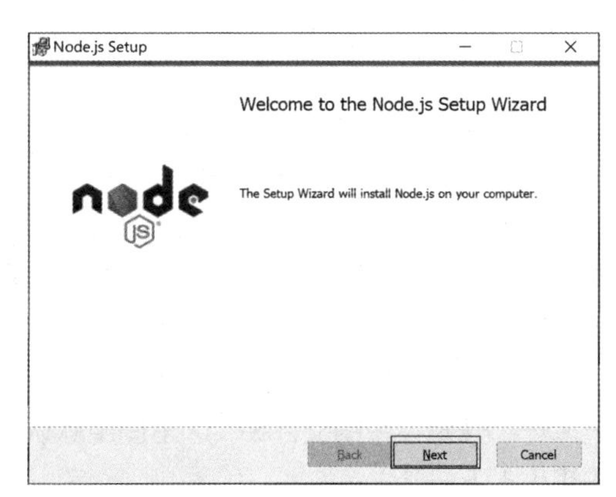

图 10-20　安装 Node.js

在安装过程中可以选择软件的安装路径，安装完毕后，需要验证 Node.js 是否安装成功。打开 cmd 窗口，然后输入 node -v 查看是否安装成功，如果安装成功会出现图 10-21 所示的版本号信息。

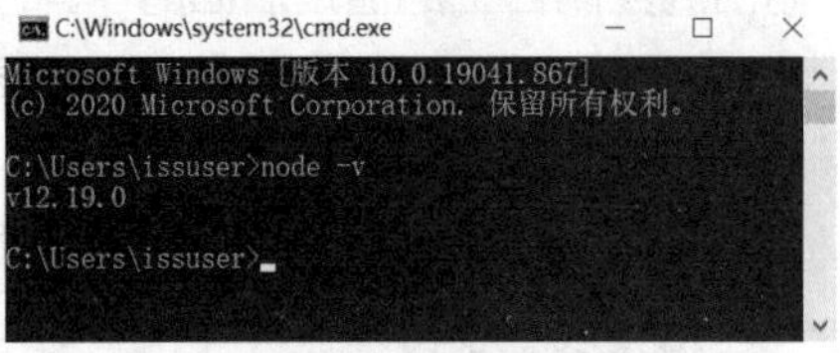

图 10-21　版本号信息

2. 安装并配置 DevEco Studio

① 登录 HarmonyOS 应用开发门户网站。

打开 HarmonyOS 应用开发门户网站：https://developer.harmonyos.com/cn/home，单击右上角的“注册”按钮，注册华为开发者联盟账号。如果已有华为开发者联盟账号，请直接单击“登录”按钮。

注意　DevEco Studio 是不提供本地虚拟设备的，这是它与 Android Studio 最明显的区别之一。开发 HarmonyOS App，必须申请连接华为远程模拟器，并且有时效限制，这大大地节约了本地系统资源，让预览和运行程序变得更加高效。使用 DevEco Studio 远程模拟器需要登录华为开发者联盟账号进行实名认证，可参考本书项目 8 的相关内容。

② 下载 DevEco Studio 安装包。

进入 HUAWEI DevEco Studio 产品页面，下载 DevEco Studio 安装包，如图 10-22 所示。

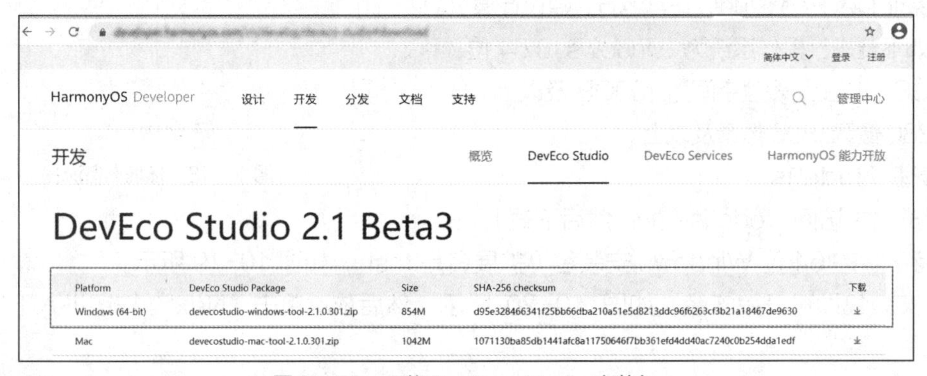

Platform	DevEco Studio Package	Size	SHA-256 checksum	下载
Windows (64-bit)	devecostudio-windows-tool-2.1.0.301.zip	854M	d95e328466341f25bb66dba210a51e5d8213ddc96f6263cf3b21a18467de9630	⊻
Mac	devecostudio-mac-tool-2.1.0.301.zip	1042M	1071130ba85db1441afc8a11750646f7bb361efd4dd40ac7240c0b254dda1edf	⊻

图 10-22　下载 DevEco Studio 安装包

如果还没有登录华为账号，则单击下载图标后会打开一个登录华为账号的页面，登录华为账号之后，再单击下载图标即可进行下载。

③ 根据安装向导进行安装。

双击下载的“deveco-studio-xxxx.exe”，进入 DevEco Studio 安装向导，单击“Next”按钮进入下一步，可以保持默认安装路径，也可以自由选择安装路径，选择好路径后单击“Next”按钮进行下一步，如图 10-23 所示。

勾选“64-bit launcher”复选框后，单击“Next”按钮，然后为 DevEco Studio 的快捷方式选择一个开始菜单的文件夹，这里使用默认的名称 Huawei，如图 10-24 所示，然后单击“Install”按钮进入下一步。

耐心等待一段时间，直到 DevEco Studio 安装完成，如图 10-25 所示。

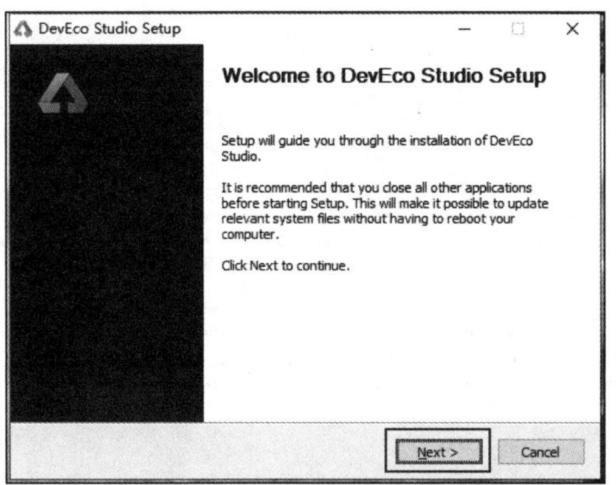

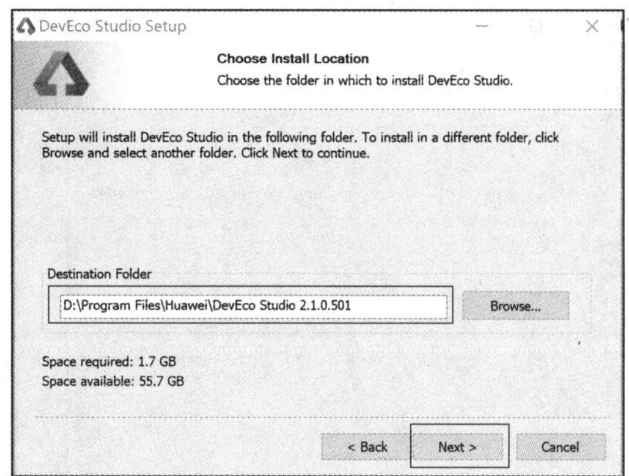

图 10-23 DevEco Studio 安装向导（1）

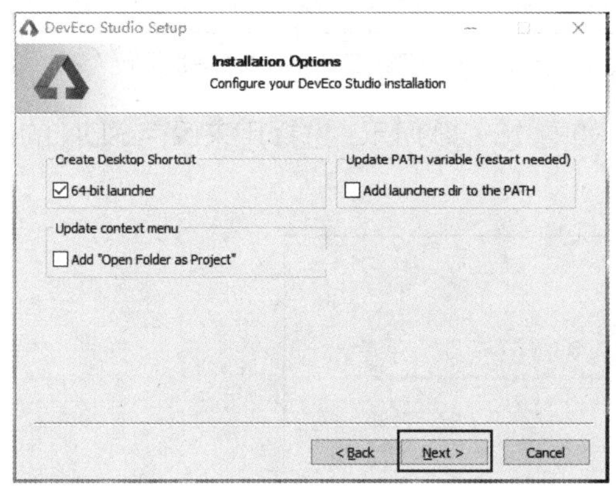

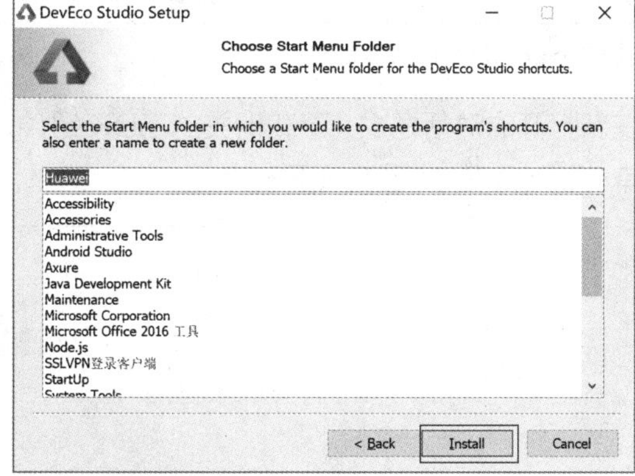

图 10-24 DevEco Studio 安装向导（2）

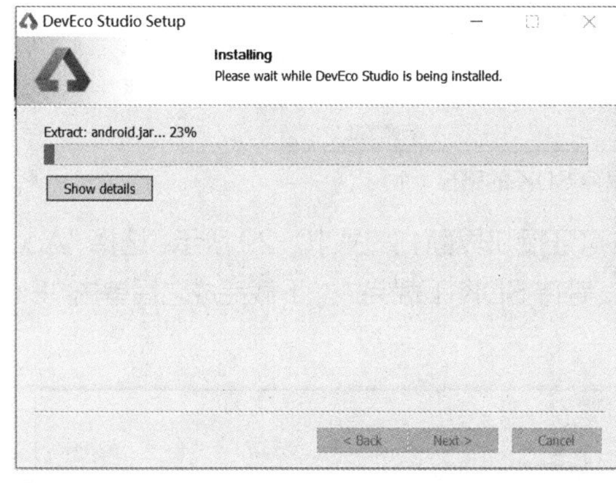

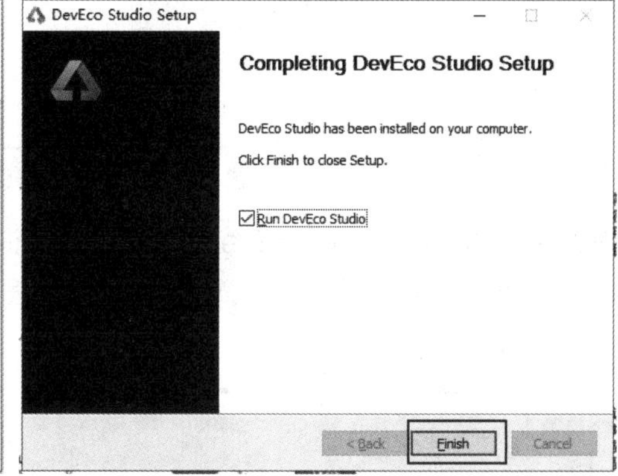

图 10-25 DevEco Studio 安装向导（3）

安装完成之后，勾选“Run DevEco Studio”复选框，然后单击“Finish”按钮进入下一步。也可以不勾选，后面自行从计算机上打开 DevEco Studio。

首次运行 DevEco Studio 的时候，在新打开的对话框中选择国家或地区，如图 10-26 所示，这里选择“China”，然后单击“Start using DevEco Studio”按钮。

在新打开的对话框中，需要确认已经阅读并且接受了用户许可协议中的条款和条件，如图 10-27 所示，单击“Agree”按钮进入下一步。

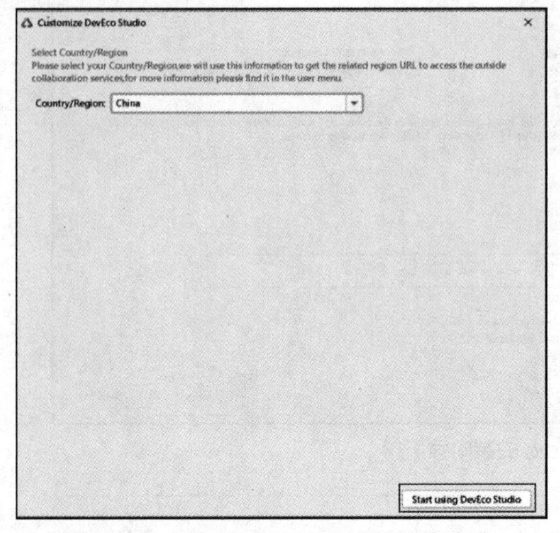

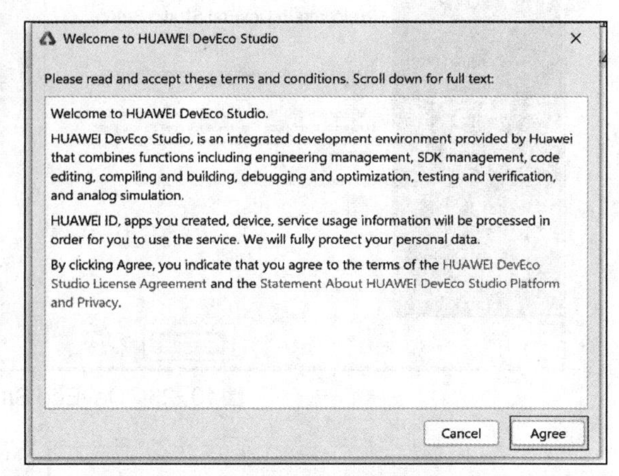

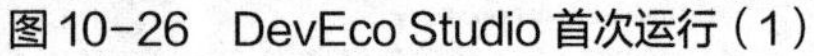
图 10-26　DevEco Studio 首次运行（1）　　图 10-27　DevEco Studio 首次运行（2）

在新打开的对话框中，下载相关的 SDK 组件，如图 10-28 所示，选择用来保存 SDK 的路径，然后单击“Next”按钮进入下一步。

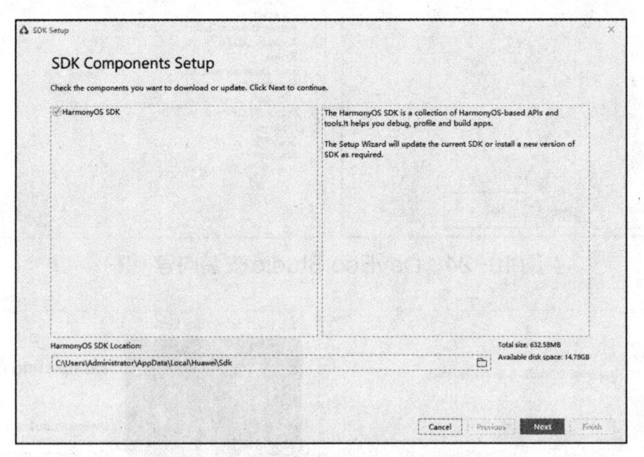

图 10-28　选择用来保存 SDK 的路径（1）

进入设置确认界面，单击“Next”按钮，进入许可证授权界面，如图 10-29 所示，选择“Accept”单选项，然后单击“Next”按钮进入 SDK 安装过程，等待 SDK 下载完成，下载完成之后单击“Finish”按钮，如图 10-30 所示。

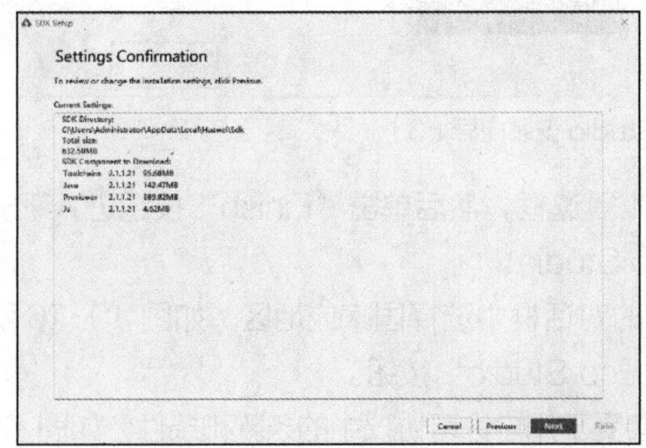

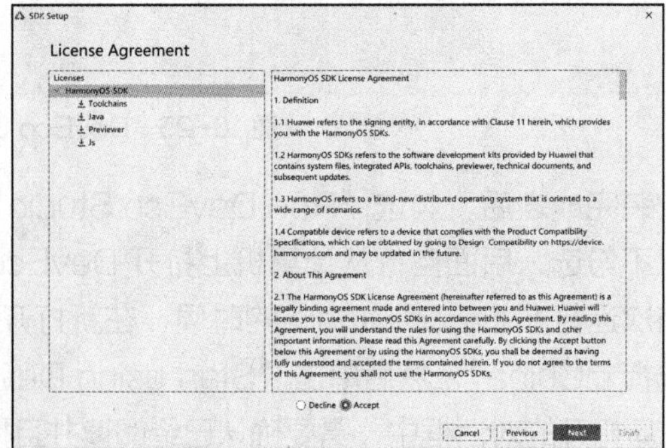

图 10-29　选择用来保存 SDK 的路径（2）

此时会打开图 10-31 所示对话框，单击图中的设置图标打开设置菜单，选择“Settings”选项。出现图 10-32 所示对话框，依次选择“System Settings”>“HarmonyOS SDK”选项。

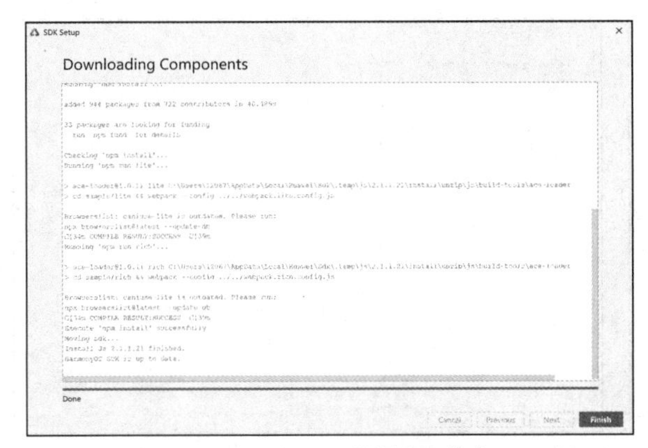

图 10-30　SDK 安装过程（1）

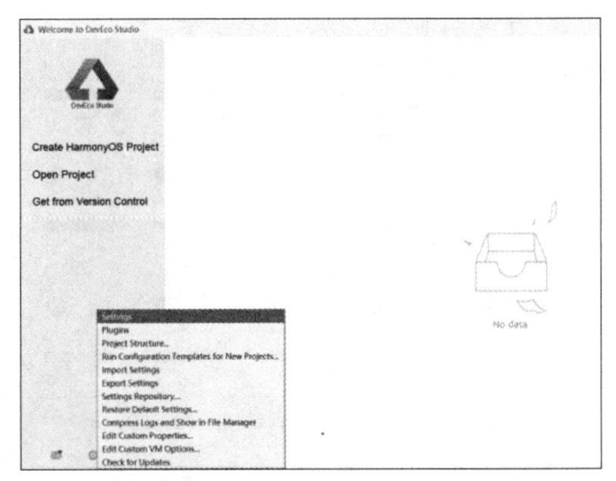

图 10-31　SDK 安装过程（2）

结合图 10-32、图 10-33，发现“SDK Platforms”选项卡中的“Js”未被安装，“SDK Tools”选项卡中的“Previewer”未被安装，如果后面要使用 JS 进行 App 开发，并且使用预览器进行预览，这里就需要勾选这两个复选框，然后单击“Apply”按钮进行安装。

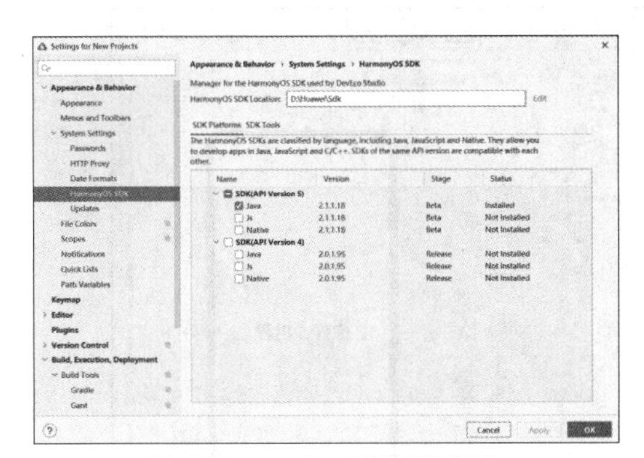

图 10-32　SDK 安装过程（3）

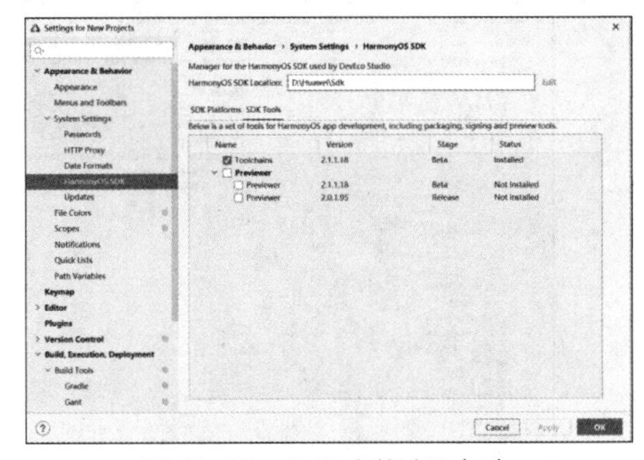

图 10-33　SDK 安装过程（4）

3. 创建“你好，世界”项目

搭建好开发环境之后，就可以新建一个入门的“你好，世界”项目。DevEco Studio 2.1 版本提供了 Java 和 Js 两种编程语言进行 HarmonyOS App 开发，DevEco Studio 在 3.0 以后的版本中加入了 ArkTS 语言。在这里创建使用 Java 语言的项目。

① 打开 DevEco Studio，单击“Create HarmonyOS Project”，创建一个鸿蒙项目，如图 10-34 所示。

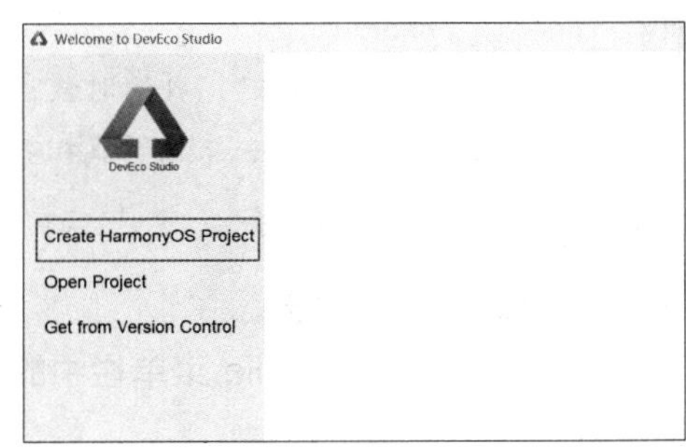

图 10-34　创建一个鸿蒙项目

② 在新打开的对话框中，先选择 App 使用的模板。“Template”选择“Empty Ability(Java)”，可以支持多种设备，如图 10-35 所示。

③ 在新打开的对话框中，分别配置项目名称、包名、

项目的存储位置、可兼容的 SDK、设备类型等，这里建议选择最新 SDK，选择 Phone，如图 10-36 所示。

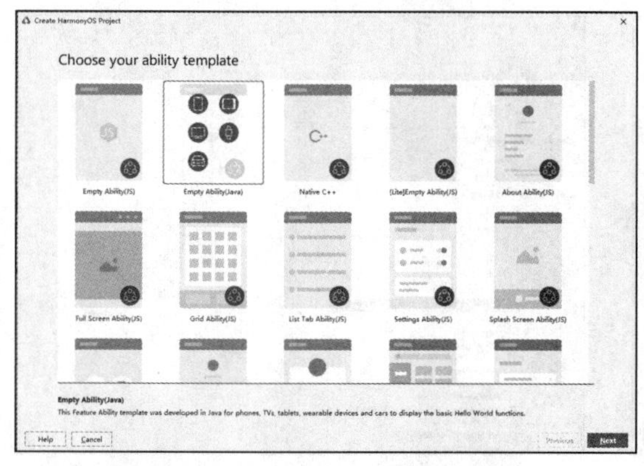

图 10-35　选择 App 使用的模板

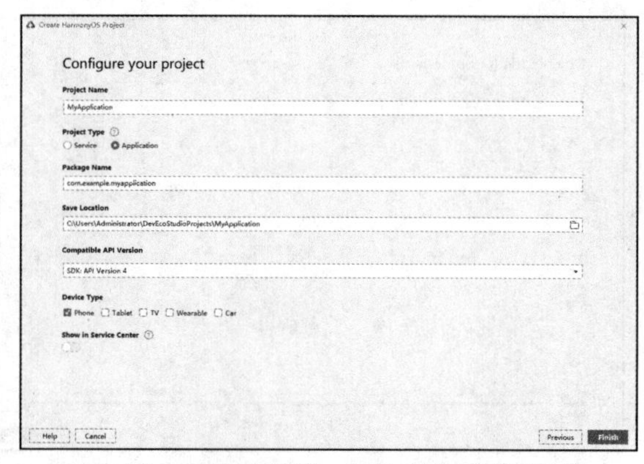

图 10-36　配置项目名称、包名、项目的存储位置、可兼容的 SDK、设备类型等

④ 单击“Finish”按钮之后，就创建了一个用 Java 语言开发的支持手机端的“你好，世界”项目，如图 10-37 所示。

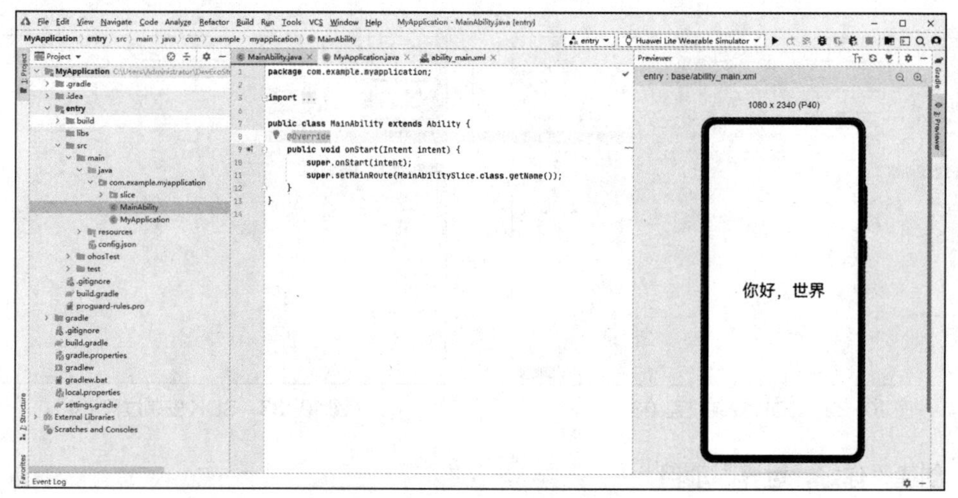

图 10-37　HelloWorld 项目

> **注意**　在项目刚创建完成的时候，请耐心等待项目的初始化完成，不要进行其他操作，这里会初始化 gradle 并且下载相关依赖包，需要一段时间。

4. 创建远程模拟器

选择 DevEco Studio 菜单栏中的“Tools”>“Device Manager”选项，如图 10-38 所示。

如果没有登录华为账号，则会弹出登录华为账号的认证页面，输入正确的用户名和密码进行验证之后，单击“允许”按钮，回到 DevEco Studio 中，会弹出图 10-39 所示对话框，单击“Accept”按钮。可以看到 HVD Manager 中显示各类远程模拟器的选择窗口，如图 10-40 所示。

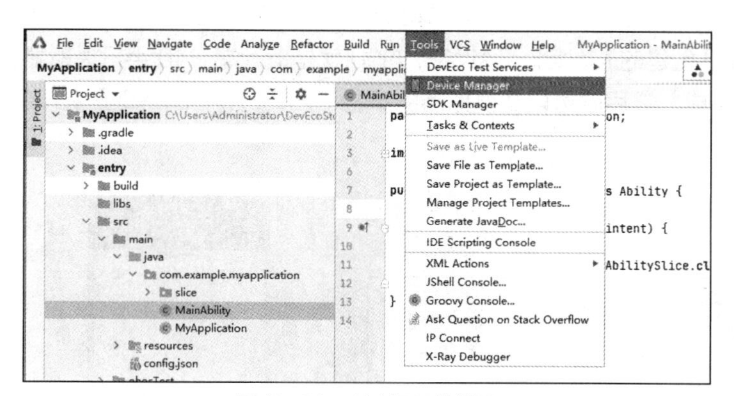

图 10-38　创建远程模拟器

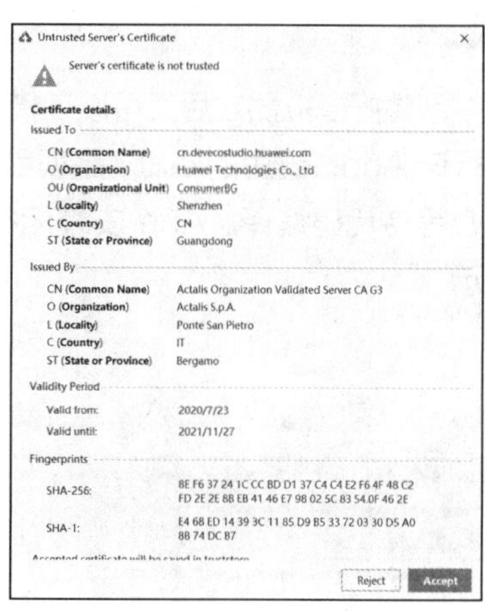

图 10-39　用户认证信息

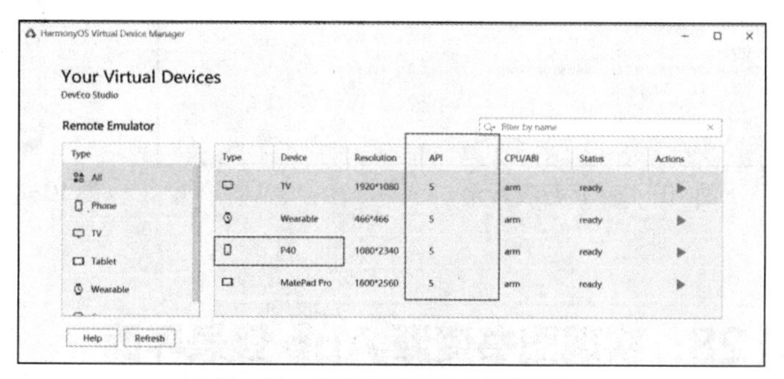

图 10-40　各类远程模拟器的选择窗口

图 10-40 所示的 API 等级对应之前选择项目的 SDK 等级，之前创建的是支持 Phone SDK5 的 App，于是这里选择 P40 API 这个模拟器，然后单击启动图标，即可启动模拟器，如图 10-41 所示。这里显示的模拟器窗口是内嵌在开发工具中的，可以选择模拟器的设置菜单自行设置模拟器窗口模式，如图 10-42 所示。

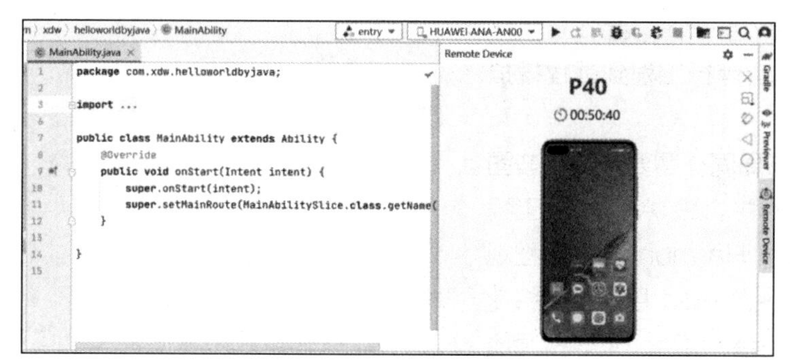

图 10-41　启动模拟器

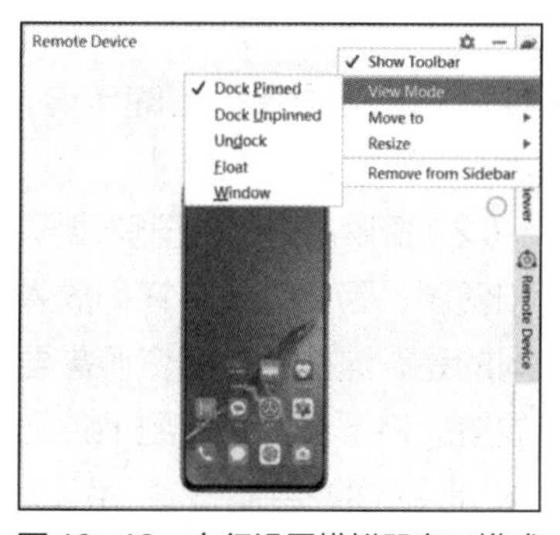

图 10-42　自行设置模拟器窗口模式

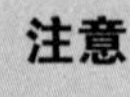

注意　目前远程模拟器的使用有时长限制，最多使用 1 个小时，到时间之后资源会被自动回收，要想继续使用则需要重新创建并启动模拟器，这时之前模拟器上的数据都会丢失。

创建好模拟器之后就可以在模拟器上运行之前的项目了，单击图 10-43 中标注的启动图标即可运行该 App。这里的 entry 是项目默认创建的 Module，ANA-AN00 就是指远端 P40 手机模拟器。耐心等待代码编译、App 安装运行完成，之后就可以在模拟器中查看已启动的 App，如图 10-44 所示。

```
factor Build Run Tools VCS Window Help    HelloWorldByJava - MainAbility.java [entry]
xdw 〉 helloworldbyjava 〉 MainAbility        entry ▾   HUAWEI ANA-AN00 ▾  ▶
MainAbility.java ×
1   package com.xdw.helloworldbyjava;
2
3   import ...
6
7   public class MainAbility extends Ability {
8       @Override
9       public void onStart(Intent intent) {
10          super.onStart(intent);
11          super.setMainRoute(MainAbilitySlice.class.getName());
12      }
13
14  }
15
```

图 10-43　运行该 App

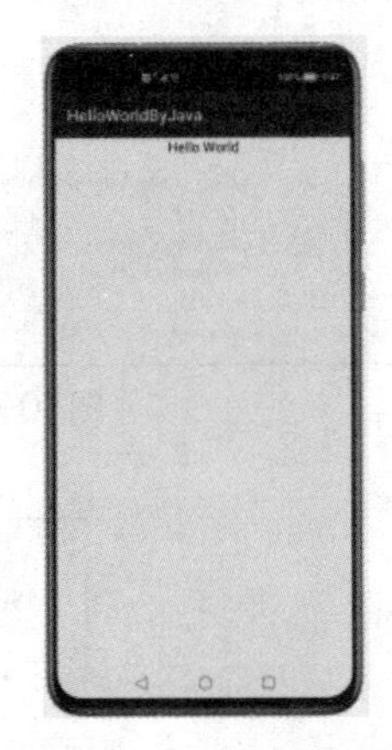

图 10-44　在模拟器中查看已启动的 App

10.6　任务 28：实现图书资源 App 登录界面

实现图书资源 App 登录界面

【知识准备】中对 HarmonyOS 的架构、开发基础等知识进行了介绍，在任务 27 中对开发环境的搭建进行了介绍，接下来介绍 HarmonyOS 的具体开发。

1. 启动任务

（1）启动开发任务：包含创建工程、添加界面、建立布局等工作。请参考前面介绍的内容新建一个 HarmonyOS 工程并完成远程模拟器的申请，成功运行工程到远程模拟器上。

（2）资源准备：由于登录界面布局同样需要依赖一些图片和资源，因此需要将它们放入工程中，跟 Android 工程不同的是，这些图片和资源需要按照 HarmonyOS 工程规范放置。将图片资源放到 resources/media 目录下，将使用 XML 描述的绘制资源，例如 shape、selector 等资源放到 resources/graphic 目录下，如图 10-45 所示。

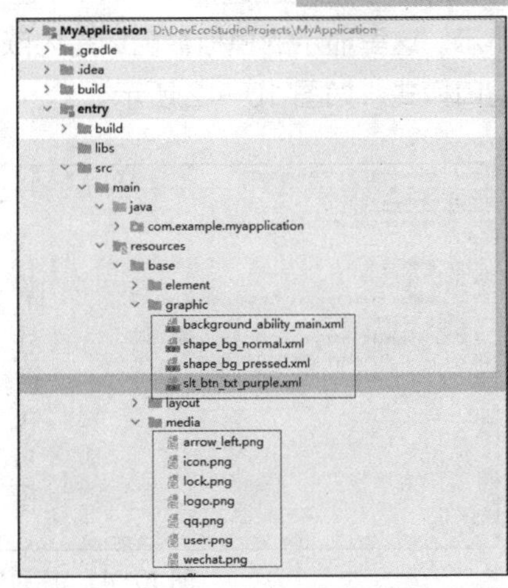

图 10-45　工程对应资源放置目录

注意　放置资源后，需要在 XML 布局文件中引用这些资源。在 HarmonyOS 中引用资源与 Android 不一样，以 Image 组件为例，引用具体资源的格式为 ohos:image_src="$media:arrow_left", media 表示应用的是图片资源目录。如果是 graphic 目录，那么对应成$graphic:xx；如果是 element 目录，那么对应成$string:xx 或者$color:xx，即 element 目录下 string.json 或者 color.json 定义的某一个具体字符串或者是颜色资源。

2. App 登录界面实训

图书资源 App 登录界面（HarmonyOS 实现）的实现代码请从人邮教育社区下载后学习。

【项目小结】

本项目先介绍了 HarmonyOS 的概念、架构，然后介绍了进行 HarmonyOS App 开发的基础知识，包括一些应用基础知识、应用配置文件、应用资源文件、工程管理等内容。

通过在本地计算机上搭建 HarmonyOS 工程开发的整体环境，创建远程设备模拟器并部署到模拟器运行，为后续进行 HarmonyOS App 开发打下良好的基础，并起到引领作用。

【知识巩固】

1. 单选题

（1）描述应用软件包中每个 HAP 的属性由 IDE 编译生成，应用市场根据该文件进行拆包和 HAP 的分类存储。下面对 HAP 的具体属性说法不正确的是（　　）。

A. delivery-with-install：表示该 HAP 是否支持随应用安装

B. device-type：表示不支持该 HAP 运行的设备类型

C. name：HAP 文件名

D. module-type：模块类型，entry 或 feature

（2）HarmonyOS 中关于 HiLog 日志级别的说法，以下最严重的信息级别是（　　）。

A. debug：调试信息　　B. warn：警告信息

C. error：错误信息　　D. fatal：致命错误信息

2. 填空题

（1）HarmonyOS 整体遵循分层设计，从下到上依次为：________、________、________、________。

（2）HarmonyOS 布局中，设置 height/width 时，如果要填充父窗口，则属性值为________；如果要让内容自适应，则属性值为________。

（3）一个 HAP 是由________、________、________组成的模块包。

3. 简答题

（1）HarmonyOS 没有本地模拟器，这种设计方式是好还是坏？请简述原因。

（2）HarmonyOS 工程的 color 和 string 资源文件采用 JSON 格式配置，这种做法是进步还是退步？请简述原因。

（3）请列举 HarmonyOS 工程的布局文件的一些常用属性并简述它们的含义。

【项目实训】

从零开始动手完成本地计算机 HarmonyOS 开发环境及华为 DevEco Studio 开发 IDE 的安装与配置，创建第一个 HarmonyOS 工程部并部署到远程模拟器上运行，成功显示文本内容为“hello HarmonyOS”。